Walter Häfele Hrsg.

OE-Prozesse initiieren und gestalten

Haupt

Walter Häfele Herausgeber

OE-Prozesse initiieren und gestalten

Ein Handbuch für Führungskräfte, Berater/innen und Projektleiter/innen

2. Auflage

Haupt Verlag
Bern • Stuttgart • Wien

MCV Management- und Organisations.Entwicklung I www.mcv.at

MCV Management- und Organisations.Entwicklung I www.mcv.at

Autoren und Autorinnen

Diese Neuerscheinung entstand aus vielen gemeinsamen OE-Projekten und Seminaren zum Thema OE des Herausgebers Walter Häfele mit seinem Freund und Geschäftspartner Manfred Schwarz; wesentliche Erweiterungen erfuhr das Buch durch die intensive und ideenreiche Mitarbeit der Beratungskolleginnen im MCV Andrea Kaiser und Marianne Grobner. Zudem haben die langjährigen MCV-Partner Barbara Albrecht, Johannes Haferkamp, Waldefried Pechtl (gest. 2001) und Bruno Strolz mit einzelnen Beiträgen dieses Buch sehr bereichert. Hans-Joachim Gögl führte die Gespräche mit Topmanagern bezüglich ihrer Erfahrungen in OE-Prozessen. Hintergründe und Erfahrungen der Autoren und Autorinnen sind am Schluss des Buches beschrieben.

Gestaltung und Satz: pooldesign.ch
1. Auflage: 2007
2. Auflage: 2009

Bibliografische Information der *Deutschen Nationalbibliothek*

Die Deutsche Nationalbibliothek verzeichnet diese Publikation in der Deutschen Nationalbibliografie; detaillierte bibliografische Daten sind im Internet über http://dnb.d-nb.de abrufbar.

ISBN 978-3-258-07552-5

Printed in Germany

www.haupt.ch

Vorwort

Organisationsentwicklung ist heute bei Führungskräften und Organisationsberatern etabliert; ihre Anwendung bei der zukunftsorientierten Entwicklung von Organisationen, bei umfassenden Veränderungen und bei der Bearbeitung von Störungen bzw. existenziellen Fragen hat sich nachhaltig bewährt. Damit sind die theoretischen und vor allem praktischen Anforderungen an Führungskräfte und Organisationsberaterinnen, die sich an den Werten, Prinzipien und Methoden der OE orientieren, gestiegen; gleichzeitig auch ihre Faszination.

Die vorliegende Neuerscheinung *OE-Prozesse initiieren und gestalten* knüpft an das in 7 Auflagen erschienene Aktionshandbuch *OE-Prozesse – Die Prinzipien systemischer OE* des MCV an. In unserer praktischen OE-Arbeit haben sich Konzepte, Modelle und Methoden zum einen vertieft, zum anderen weiterentwickelt bzw. verändert. Diese Neuerscheinung soll Sie zum einen anregen, anstiften, neugierig machen für OE in Ihrem Umfeld; und zum anderen mit unseren praxisbewährten Theorien, Modellen und methodischen Hilfen bei Ihrer OE-Arbeit als Führungskraft, Beraterin oder Projektleiter handlungsorientiert unterstützen.

Man kann nicht ein wenig OE machen! Weil Organisationsentwicklung zunächst auf einem in diesem Buch beschriebenen Menschenbild und in der Folge auf Vorstellungen von lebensfähigen Organisationen beruht, die man nicht wie ein Hemd situationsabhängig wechseln kann. So wie Grundhaltungen und Einstellungen und auch persönliche und soziale Werte nicht kurzfristig veränderbar sind. Damit hat OE mit Ihnen als Person und mit Ihren Lebenseinstellungen zu tun und auf der Organisationsebene mit kulturellen Werten und Normen. Letztlich verleiht das der OE ihre kraftvolle Wirkung. Und im Weiteren hat OE mit dem Mut für Wagnisse zu tun. Denn ganzheitliche Entwicklungsprozesse sind nicht beherrschbar, steuerbar, machbar; den Erfolg kann man nicht machen; nicht bei Menschen und nicht in Organisationen. Man kann nur seinen Teil dazugeben, kann nur das Mögliche tun. Dafür erhalten Sie mit diesem Buch erprobtes Basiswissen und methodische Hilfen, Fallbeispiele und Erfahrungsberichte von Topmanagern, die in ihrem Unternehmen OE anwenden.

All das soll Ihnen auf den OE-Reisen Unterstützung sein und Ihnen immer wieder die Richtung weisen. Manchmal sind die Landkarten und Erfahrungen vielleicht zu grob oder zu detailliert für ihre besonderen Fragen und Zwecke. Gedacht sind sie alle als Hinweise, die Sie ermutigen und stärken sollen, Ihren ganz eigenen Weg im Kontext der OE immer wieder zu erfinden und zu gehen.

Herzlichen Dank an unsere Kunden, mit denen wir in der Zusammenarbeit unser Verständnis von OE anwenden und weiterentwickeln dürfen. Insbesonders den vier Topmanagern, die ihre persönlichen Erfahrungen mit OE in ihren Unternehmen in dieser Neuerscheinung zur Verfügung stellen. Ebenso herzlichen Dank an meine Autorenkolleginnen und -kollegen für die engagierte Zusammenarbeit und die vielen Ideen, Gedanken und Erfahrungen, die sie in dieses Buch eingebracht und damit dem OE-Verständnis des MCV Ausdruck gegeben haben. Hinter uns stehen viele Lehrmeister, Freunde und Partnerinnen, denen das MCV als Unternehmen und die Entwicklung der Menschen in und um das MCV herum stets ein Anliegen war und die auf allen Entwicklungswegen da sind bzw. waren; erwähnen möchte ich stellvertretend unsere Beiräte Dr. Peter Gruber und Dr. Waldefried Pechtl.

Das Erscheinen dieses Buches ist undenkbar ohne die oft mühevolle Detailarbeit unserer Kollegin MMag. Teresa Widmer und die ganz besonders unterstützende Zusammenarbeit mit dem Verlag Haupt.

Lustenau, im März 2007

Walter Häfele

Bezüglich der weiblichen und männlichen Schreibform verwenden wir in diesem Buch die eine und die andere.

Inhaltsübersicht

Inhaltsverzeichnis

Teil 1
Theorien und Modelle der Organisationsentwicklung

1 Veränderung – Anpassung – Entwicklung von Organisationen

Stellen Sie sich vor und achten Sie dabei auf Ihr inneres Erleben, wenn eine für sie wichtige Person zu Ihnen sagt: *Du hast dich nicht verändert!*, oder sie sagt: *Du hast dich nicht angepasst!*, oder: *Du hast dich nicht entwickelt!* Vermutlich spüren Sie, dass Veränderung, Anpassung und Entwicklung ganz unterschiedliche Ebenen in Ihrem Personsein ansprechen und berühren. Auch auf der Ebene der Organisation berühren diese Begriffe sehr unterschiedliche Ebenen.

Da sie sehr häufig unscharf verwendet werden, stellen wir ihre Unterscheidung einander gegenüber.

Anpassung meint die Fähigkeit der Selbsttransformation, um äußeren Gegebenheiten und Anforderungen zu entsprechen.[1] Organisationen erwarten und fordern von Menschen in der Organisation und von ihren externen Partnern, dass sie sich an die bestehenden Werte, Regeln, Dynamiken und Gegebenheiten, bis hin zur Sprache anpassen, und reproduzieren sich dadurch so wie sie sind. Dementsprechend sind sie von ihrem Wesen her nicht auf laufende Veränderungen aus, sondern auf Stabilität; und um diese sicherzustellen, erwarten sie Anpassung von den anderen. Dies bedeutet gleichzeitig, dass Organisationen wiederum von anderen Organisationen in ihrer Umwelt aufgefordert werden, sich anzupassen. Je fähiger also Organisationen sind, sich den Anforderungen von außen anzupassen, desto ausgeprägter ist ihre Lebensfähigkeit. Damit beinhaltet und verbindet die Anpassungsfähigkeit von Menschen und Organisationen die Fähigkeiten zu Veränderung und Entwicklung.

Veränderungen zielen auf das zielorientierte, also auf einen geplanten Soll-Zustand hin orientierte *Anders-Machen* der Organisation ab oder auf das *Anders-Handeln* der Menschen in der Organisation. Veränderungen sind also vom Mythos des Machens umgeben, auch wenn sie oft nur unumgängliche Anpassungen auf geänderte Anforderungen aus der Umgebung sind. Dennoch: Die Veränderungsfähigkeit zählt zu den existenziellen Fähigkeiten von Organisationen, die ihre Lebensfähigkeit fördern. Zu beachten ist dabei, dass sich Veränderungen auf den unmittelbar plan-, realisier- und beeinflussbaren Teil von Organisationen beziehen kann, also auf technisch-wirtschaftliche Ressourcen, dazugehörende Instrumente und Prozesse und auf die Ordnungselemente der Organisation wie Strukturen, Funktionen und Prozesse. Zu häufig zeigt sich jedoch, dass solche Veränderungen bei ihrer Umsetzung durch die betroffenen

1 vgl. Schwaninger 2000, S. 2.

Menschen im Kontext der gegebenen Führungs-, Kooperations- und Arbeitskultur scheitern – trotz sehr guter, fachlich fundierter Planung. Wenn dann der Versuch gemacht wird, Veränderungen im Bereich der Organisationskultur und damit u. a. des Verhaltens der Menschen in der Organisation zu machen, dann ist das ungefähr so, als wollte ein Arzt mit dem Skalpell das Verhalten des Menschen ändern. Andererseits ist dieser Versuch der Verhaltensänderung konsequent, wenn man den Menschen als rein rationales Wesen begreift. Wirkungsvoll werden Veränderungen, wenn sie in den Kontext von Entwicklungsprozessen eingebettet sind, weil damit auch jene Ebenen beachtet werden, die die Lebendigkeit und Einmaligkeit der jeweiligen Organisation ausmachen. In entwicklungsorientierten Veränderungsprozessen werden die von der Veränderung betroffenen Menschen mit ihren Erfahrungen, ihrem Wissen und ihren Anliegen aktiv einbezogen bei der Planung, Durchführung und Kontrolle der Veränderungen.

Entwicklung*:* Entwicklung steht für die Grundauffassung, dass Menschen und Organisationen als lebende, soziale Systeme die Fähigkeit besitzen, ihre Situation zu reflektieren, zu akzeptieren, Lösungen zu erarbeiten und umzusetzen. Ein solches evolutionäres Verständnis bei der Führung, Steuerung, Veränderung und Beratung von Organisationen steht im Gegensatz zu punktuellen, rein technokratischen oder revolutionären Veränderungsansätzen. Entwicklung geschieht im Bereich des Lebendigen, immer – aber nicht immer zum Guten. Im Kontext der OE steht Entwicklung von Organisationen immer in einem Wirkungszusammenhang mit Menschen.[2] Führungskräfte und Berater zielen deshalb mit ihren Interventionen darauf ab, die Entwicklung der Organisation in eine bewusste, gewollte, erwünschte, beabsichtigte Richtung zu ermöglichen.[3] Zur Verdeutlichung: Angenommen, Sie wollen Ihr Kind zu einem selbstbewussten, gut ausgebildeten, politisch aufmerksamen erwachsenen Menschen entwickeln. Was tun Sie dann? Sie werden entsprechende Gespräche und Auseinandersetzungen führen, ermöglichen, dass Ihr Kind Schulen besucht und eine seinen Fähigkeiten und Talenten entsprechende berufliche Ausbildungen macht, Sie werden es ermuntern, körperlich aktiv zu sein usw. Stellen Sie damit die Entwicklung ihres Kindes sicher? Nein. Wenn alles gut geht, können Sie Jahr für Jahr feststellen, ob Ihr Kind auf seinem Entwicklungsweg vorankommt, und nach etwa zwanzig Jahren, ob Ihr Kind die Ihnen wichtigen Fähigkeiten entwickelt hat. Das heißt, für Entwicklung brauchen wir Zukunftsvorstellungen und werden dann entsprechende Rahmenbedingungen bzw. Strukturen einrichten, die diese Entwicklung ermöglichen. Das Ergebnis der Entwicklung zeigt sich

---

2 vgl. Pechtl 1994, S. 9 f.

3 vgl. Häfele/Lanter 2003, S. 125.

später und bleibt ein Wagnis, weil wir es dabei stets mit freien Menschen zu tun haben, die nicht wie triviale Maschinen vorhersehbar auf Interventionen von Führungskräften oder Beratern reagieren; und weil wir es dabei mit Systemdynamiken zu tun haben, die mit ebenso wenig vorhersehbarer Wirkung zu beeinflussen sind. Die Entwicklung von Organisationen bezieht sich sowohl auf das Wesen der Organisation, also auf ihre Identität, ihren Existenzgrund und ihre Kultur, als auch auf die Ordnung und die technisch-wirtschaftlichen Ressourcen und ermöglicht damit eine umfassende Gestaltung der Organisation in eine beabsichtigte und offene Zukunft. Organisationen und Menschen sind neben ihrer Anpassungs- und Veränderungsfähigkeit ganz wesentlich auch auf ihre Entwicklungsfähigkeiten und -potenziale angewiesen. Dabei zeigt sich, dass je mehr Entwicklungswagnisse und -krisen bereits erlebt wurden, desto mehr Entwicklungspotenzial in der Organisation oder bei Menschen vorhanden ist.[4]

Die Qualität des Veränderns impliziert bei Führungskräften oft, «der hat die Sache im Griff». Damit wird der Eindruck von Stärke assoziiert, die anderen Sicherheit und Halt gibt. Während die Qualität der Entwicklung, obwohl oder gerade weil jede und jeder von uns so eine unmittelbare Erfahrung damit gemacht hat, oft Verunsicherung, Unklarheit, Verwirrung und damit Schwäche impliziert. Weil jede und jeder weiß, dass man Entwicklung nicht im Griff haben kann, braucht sie Mut, fordert die Einzelnen und die Organisation auf existenziellen Ebenen, die manche als zu persönlich, zu intim, zu berührend deklarieren, weshalb sie sich nicht darauf einlassen wollen. Die Skeptiker der OE scheinen die Bearbeitung von als soft bewerteten Themen in Organisationen als zu hart zu empfinden, sie beschränken sich deshalb lieber auf die sogenannten Hard Facts. Organisationsentwicklung stellt sich der Anforderung, Organisationen mit den darin arbeitenden Menschen so zu gestalten, dass sie nachhaltig lebensfähig sind und dabei Werte und Prinzipien des Lebendigen in der Organisation und im Umgang mit ihrer Umwelt realisieren. Vor diesem Hintergrund zeigen wir Ihnen im Folgenden weitere Möglichkeiten, Unterschiede und Verbindungen von Veränderung und Entwicklung zu erkennen, zu empfinden, um Anhaltspunkte zu finden, selbst eine innere Klarheit für die eigene Führungs- bzw. Beratungsarbeit zu entdecken.

Entwicklung bedeutet Kontinuität in der Veränderung. Mit Entwicklung ist die Transformation eines Ausgangszustandes in einen neuen Zustand gemeint. Nicht das Ersetzen des Alten durch etwas Neues wie z. B. bei einem radikalen politischen Umbruch, sondern ein Prozess der Entstehung, der Veränderung bzw. des Vergehens. Bezogen auf Menschen, Gruppen und Organisationen, bedeutet

4 vgl. Pechtl 1994, S. 9.

Entwicklung, dass aus einem bestehenden Zustand inklusive des vorhandenen Potenzials (an Fähigkeiten, Ideen, Energien, Gefühlen…) etwas Neues, nicht genau Voraussehbares, Vorausplanbares entsteht (etwas Eingewickeltes wird aus-gewickelt bzw. ent-wickelt). Das dazugehörige Wort heißt «werden» (oder «werden lassen») und nicht «machen».

Häufig sind Fitnessprogramme für Unternehmen Veränderungs- und Anpassungsprozesse mit dem Ziel, die bestehenden Systeme zu perfektionieren, das heißt, sie sind ausschließlich auf Effizienz fixiert.[55] Diese Anpassungsprozesse orientieren sich meist an bestehenden Problemen, an tradierten Werten und Normen bzw. an kurzfristigen Überlegungen. Dies entspricht den Veränderungen erster Ordnung,[66] die innerhalb eines bestimmten Systems, Rahmens stattfinden, wobei das System bzw. der Rahmen unverändert bleibt. Es sind Veränderungen, die in ihrer Grundtendenz dem Status quo dienen und damit stabilisierend wirken; im Hinblick auf die Aufrechterhaltung von Umständen, die die Wurzeln von Schwierigkeiten sind, aber auch im Hinblick auf die in der Vergangenheit bewährten Erfolgsfaktoren.

Demgegenüber stehen die umfassenden Entwicklungsprozesse von Organisationen, in denen Veränderungen jeweils im Kontext des Gesamtorganismus reflektiert und bearbeitet werden. Werden z.B. Strukturen verändert, geht es meist auch um die Entwicklung der Identität und der Fähigkeit zu interdependentem partnerschaftlichem Zusammenarbeiten und um die Emanzipation und Autonomie einzelner Personen bzw. Organisationseinheiten. Solche umfassenden Veränderungen, die das Wesen der Organisation betreffen, bezeichnet Watzlawick als Veränderungen zweiter Ordnung; also Veränderungen, die das System, den Rahmen selbst, zum Gegenstand haben.

Entwicklungsorientiertes Vorgehen bei der Führung und Beratung von Organisationen gründet auf dem Vertrauen in die Entwicklungsfähigkeit von Menschen und Organisationen und hängt deshalb ganz wesentlich mit den individuellen Lebensgeschichten und -erfahrungen von Führungskräften und Beraterinnen zusammen.

Wer die Lust und die Hürden der eigenen Entwicklung nie verspürt hat, wird auch die Menschen in seinem Einflussbereich bzw. die Organisation nicht oder nur schwer entwickeln können und wollen. *Entwicklung braucht immer ein Subjekt.* Um Entwicklung in Organisationen voranzutreiben, müssen sich die Menschen und ihr Zusammenwirken entwickeln. Das bedeutet nicht, hin und wieder ein Monsterprogramm durchzuziehen, sondern Schritt für Schritt dabei

5 Schwaninger erwähnt dafür den Begriff eines Topmanagers, nämlich Effizienz-Paranoia.

6 vgl. Watzlawick 1979, S. 29ff.

zu sein, mit wacher Aufmerksamkeit und Geduld. Entwicklungsarbeit erfordert Konstanz, sprich einen langen Atem. Sonst sind es punktuelle Veränderungen.

Veränderung, Anpassung und Entwicklung ergänzen sich dann, wenn sie durchgängig von der skizzierten entwicklungsorientierten Grundhaltung getragen werden. Mit den wesentlichen Fähigkeiten der Führung, Kooperation, Konfliktaustragung und einer bedingungslos wertschätzenden Haltung – das sind Qualitäten, die ausschließlich entwickelt und niemals gemacht bzw. verändert werden können – hat eine Organisation das Potenzial, Veränderungen und Anpassungen schnell und professionell nicht nur zu planen, sondern auch zu realisieren.

2 Was ist systemische OE?

2.1 Grundlagen

Systemische Organisationsentwicklung, wie wir sie in diesem Buch beschreiben, stützt sich auf Modelle verschiedener Disziplinen (Organisationstheorie, Systemtheorie, Managementtheorie, systemische Beratung, Konflikttheorie, diverse individualpsychologische Konzepte u.a.) und entwickelte sich aufgrund unserer eigenen Praxiserfahrung.

Folgendes Verständnis liegt den hier beschriebenen Prinzipien und OE-Anwendungen zugrunde:

Systemische OE ist eine von entwicklungsorientierten Werten getragene Grundhaltung für die Gestaltung von Beratungs-, Veränderungs- und Entwicklungsprozessen mit den Menschen in Organisationen. Folglich impliziert systemische OE ein Repertoire an Modellen, Methoden und Hilfsmitteln, durch die diese Grundhaltung praktisch umgesetzt wird.

Systemische Prinzipien und ein ganzheitliches Organisationsverständnis gelten dabei als Grundlage.

In der systemischen Organisationsentwicklung sind Menschen lebende Systeme, Gruppen und Organisationen lebende, soziale Systeme. Dies hat wesentliche Auswirkungen auf die Gestaltung von OE-Prozessen. Systemisches Denken stützt sich auf Erkenntnisse der Systemtheorie, wonach an die Stelle geradlinig kausaler Erklärungen zirkuläre Erklärungen treten und statt isolierter Objekte die Relationen zwischen ihnen betrachtet werden.[7] Damit ist die Systemtheorie selbst also ein Erklärungsversuch beziehungsweise eine Annahme in Bezug darauf, was wir für wirklich halten, und ein Erklärungsversuch dessen, wie Handlungen und ihre Wirkungen zusammenhängen.[8] Den Ausgang nahm die Systemtheorie Anfang des vergangenen Jahrhunderts in der Biologie und Physik. Weiterentwickelt wurde sie von Philosophen, Mathematikern und Naturwissenschaftlern. Daneben prägen Gedanken aus der Sozialwissenschaft, aus der Kommunikationstheorie und der Chaostheorie das systemtheoretische Bild. Es gibt nicht eine Systemtheorie, sondern eine Vielzahl unterschiedlicher Systemdefinitionen und -begriffe. Einige zentrale Theorien, die die Entwicklung beeinflussten sind:

a) **Kybernetik erster Ordnung**
   Vertreter: Norbert Wiener, William Ross Ashby
   Die Kybernetik erster Ordnung befasst sich mit technischen Rückkoppelungssystemen.
   Transfer in die Beratung: «Idee ist die Kontrolle eines Systems bzw. seiner zielgerichteten Steuerung analog zu geradlinig kausalen Ursache-Wirkungs-Beziehungen.»[9]
   Die Erforschung der Steuerung und Regelung des Verhaltens von Systemen, die von ihrer Umwelt und vom Beobachter isoliert sind, wurde von Norbert Wiener (1948) auf den Namen Kybernetik getauft. Die Erforschung der Steuerung und Regelung des Verhaltens in den übergeordneten Systemen, die entstehen, wenn man die Beobachter mit einschließt, wurde analog dazu von Heinz von Foerster (1973) mit dem Namen «Kybernetik der Kybernetik» versehen.[10]
b) **Kybernetik zweiter Ordnung**
   Vertreter: Heinz von Foerster
   Als Kybernetik 2. Ordnung bezeichnet man den Selbstbezug der Kybernetik. Dabei rückt die Funktion des Beobachters in den Mittelpunkt.
   Transfer in die Beratung: In der systemischen OE geht es um das Nutzen verschiedener Perspektiven und Landkarten der Beteiligten. Dabei geht es nicht um die Zuordnung von «richtig» und «falsch»; es geht um das Herausarbeiten der unterschiedlichen Informationen aus den unterschiedlichen Perspektiven.

7 vgl. Fritz 2006, S. 13.
8 vgl. Königswieser/Hillebrand 2005, S. 20.
9 ebd., S. 19.
10 vgl. ebd., S. 41.

c) **Das Modell der Autopoiese**
Vertreter: Humberto Maturana
Autopoietische Systeme verhalten sich selbstbezogen und reproduzieren sich selbst. (vgl. Merkmale sozialer Systeme, S. 40 ff.)
Transfer in die Beratung: Für die Beratung bedeutet dies, dass Organisationen von außen nicht vorhersehbar gesteuert werden können. Auf Interventionen von außen reagieren Menschen und Organisationen selektiv und sehr individuell.

d) **Soziologische Systemtheorie**
Vertreter: Nikolas Luhmann, Talcott Parsons
Luhmann übertrug das Autopoiesekonzept aus der Biologie auf soziale Systeme und führte die bedeutende Unterscheidung zwischen dem System und seiner Umwelt ein. Kommunikationsereignisse (Handlungen, Entscheidungen) erhalten soziale Systeme am Leben.
Transfer in die Beratung: In der Beratung geht es um die Beobachtung von Wechselwirkungen. Entwicklung geschieht dann, wenn es gelingt, Muster zu identifizieren und zu unterbrechen.

Einige Schlussfolgerungen für die systemische Organisationsentwicklungsberatung sind:

- Organisationen sind keine trivialen Systeme. Sie verfügen über ein eigenes Innenleben und sind daher nicht direkt beeinflussbar. Interventionen sind lediglich Impulse. Das System entscheidet, ob es Veränderungsimpulse von außen annimmt oder nicht. Für eine erfolgreiche OE liegt die Kunst darin, Veränderungsimpulse so zu gestalten, dass sie anschlussfähig sind und vom System angenommen werden.
- Systemische Führung bzw. Beratung betrachtet Kreisläufe, Wechselwirkungen, Muster: Nach Luhmann sind es nicht die Menschen, die das Leben einer sozialen Organisation ausmachen, es sind die Interaktionen und Handlungen zwischen den Menschen. Aufgabe von Beraterinnen bzw. Führungskräften ist es, diese Handlungen und Interaktionen und die dahinterliegenden Muster zu erkunden, den Organisationen vor Augen zu führen und ihnen zu helfen, neue Muster zu entwickeln.
- Menschen handeln aufgrund ihrer persönlichen Landkarten, die sie in Bezug auf eine bestimmte Situation entwickeln. Jedes Verhalten macht aus einer bestimmten Perspektive einen Sinn. Diese unterschiedlichen Landkarten/Sichtweisen/Bilder gilt es neugierig zu erkunden und für den Entwicklungsprozess zu nutzen.

- «Alles, was gesagt wird, wird von einem Beobachter gesagt.»[11] Jede Aussage einer Führungskraft, eines Mitarbeiters usw. wird bestimmt durch seine Wahrnehmungsfähigkeiten, blinden Flecken, Geschichten.
- Organisationen in sich verändernden Umwelten müssen fähig sein, Veränderungen in ihrer relevanten Umwelt rechtzeitig zu erkennen und flexibel und rasch darauf zu reagieren.
- Organisationen, denen die Fähigkeit fehlt, sich zu entwickeln, sich wechselnden Gegebenheiten anzupassen und solche vorwegzunehmen, sind nachhaltig nicht lebensfähig.

2.2 Prinzipien der systemischen OE

2.2.1 Aktive Beteiligung

Aus systemischer Sicht findet Entwicklung, Veränderung und struktureller Wandel nur innerhalb der Eigenlogik des Systems statt. Die Kunst der Führung bzw. Beratung liegt darin, Veränderungsprozesse so zu gestalten, dass sie von der Organisation und den darin tätigen Menschen angenommen werden. Systemische OE setzt dabei an den eigenen Kräften des Systems an und geht davon aus, dass im Wesentlichen das erforderliche Wissen für Veränderungen und Entwicklungen des Systems schon im System vorhanden sind. Es geht nur noch darum, dieses Wissen zu aktivieren. Aus diesem Grund ist die aktive Beteiligung der Führungskräfte und Mitarbeiter an Veränderungsvorhaben für ihre nachhaltige Wirkung bedeutend. Die Veränderung wird damit von den betroffenen Menschen selbst in der Organisation bewusst getragen. Führungskräfte und Mitarbeiterinnen der Organisation werden in allen Phasen des Prozesses beteiligt. Wichtig dabei ist, dass auf vielfältige und adäquate Formen der Beteiligung geachtet wird. Beispiele dafür sind: aktive Mitarbeit in Arbeitsgruppen, laufende Information, Mitwirkung an Entscheidungsprozessen, eigene Sichtweisen in Interviews zur Diskussion zu stellen usw.

Damit erhalten die Betroffenen aktiv die Gelegenheit, ihre Erfahrungen und Ideen zur Verfügung zu stellen, Antworten und Lösungen zu entwerfen, die aus ihrer Sicht machbar und sinnvoll sind, und Mitverantwortung zu übernehmen, was Voraussetzungen sind für die Identifikation mit der eigenen Aufgabe, mit den Unternehmenszielen und eben auch mit notwendigen Veränderungen.

Eine besonders exponierte Rolle spielen dabei das Topmanagement und die nachfolgenden Führungskräfte. Ihr persönliches Engagement, ihr Zeiteinsatz, ihre Prioritäten und Signale markieren im konkreten Tun oder Unterlassen die

11 Simon, F. 2006, S. 113.

Bedeutung, die sie der geplanten Veränderung beimessen. Dadurch werden sie zu Schlüsselfaktoren für den Erfolg oder die Begrenzungen des Prozesses.

2.2.2 Ausrichtung an Menschen und Organisationen – Respekt vor der Einmaligkeit jeder Organisation

Der Entwicklungsprozess orientiert sich sowohl an den Zielen und Erfordernissen der Organisation und ihrer Umwelt (Markt, Technologie, Ökologie, Finanz-Politik usw.) als auch an den Zielen, Interessen und Möglichkeiten der Mitglieder. Jede Idee, Konzeption und Veränderung bleibt Papier und Theorie, wenn es nicht gelingt, bei den betroffenen Mitarbeitern und Führungskräften Bewusstheit und Energie dafür zu wecken und sie in ihrer konkreten Situation «abzuholen» und einzubinden. – Auch der Inhalt dieses Aktionshandbuchs wird erst durch Sie als Person in Ihrer Organisation lebendig!

Die Menschen machen Organisationen lebendig, einmalig und letztlich auch entwicklungsfähig. Daher sind auch Erfolgsstrategien anderer Unternehmen nur mit begrenztem Erfolg kopierbar. Anstelle der Haltung von Beraterinnen und Führungskräften, die zu wissen meinen, wie etwas «richtig» sei oder funktionieren sollte, werden Neugier, Respekt vor der Einzigartigkeit und das Ankoppeln an das zu entwickelnde System zu zentralen Faktoren.

2.2.3 Ressourcen- und Lösungsorientierung

In der Begleitung des Entwicklungsprozesses regt der OE-Berater durch entsprechende Fragestellungen immer wieder dazu an, auf Lösungen, Möglichkeiten und vorhandene Ressourcen zu fokussieren statt einseitig auf Probleme und Schwierigkeiten. Sehr früh schon wird nach den Zielen gefragt und quasi vom Ende her an notwendigen Maßnahmen gearbeitet («Angenommen, bis in einem Jahr ist ... erfolgreich erreicht, welche Schritte haben wir bis dahin unternommen? Wer war in welcher Weise beteiligt? Worauf können wir dann mit Stolz zurückblicken?» usw.).

Statt einer ausgedehnten Ursachenanalyse wird die Auseinandersetzung mit derzeitigen und künftigen Chancen gefördert, statt einer vergangenheitsorientierten Betrachtung wird herausgearbeitet, was eine unbefriedigende Situation in der Gegenwart aufrechterhält. Schmid formuliert dazu: «Nur weil man des Langen und Breiten erkundet hat, weshalb ein Karren im Dreck steckt, weiß man noch nicht, wie man ihn wieder herausbekommen kann – und hat auch noch keine Energie für den notwendigen Weg mobilisiert!»[12]

12 Schmid, 1989, S. 49.

2.2.4 Lernen statt «Revolution»

OE achtet auf stimmige, verkraftbare Entwicklungsschritte in einem den Betroffenen möglichen Tempo. Dennoch ist OE auch in Krisen- und Umbruchsituationen, die rasche, direktive Sofortmaßnahmen erfordern, ein hilfreicher Weg für die Umsetzung, Integration und Nachbearbeitung solcher Einschnitte.

2.2.5 Angemessene Komplexität

Organisationen als lebendige soziale Systeme sind ihrem Wesen nach komplex und erfordern entsprechende Komplexität in den Steuerungs- und Veränderungsstrategien, um «schreckliche Vereinfachungen» zu vermeiden. Dies gilt für die Gestaltung und Variabilität der einzelnen Prozessschritte, für die Einbeziehung der Betroffenen in vielfältigen Formen, für die Qualität der verwendeten Modelle und Erklärungen, für das Interventionsrepertoire des Beraters (wir gehen auf diesen Punkt bei den Merkmalen sozialer Systeme in Punkt 5.2.3, Seite 43 nochmals ein).

2.2.6 Ort der OE: Der Arbeitsalltag

OE bedeutet Veränderung durch gemeinsame Problemlösung «vor Ort« und ist somit integrierender Bestandteil der täglichen Zusammenarbeit. Die wesentlichen Veränderungen finden entweder im betrieblichen Alltag oder gar nicht statt.

Es wäre eine gefährliche Verkürzung, aufgrund der beeindruckenden Wirkung und Schilderung von einzelnen Workshops OE damit gleichzusetzen und darauf zu reduzieren. Sorgfältig geplante und geleitete Workshops, Klausuren oder Projektgruppensitzungen fördern das Klima für Veränderung, und es können dort Ziele erarbeitet und entscheidende Vereinbarungen getroffen und ungeahnte Möglichkeiten der Zusammenarbeit praktisch erlebt werden, aber dies geschieht immer im Hinblick auf den Organisationsalltag.

2.2.7 OE ist ein kontinuierlicher Prozess und eine Grundhaltung

Man kann nicht hin und wieder «ein bisschen» oder punktuell OE machen. Von OE kann man nur sprechen, wenn und solange ein Entwicklungsprozess aktiv im Gange ist und wenn die Prinzipien und Grundhaltungen der OE praktisch angewendet werden.

Das Entscheidende dabei ist die praktizierte Haltung («Entwickler finden immer einen Entwicklungsweg»), die sich als roter Faden durch die manchmal aufsehenerregenden, manchmal beinahe unbemerkten Prozessschritte und Interventionen zieht: einmal eine Situationsklärungsklausur, bei der vielleicht erstmals die Führungskräfte außer Haus sich zwei, drei Tage mit neuen, überraschenden Methoden über die unterschiedlichen Sichtweisen und Ziele austauschen und erleben, welcher Unterschied allein durch dieses gemeinsame Arbeiten in anregender Atmosphäre entsteht; ein anderes Mal eine Einzelberatung in einer wichtigen Frage, die sich für eine betroffene Führungskraft akut aus dem Prozess ergibt.

Anhand des Phasenmodells und der Ergebnisse der Orientierungsphase lässt sich der Grobablauf und der ungefähre zeitliche Rahmen planen (der sehr organisationsspezifisch ist), insgesamt muss der Prozess jedoch rollierend, das heißt von Schritt zu Schritt geplant werden.

2.2.8 Anlässe für OE-Prozesse

Die Anlässe für OE-Prozesse sind vielfältig: OE ist nicht themengebunden. Sowohl abgegrenzte, überschaubare und operationale Fragestellungen wie auch weitreichende Neuorientierungen oder zunächst diffuse Problemsituationen können und sollen unseres Erachtens entlang den OE-Prinzipien bearbeitet werden.

Somit sind die Anlässe für OE in unserer Beratungspraxis sehr vielfältig und reichen von einer Neustrukturierung mit dem Ziel, mehr Kundenorientierung und Autonomie selbständiger Einheiten zu erreichen, über bevorstehende Generationenwechsel in einem Familienbetrieb bis hin zu unternehmensweiten strategischen Veränderungsprozessen.

Damit zusammenhängend ist es ein Wesensmerkmal systemischer OE, dass zwischen solchen Schritten bewusst (auch längere) zeitliche Pausen geplant werden, damit das Neue eingeübt und umgesetzt werden kann.

2.3 Wodurch unterscheidet sich nun systemische OE von anderen Veränderungsstrategien?

Ein Unterschied ist die vernetzte Betrachtungsweise: Der Berater im OE-Prozess beschäftigt sich und die Betroffenen/Klienten mit Fragen wie «Wie hängt das zusammen?», «Mit welchen mittelbaren Wirkungen ist möglicherweise zu rechnen?», «Was ist der mögliche Nutzen an der als problematisch geschilderten Situation?».

Zwei Beispiele dazu: Als Schwerpunkt wird die Entwicklung und Förderung von Führungskräftenachwuchs vereinbart und forciert, nach einiger Zeit entsteht Unmut gerade bei denjenigen Führungskräften, in deren Weiterbildung viel investiert wurde, weil Gehalts- und Karrieremöglichkeiten und der eingeschränkte Handlungs- und Kompetenzrahmen nicht mehr zu mittlerweile erworbener Qualifikation und Führungswissen passen. Dazu kommt, dass die einseitige Fokussierung auf Nachwuchs demotivierend auf erfahrene, langjährige Führungskräfte wirkt.

Oder: Als Anlass für ein OE-Projekt mit einem externen Berater wird von einer Bank die Entwicklung eines strategischen Marketingkonzeptes und mehr Kundenorientierung genannt.

In der Orientierungsphase stellt sich durch Nachfragen heraus, dass die beiden Geschäftsführer stark voneinander abweichende Vorstellungen über die Zukunft der Bank haben, dass auch strukturelle Fragen (Fusionierung) in der Luft hängen und die Arbeitsfähigkeit der beiden durch die unterschiedlichen Vorstellungen zunehmend belastet wird. Außerdem war in den letzten anderthalb Jahren eine markant hohe Fluktuation bei langjährigen Mitarbeitern zu verkraften, und die eigene strategische Orientierung fand innerhalb ungeklärter Rahmenbedingungen und Entwicklungen der übergeordneten Gesamtorganisation statt. Vorteil der ungeklärten Strategiefrage war lange Zeit, dass die beiden Geschäftsführer dadurch handlungs- und entscheidungsfähig blieben, weil keiner auf Einzelentscheidungen des anderen allzu genau hinsah oder mit Berufung auf Vereinbarungen etwas einfordern oder verhindern konnte.

Zwei recht alltägliche, komplexe Ausgangssituationen.

Ein zweiter Unterschied besteht darin, dass auch «heikle» und tabuisierte Themen angesprochen und bearbeitbar werden, wie zum Beispiel der unterschiedliche Einfluss und Einsatz von Mitgliedern eines Führungsteams, ein latenter Konflikt, eine seit Langem hinausgeschobene Neubesetzung, die Unvereinbarkeit operativer Entscheidungen und Handlungen mit normativen Aussagen eines Leitbilds.

Ein dritter Unterschied besteht in der Wertschätzung, im Respekt und im Nützen vorhandener Fähigkeiten und Erfahrungen: Es genügt nicht, dass Führungskräfte, Experten und Eigentümer wissen, was zu tun ist. Die Beiträge jener Menschen, die die Organisation zu dem machen, was sie ist, werden eingefordert und nicht als Störfaktoren oder unzuverlässige Variablen im logisch-klaren Konzept behandelt (in diese Richtung gehen heute auch Entwicklungen, die im «unternehmerischen Mitarbeiter» den künftigen Erfolgsfaktor und Wettbewerbsvorteil sehen).

→ *Wir betonen angesichts dieser Ansprüche und teils gravierender Konsequenzen nochmals, in welch besonderem Maß dabei die eingebundenen Führungskräfte gefordert sind. In vielen Fällen werden sie durch eine individuelle, begleitende Beratung zur Reflexion und Entwicklung ihres Führungsverhaltens angeregt.*

Die beschriebenen Prinzipien zeigen klar, dass man nicht von OE sprechen kann, wenn Veränderungen in Organisationen an Fachstellen und -leute delegiert werden und dabei sachlich-logische Empfehlungen oder Konzepte entstehen, die nicht an die Situation der Betroffenen anschließbar sind.

Achtung: Auch OE-Berater sind Experten für Veränderungen in Organisationen. Aber im Gegensatz zur obigen Form geben OE-Experten vorwiegend Unterstützung für das WIE (den Prozess, die Form), nicht – bzw. nur als Impuls zur Erweiterung der Lösungsmöglichkeiten – für das WAS (den Inhalt, die Ergebnisse).

Die OE-Beraterin gibt keine Lösungen für Probleme, sie hilft bei der Lösung von Problemen,

- wenn es sich um klassische Trainings oder Workshops handelt, die zwar teilnehmerorientiert sind, aber mit wenig Bezug und Einfluss beispielsweise auf strukturelle Fragen oder Rahmenbedingungen (These: Weiterbildung und Personalentwicklungsmaßnahmen schützen unter Umständen vieles andere vor Entwicklung, indem Veränderungsbedarf individualisiert und personifiziert wird);
- wenn nur auf einer gruppendynamischen Ebene an der Verbesserung der Arbeitsbeziehungen gearbeitet wird und Strukturen, Strategien, Organisationsziele unberücksichtigt bleiben;
- wenn relevante Informationen auf den Kreis der Unternehmensspitze beschränkt bleiben;
- wenn OE als neues Mittel in der Motivationskiste dienen soll. OE ist für einige Führungskräfte und Berater eine attraktive Verheißung. Dementsprechend haben sich Berater, Trainer und Wissenschaftler dem Trend angehängt und bieten ganz unterschiedliche Kompetenzen, Methoden und Wertvorstellungen unter dieser zugkräftigen Flagge an (mit der Konsequenz, dass einige «klassische» OE-Berater sehr zurückhaltend mit dieser Bezeichnung agieren oder sich bereits mit anderen Namen wie «Unternehmensentwicklung», «Unternehmenstransformation» oder «Organisationsberatung» abgrenzen und einen Unterschied einführen wollen).

Wird OE als abgepacktes Strategiekonzept angeboten, ist Vorsicht angebracht. OE-Konzeptionen können nur mit und für konkrete Unternehmen (Organisationen) erarbeitet werden und vertragen wenig Schablonen und Fertigprodukte.

3 Die Ziele von OE

Die folgenden Fähigkeiten sollen, unabhängig vom konkreten Anlass für die Veränderung, in der Organisation entwickelt werden:
- Selbsterneuerung und Selbstgestaltung
- Förderung von Selbstorganisation
- Authentizität als Antwort auf Zielkonflikte
- Effektivität, Humanisierung

1. Selbsterneuerung und Selbstgestaltung

Die Mitglieder der Organisation sollen auf breiter Basis befähigt werden, die gegenwärtige und zukünftige Organisationsrealität selbst zu gestalten.

Das bedeutet, dass sie an der Bearbeitung des Anlassthemas für einen OE-Prozess, in vielfältigen Formen und Funktionen während aller Phasen beteiligt werden und ihn maßgeblich bestimmen. Die Funktion des Beraters ist es, sie bei der Ent-Wicklung ihrer Vorstellungen und Ideen zu unterstützen, statt ihnen Lösungen vorzugeben. Große Bedeutung bekommt damit im konkreten Fall die Art und Weise des Vorgehens.

Die Fähigkeiten für Selbstentwurf und Selbstgestaltung müssen bei allen Beteiligten entwickelt und institutionell verankert werden. Sie müssen zu Bestandteilen der Organisation werden und unabhängig vom Goodwill einzelner Führungskräfte Geltung haben. Dann ist die Partizipation aller Betroffenen authentisch. Sie ermöglicht es den am Prozess Beteiligten, ihre Bedürfnisse, Werte, Ziele, ihr Wissen, ihre Fertigkeiten und Erfahrungen einzubringen. Diese Partizipation ist klar zu unterscheiden von jener «Pseudopartizipation», die den Betroffenen ein Gefühl der Beteiligung vermittelt, der aber keine wirkliche Einflussnahme entspricht.

2. Förderung von Selbstorganisation

Mit der Verbreitung systemtheoretischer Erkenntnisse und mit der Einsicht in die Komplexität selbst kleiner Systeme ist zunehmend klar geworden, dass Organisationen viel zu komplex sind, um bis ins Detail geführt, gestaltet und beherrscht zu werden. Manchmal entsteht der Eindruck, Organisationen funktionierten nicht wegen, sondern trotz des ausgetüftelten Planungs- und Steuerungssystems.

Dementsprechend bedeutend – sonst gäbe es keine funktionierenden Organisationen – sind die Prozesse der Selbstorganisation, die das Geschehen in Unternehmen und Institutionen mitbestimmen. Unter Selbstorganisation werden alle Phänomene zusammengefasst, in denen Ordnung und Strukturen in

Organisationen spontan, ohne Lenkungs- und Eingriffsversuche von außen entstehen und nicht die Folge absichtsvoller Gestaltung sind.

Das Phänomen der Selbstorganisation ist in Organisationen selbstverständlich schon immer aufgetreten. Es wurde nur nicht als solches erkannt, weil es nicht in die allgemeine Vorstellung passte, wonach Organisationen mechanische, maschinenähnliche Systeme sind. So gab es schon immer viele Beispiele von Selbstorganisation:

- Arbeiter, die das Fehlen von benötigtem Material oder Werkzeug mit Fantasie und Ideen wettmachen.
- Kooperations- und Unterstützungsstrukturen, die sich quer zu Vorschriften oder Organigrammen herausbilden.
- Innerbetriebliche Querverbindungen, die sich abseits der offiziellen Instanzenwege herauskristallisieren und dadurch unbürokratisch und ohne Zeitverlust nicht funktionierende offizielle Kommunikations- und Informationsstrukturen ersetzen.
- Strukturen, die sich in Organisationen laufend von selbst bilden, Gruppen, die sich selbständig formen und aktiv werden oder Neuerungen einführen, entstehen nicht nur aus rationaler Einsicht in die Zweckmäßigkeit einer bestimmten «Rollenverteilung», sondern auch aufgrund des Bedürfnisses des Menschen nach Ordnung und Sicherheit.[1313]
- Ein Metaziel in OE-Prozessen ist es, Rahmenbedingungen und Haltungen zu entwickeln, die dem Phänomen der Selbstorganisation und damit der Lebensfähigkeit der Organisation dienlich sind.

Das erfordert von den Betroffenen:

3. Authentizität als Antwort auf Zielkonflikte

OE geht davon aus, dass es innerhalb einer Organisation aufgrund unterschiedlicher Vorstellungen, Interessen und Sichtweisen von Organisationsmitgliedern immer wieder zu Zielkonflikten kommt: zwischen den OE-Zielen Effektivität und Humanisierung.

Dies ist ein wesentlicher Punkt, der OE unterscheidet von einer schwarz-weißen «Schönwetter»-Ideologie nach dem Muster: «Wir sitzen alle im gleichen Boot. Es gibt keine Interessengegensätze». Interessengegensätze werden stattdessen als Faktum akzeptiert und offen angesprochen. Damit werden heikle, konfliktträchtige Themen einer Bearbeitung zugänglich und aus ihrem gärenden Wirken im Untergrund geholt.

13 Ulrich, H. (1978): Unternehmenspolitik, S. 198.

«Organisationsentwicklung gibt nicht vor, ein Wundermittel an die Hand zu geben, mit dem die eventuellen Widersprüche zwischen humanen und ökonomischen oder technologischen Anforderungen beseitigt werden, sondern es geht gerade darum, die Menschen zu befähigen, bewusster ihre eigenen Entscheidungen zur Bewältigung der gegebenen widersprüchlichen Anforderungen zu finden. Es hängt deshalb von internen und externen Umständen ab, inwieweit und ob die Angehörigen der Organisation zu konsistenten Lösungen gelangen, und ob es im einen Fall zu einer Priorität der technologischen oder ökonomischen Kriterien kommt und im anderen Fall mehr Entfaltungsmöglichkeiten für das Personal gefunden werden können.»[14]

Mit dem Authentizitätsziel strebt OE also an, dass Menschen in einer Organisation ihre eigenen Antworten auf unvermeidbare, wichtige Zielkonflikte finden. «Differenzieren vor integrieren» ist ein wichtiges systemisches Arbeitsprinzip, demzufolge vorhandene Unterschiede im ersten Schritt eher verschärft und deutlich herausgearbeitet werden sollen. Erst mit der Kenntnis und dem Verständnis vorhandener Unterschiede kann eine echte Integration erfolgen. Oder es ermöglicht die klare, diskutierte Entscheidung zugunsten einer Seite.

4. Effektivität, Humanisierung

Daneben behalten die «klassischen» OE-Ziele Effektivität und Humanisierung ihre Gültigkeit:

Effektivität bedeutet, die Problemlösungsfähigkeit und damit im weitesten Sinn die Leistungsfähigkeit einer Organisation zu steigern. Organisationen werden anpassungsfähiger gemacht für gegenwärtige und zukünftige Umwelteinflüsse, vor allem für den Wandel von Technologien, Märkten, Bedürfnissen. Ein Mittel zur Steigerung der Effektivität ist beispielsweise das Zur-Verfügung-Stellen der Modelle und Methoden des OE-Beraters. Dazu gehört die Reflexion der Prozessgestaltung mit den Beteiligten parallel zur inhaltlichen Themenbearbeitung. Dadurch wird dieses Know-how auch in künftigen Situationen verfügbar.

Humanisierung bedeutet, die Qualität des Arbeitslebens für alle Organisationsmitglieder zu verbessern. Qualität äußert sich in einer interessanten Tätigkeit, Selbständigkeit, Beteiligung an Entscheidungen, Möglichkeiten zur Weiterbildung und Entwicklung und aktive Teilnahme jedes Einzelnen. Menschenwürdige Arbeitsbedingungen sind nicht eine Vergütung, die Mitgliedern einer Organisation gewährt wird, solange die Effektivität (Wirtschaftlichkeit) nicht darunter leidet. Sie sind unabdingbar mit den Werten und dem Menschenbild von OE verbunden – nicht erst seit der Einsicht, dass sich langfristig Wirtschaftlichkeit ohne zufriedene und engagierte Mitarbeiter kaum erreichen lässt.

14 Glasl 1983, S. 29.

Ein Begleiter von OE-Prozessen achtet von Beginn an darauf, die Mitglieder der Organisation bei der Verwirklichung dieser Ziele zu unterstützen. Neben dem vorbehaltlosen Einbringen seines Wissens bedeutet dies, dass er seine Person im Laufe des Prozesses immer mehr herausnimmt und dass er sich rechtzeitig von der Organisation «verabschiedet». Denn der Berater soll mit den wachsenden Fähigkeiten und Erfahrungen der Beteiligten zunehmend entbehrlicher und überflüssiger werden. Es bedeutet ferner, dass er anregt, Strukturen zu installieren, die den Organisationsmitgliedern das selbständige Arbeiten an immer neuen Themen ermöglichen,[15] und dass er die Prinzipien von OE selbst verinnerlicht hat und vorlebt.

4 Ein Menschenbild der OE

Jeder Theorie über Organisationen und Veränderung liegt ausgesprochen oder unausgesprochen ein bestimmtes Menschenbild zugrunde. Jeder Mensch macht sich ein Bild über das Wesen seiner Mitmenschen und ihre Konzepte, Motive und Beweggründe. Dieses Bild wird auf der Basis von Erfahrungen und eigenen Werten und Glaubenssätzen zusammengestellt, abstrahiert und zu einer Grundannahme verdichtet. So kreiert sich jeder Mensch sein individuelles Set von Annahmen über andere Menschen, woraus er sich Erklärungen für eigene Handlungen und Handlungen anderer konstruiert.

Das Menschenbild einer Führungskraft oder einer Beraterin beeinflusst im Wesentlichen die Struktur und das Vorgehen von Veränderungsprozessen und Interventionen. Es ist die Basis für die jeweiligen Überlegungen, was funktionieren könnte oder notwendig ist, um eine Bewegung beim Menschen und damit eine Veränderung im System der Organisation zu erreichen. Ein positives oder negatives Menschenbild zieht somit weitreichende Konsequenzen nach sich.

Je nach Menschenbild kann jemand zum Schluss kommen, Menschen seien von Grund auf arbeitsunwillig, demotiviert, träge usw., und daraus ableiten, dass den Menschen ihre Arbeitsleistung in erster Linie mit finanziellen Anreizen abgekauft werden kann. Das setzt voraus, dass man den Menschen als Homo Oeconomicus sieht (der ökonomische Mensch ist derjenige, der in allen Lebensbeziehungen den Nützlichkeitswert voranstellt. Alles wird für ihn zum Mittel der Lebenserhaltung, des naturhaften Kampfes ums Dasein und der angenehmen

15 Siehe Teil 3 Kapitel 4, S. 179.

Lebensgestaltung).[16] Man kann aber auch der Überzeugung sein, dass Menschen von Natur aus gerne Verantwortung übernehmen, Freude an einer sinnstiftenden Tätigkeit finden, leistungsbereit und neugierig sind. Dann wird man Unzufriedenheit, hohe Fluktuation, Krankenstände und hohen Ausschussraten eher mit den Arbeitsbedingungen in Verbindung bringen als mit der Natur des Menschen «an sich».

Wer Menschen in erster Linie als Vernunftwesen betrachtet, wird bei Veränderungen an deren Einsicht und Logik appellieren und Expertisen zu Rate ziehen. Sieht man den Menschen in erster Linie als affektives Wesen, wird man mehr Wert auf ihre emotionale Beteiligung und ihre subjektiven Befürchtungen und Bedürfnisse legen.

Deutliche Unterschiede zwischen den Menschenbildern liegen auch in den jeweiligen Annahmen über die Selbstbestimmtheit und Wahlfreiheit des Menschen. Wieweit ist der Mensch selbst aktiv Gestaltender seines Lebens oder kann er es zumindest sein? Ist er Resultat und damit Abhängiger der Umwelt, der Umstände, der Gesellschaft? Die jeweilige Antwort auf die Frage der Freiheit oder Interdependenz in den Handlungen und Entscheidungen beeinflusst wiederum maßgeblich den Umgang mit Veränderungsprozessen. Geht man von einer Fremdbestimmung aus, muss für Veränderungen auf die Umwelt eingewirkt werden. Glaubt man an Selbstbestimmung und Wahlfreiheit, muss der Mensch für Veränderungen gewonnen werden, um sie zu erreichen.

OE geht von einem Menschenbild aus, wonach «jeder Mensch grundsätzlich für sein eigenes Denken, Fühlen, Wollen und Handeln verantwortlich sein kann. Jeder Mensch hat ererbte Fähigkeiten, welche von der Umwelt gefördert, gehemmt oder verändert werden können, aber im Grunde hat jeder Mensch die Möglichkeit, sich selber weiterzuentwickeln. Und er hat auch das Recht, sich weitgehend nach eigenen Vorstellungen und Werten entwickeln zu dürfen.»[17]

Ein Mensch ist nicht nur grundsätzlich in der Lage zu entscheiden, ob und wohin er sich entwickeln will. Es liegt auch in seiner eigenen Verantwortung, diese Entscheidung in die Tat umzusetzen. Das bedeutet auch, dass jeder Mensch über verborgene und gelebte Fähigkeiten verfügt, die er nach Sinn strebend individuell nutzt oder nicht nutzt. Obwohl der Mensch also die Freiheit der Wahl besitzt, ist er doch in ein Umfeld hineingeboren, ohne das er nicht überleben kann. Er muss beides bewahren und sich bewusst machen: seine Individualität und seine Existenz in Abhängigkeit von Gemeinschaft. Er hat das Recht, in dieser Dualität jederzeit geachtet und wertgeschätzt zu werden.

16 vgl. Spranger 1921, S. 148.

17 Glasl 1982, S. 44.

Daraus ergeben sich 5 Werte im Umgang mit Menschen, die handlungsleitend in der OE sind:

- *Wertschätzende Akzeptanz*
  Jeder Mensch ist gleichwertig, sinnstrebend, einzigartig und würdevoll.
- *Ressourcen (Wissen, Fähigkeiten, Eigenschaften)*
  Jeder Mensch verfügt über explizit gelebte und potenzielle Ressourcen.
- *Entwicklungsfähigkeit*
  Jeder Mensch ist zeit seines Lebens entwicklungsfähig und selbstverantwortlich.
- *Autonomie und Verbundenheit*
  Jeder Mensch braucht für seine Existenz sowohl Bewusstheit für seine Individualität als auch Verbundenheit mit einer Gemeinschaft.
- *Freiheit*
  Der Mensch ist ein Wesen der Wahlfreiheit. Jeder hat die Freiheit und die Verantwortung zur persönlichen Stellungnahme. Er hat zudem die Freiheit der Einstellung zu den jeweiligen Situationen.

Im Grundverständnis des Menschenbildes der OE wird der Mensch daher verstanden als:

- Subjekt seiner Geschichte und Objekt der Natur (I. A. Caruso)
- selbstbewusstes und fühlendes Wesen
- mehrdimensionales Wesen mit 5 Bewusstseinsebenen: Körper – Affekte – Geist – Vernunft – Spiritualität

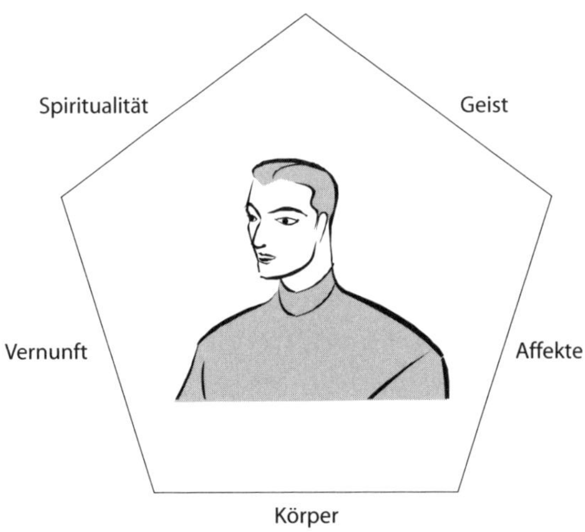

Fünf Bewusstseinsebenen des Menschen

Als körperliches Wesen will der Mensch seine Fähigkeiten, Fertigkeiten einsetzen. Er will (körperlich) aktiv sein und stellt mit seinem Körper Anforderungen an eine adäquate Gestaltung der Arbeit und des Arbeitsplatzes. Entsprechend seiner körperlichen Wesensart handelt und unternimmt der Mensch gerne etwas, er möchte gestalten und tätig sein. Er braucht Bewegungsfreiheit und die Möglichkeit, sich in seiner Körperlichkeit bewusst wahrzunehmen, zu spüren und zu erleben. Als körperliches Wesen ist der Mensch aber gerade in einer arbeitsteiligen Welt zur Deckung seiner Bedürfnisse auf andere angewiesen.

Als emotionales Wesen erlebt er in jeder Situation und Beziehung verschiedene Affekte, die seine Handlungen beeinflussen. Er sucht nach emotionalen Bindungen genauso wie nach dem Korrektiv von negativen Gefühlen. Der Unterschied zwischen positiven und negativ erlebten Emotionen gibt ihm Orientierung, zeigt ihm, wohin er gehört, was richtig oder gut ist, weil es bei ihm angenehme affektive Reaktionen zu anderen Menschen auslöst. Deshalb sucht der Mensch auch am Arbeitsplatz vielfältige Beziehungen zu anderen Menschen. Er braucht Kontakt, Anerkennung, Achtung, Wertschätzung, Beziehungen, Kommunikation, Gemeinschaft.

Als vernünftiges Wesen ist der Mensch ein denkendes, intellektuelles Wesen. Er bedarf der Orientierung in Form von Regeln, Gesetzen und Normen, wodurch Rechte und Verpflichtungen verbindlich und allgemein gültig werden. Dies schafft ihm die Basis für vernunftorientiertes Handeln, das Konsequenzen kalkuliert und so größtmögliche Sicherheit schafft. Sein logisches Denkvermögen ermöglicht ihm, durch Regeln und Erfahrungen die auf ihn einströmende Komplexität zu reduzieren und so zu meistern. Er braucht Anleitung, Rahmen, Regeln, Orientierung, Leitbilder, Prozesse als Referenzrahmen.

Als geistiges Wesen besitzt der Mensch auf allen Ebenen seines Seins – Körper, Intellekt und Erfahrungen – Wissen. Als weises und autonomes Wesen, das nach persönlicher Entfaltung strebt, fordert er größtmögliche Freiheit. «Bezogene Autonomie», das heißt das Fördern und Ermöglichen selbständigen Handelns in Bezug auf vereinbarte Ziele, Funktionen und auf die Gemeinschaft wird zum grundlegenden Gestaltungsprinzip der Zusammenarbeit und ersetzt inadäquate Formen einseitiger Anweisung und Kontrolle.

Als spirituelles Wesen ist der Mensch aber auch Teil eines größeren Ganzen. Durch ein kollektives Bewusstsein hat er Zugang zu übergeordnetem Wissen. Er will dieses intuitive Wissen anwenden und sich neue Erfahrungsquellen erschließen, die sein Wissen weiter bereichern. Dadurch ist er bereit, Risiken einzugehen. So strebt er auch im Arbeitsumfeld neue Herausforderungen und Erkenntnisse an, die seinen Horizont erweitern.

Die Vielschichtigkeit des Menschen spiegelt sich in seinen Bedürfnissen wider, die in Organisationen doch täglich missachtet werden:

- an Arbeitsplätzen, an denen das Denken der Menschen nicht erwartet, nicht gefördert und damit langsam getötet wird,
- an Arbeitsplätzen, an denen sich Kontakt auf den Dialog mit dem Bildschirm reduziert,
- an Arbeitsplätzen, in denen Produktionstechnologien den Arbeitsalltag und die Arbeitszeit bestimmen,
- an Arbeitsplätzen, die nur durch Zahlen belegbare Entscheidungen akzeptieren und Intuition keinen Raum geben,
- an Arbeitsplätzen, die die Bewegungsfreiheit auf vier Quadratmeter beschränken und eine nahezu sterile Umgebung bieten.

Ziel in OE-Prozessen ist es, die Realität und die Arbeitsbedingungen von Mitarbeitern und Führungskräften entsprechend den oben beschriebenen Bedürfnissen zu gestalten. Die Organisationsentwicklung will eine gesunde Unternehmenskultur erreichen und aufrechterhalten. Zu diesem Zweck werden im Rahmen von OE-Prozessen das Lernen, der Arbeitsrhythmus, die angewandten Methoden und Medien diesem Menschenbild entsprechend eingesetzt und gestaltet. Damit wird der Mensch als Ganzes gesehen, nicht nur als Hand-Arbeiter oder Kopf-Denker.

Das systemische Verständnis sieht den Menschen als erlebende und bewältigende Person, die ständig in kreativer Auseinandersetzung mit ihrer Umgebung steht. Er gestaltet sie genauso mit, wie er auf sie reagiert.

Damit sieht sich ein OE-Berater, der dem hier beschriebenen Verständnis folgt, jedoch nicht als Retter unterdrückter Mitarbeiter. Er behält die Neutralität bei und verschiebt sie weder einseitig zugunsten der Mitarbeiter oder zugunsten des Unternehmens.

Einige Fragen zur Selbstdiagnose

Welches Menschenbild bestimmt das Verhalten Ihrer Vorgesetzten und Mitarbeiter? Die folgenden Übersichten geben Ihnen dazu eine Anregung:

Name	Konkrete Verhaltensweisen und Änderungen, die etwas über das zugrunde liegende Menschenbild der Person aussagen	Ihre Schlussfolgerungen, Vermutungen Fragen?

Wodurch werden in Ihrer Organisation die Bedürfnisse des Menschen beachtet, gefördert oder verletzt?

Bedürfnisse des Menschen bezogen auf ...	Beachtung oder Förderung	Verletzung
die körperliche Dimension		
die seelische Dimension		
die geistige Dimension		
die affektive Dimension		
die spirituelle Dimension		

5 Organisationsbilder – Grundannahmen systemischer OE

5.1 Was ist eine Organisation?

Was ist ein Flugzeug? Ein Transportmittel. So einfach? Ist ein Flugzeug nicht (auch) ein Sportgerät, ein Kriegsgerät, ein technisches Wunderwerk, ein Arbeitsplatz, ein Verkehrsmittel, ein technisches System ...? Auch hier ist es der Kontext, der die jeweilige Beschreibung eines Flugzeugs «richtig» oder «falsch» macht. Oder: Je nachdem, ob wir uns die Frage «was ist ein Flugzeug?» im Kontext der Steuerung des Flugzeugs, im Kontext des Bauens des Flugzeugs, im Kontext der Instandhaltung des Flugzeugs oder im Kontext der Entsorgung des Flugzeugs stellen, werden die Antworten auf diese einfache Frage unterschiedlich und sehr komplex sein. Jeder Passagier erwartet jedoch, dass Flugzeugkapitäne, Flugzeugkonstrukteure oder Instandhaltungsverantwortliche sich diese Frage in ihrer ganzen Komplexität stellen und klare Antworten haben.

Was ist eine Organisation? Auch diese Frage ist nur kontextabhängig zu beantworten. Wir stellen uns hier diese Frage primär vor dem Hintergrund der Entwicklung, und darauf aufbauend in Bezug auf die Steuerung, die Veränderung, die Beeinflussung und Gestaltung der Organisation. Im Kontext der Entwicklung von Organisationen ist eine technisch-mechanistische Vorstellung von Organisation (= Organisationen sind prinzipiell vorhersehbar, planbar, steuerbar, beherrschbar), die diese technischen Prinzipien konsequent in detaillierte Regeln, Vorschriften und Handlungsempfehlungen für Manager und Berater übersetzt, unbrauchbar. Der Kontext der Entwicklung impliziert die Auffassung, dass *Organisationen soziale, lebende Systeme sind* und folglich weit mehr mit lebenden Organismen sowie mit Gemeinschaften und Gesellschaften zu tun haben als mit Maschinen und Apparaten.

Die Auffassung, dass Organisationen soziale, lebende Systeme sind, ist der gemeinsame Nenner, der so unterschiedliche Organisationen wie Unternehmungen unterschiedlichster Branchen, Schulen, Familien, Vereine, Verwaltungen, Spitäler, Kirchen, Gefängnisse, politische Parteien, Verbände usw. vereint.

Während Ihnen auf den ersten Blick an diesen Beispielen vielleicht mehr Unterschiede als Gemeinsamkeiten aufgefallen, lassen sie sich doch allesamt anhand bestimmter Merkmale als soziale Systeme beschreiben.

5.2 Einige Merkmale sozialer Systeme kurz skizziert

Die Theorien über soziale Systeme sind viel zu komplex, um hier auch nur annäherungsweise dargestellt zu werden. Wir haben trotzdem einige Merkmale herausgegriffen, um einerseits einige systemtheoretische Prinzipien darzulegen, die die Gestaltung von OE-Prozessen unmittelbar beeinflussen und andererseits, um Sie neugierig zu machen auf die Faszination der Systemtheorie, die Ihre Management- oder Ihre Beratungsarbeit unmittelbar bereichern wird. Wir verweisen interessierte Leserinnen und Leser auf die Literaturtipps im Anhang.

5.2.1 Soziale Systeme sind strukturdeterminiert

Ausgehend von den Arbeiten der beiden Biologen Maturana und Varela, hat diese Sichtweise zu vielfältigen neuen Ideen für das Verständnis der Funktionsweise von Organisationen angeregt.[18] Strukturdeterminiertheit bedeutet, dass nicht die Anstöße bzw. Veränderungen der Umwelt eine Organisation zu ganz bestimmten Handlungen, Reaktionen, Veränderungen veranlassen, sondern dass die Struktur der Organisation bestimmt, welche Anregungen aus der Umwelt überhaupt als solche wahrgenommen werden und zu welchem Wandel es gegebenenfalls kommt. Strukturdeterminierte Systeme (der Mensch ebenso wie Organisationen) sind demnach von außen prinzipiell nicht gezielt beeinflussbar, sondern reagieren immer in Abhängigkeit der eigenen Struktur![19]

Die vielfältigen Strukturen in einer Organisation sind von grundlegender Bedeutung dafür, welche Handlungs-, Entwicklungs- und Veränderungsmöglichkeiten eine Organisation hat, wie sie mit ihrer Umwelt in Beziehung treten kann und wozu Veränderungen der Umwelt sie anregen («anregen» scheint in diesem Zusammenhang eine angemessenere Beschreibung zu sein als die gängige Vorstellung von «auslösen»).

Mit Strukturen sind hierbei nicht nur die Aufbau- und Ablauforganisation gemeint (obwohl dies natürlich sehr prägende Organisationsmerkmale sind), sondern auch die praktizierten Gestaltungs-, Koordinations- und Entscheidungsstrukturen, die Strukturierung des Informationsflusses und der Kundenbeziehungen und auch geltende Regeln, Normen, Vorschriften usw.; letztlich auch die Charakterstrukturen der einflussreichen Persönlichkeiten in der Organisation. Dass die Handlungsmöglichkeiten eines Unternehmens tatsächlich von der jeweiligen Struktur bestimmt werden, wird deutlich, wenn man sich vor Augen führt, wie unterschiedlich diverse Unternehmen mit ein und demselben Ereignis, zum Beispiel einem gravierenden Umsatzeinbruch oder einer Veränderung der Nachfrage, umgehen.

---

18 vgl. dazu Maturana/Varela 1987, S. 134 f.

19 vgl. Maturana 2006, S. 105.

Unmittelbare Konsequenz des Merkmals der Strukturdeterminierung für die Entwicklung und Steuerung eines Unternehmens ist, dass die Organisationsstrukturen bewusst gestaltet und regelmäßig reflektiert, angepasst und erneuert werden – in der Praxis haben Führungskräfte und Berater oft ein intuitives Gespür dafür, dass manche Fragen nicht nachhaltig gelöst werden können, ohne die Strukturen zu reflektieren und eventuell zu ändern. Da dies immer mit Personen und ihrem Platz in der Organisation, damit auch mit Machtfragen zu tun hat, erscheinen Strukturveränderungen manchmal als bedrohlich und wollen vermieden werden. Andererseits erfordert die Überlebensfähigkeit von Unternehmen heute eine hohe Fähigkeit und Bereitschaft zu häufigen Strukturänderungen, da sich bei Mitarbeitern und Führungskräften und damit für das Unternehmen nach einer sinnvollen Umstrukturierung völlig neue Handlungsmöglichkeiten eröffnen (z. B. nach einer Umstrukturierung einer funktionalen Struktur in autonome strategische Geschäftseinheiten). Zu jeder Strukturänderung gehören unverzichtbar Prozesse des Einübens der neuen Struktur, da Strukturen neue Handlungsmöglichkeiten nur eröffnen, wenn sie auch tatsächlich von den Betroffenen wahrgenommen werden. Als Beispiel dafür steht die Beobachtung, dass sich in vielen Organisationen einige Schwierigkeiten lösen würden, wenn die formal vorgesehenen Führungskräfte führen würden, d. h., wenn Führungskräfte ihre Funktion in der Struktur tatsächlich wahrnehmen würden, statt ihre Ausreden für das Nichtführen stereotyp zu wiederholen.

Strukturelle Koppelung – die Voraussetzung für die langfristige *Lebensfähigkeit von Organisationen.*

Die gegenseitige Beeinflussung von Organisation und Umwelt (Kunden, Mitbewerber, gesellschaftliche und gesetzliche Faktoren usw.) führen immer wieder wechselseitig zu Strukturveränderungen. Dieses Aufeinander-bezogen-Sein wird als strukturelle Koppelung bezeichnet. Ein Beispiel dazu ist die Geschichte der Entwicklung von Autos und Städten: Das Aufkommen von Autos als Massenfortbewegungsmittel veränderte die Infrastruktur von Städten, die Planer von Städten wurden durch den Autoverkehr zu entsprechenden Verkehrsplanungskonzepten angeregt, umgekehrt wandelten sich durch das massive Aufkommen von Autos die Fortbewegungs- und Parkmöglichkeiten, was Teile der Automobilbranche zum Bau entsprechend kleinerer, stadttauglicher Verkehrsmittel anregte (oder auch nicht bzw. zu spät). Die Lebensfähigkeit von Organisationen hängt davon ab, ob es ihnen gelingt, in einer sich wandelnden Umwelt fortzubestehen, indem sie sich anpassen.

Am Beispiel der Autoindustrie wäre es interessant zu erforschen, welche unternehmensinternen Strukturen es zum Teil verunmöglichten, dass die dramatischen

Veränderungen in der ökologischen, sozialen und politischen Umwelt rechtzeitig erkannt und die eigenen Produkte entsprechend angepasst wurden.

Die strukturelle Koppelung betrifft zudem die Kooperation verschiedener Unternehmensbereiche bzw. Menschen in der Organisation. Auch da stellt sich die Frage, ob es den Beteiligten bei all ihrer Autonomie (Autopoiese) und Unterschiedlichkeiten in den Aufgaben, Interessen, Zielen usw. gelingt, durch ihre strukturelle Koppelung Kooperation und Dialogfähigkeit zu ermöglichen.

Folgerungen aus der Strukturdeterminiertheit für die Gestaltung von OE-Prozessen:

- Die Strukturierung des OE-Prozesses selbst beeinflusst maßgeblich die Möglichkeiten, die Organisation zu Veränderungen anzuregen.
- Für Führungskräfte und Berater/Begleiterinnen ist es wichtig, ein Verständnis für die gegenwärtig praktizierten Strukturen und die Konsequenzen daraus zu entwickeln und die Betroffenen zur Reflexion bestehender Strukturen anzuregen.

5.2.2 In sozialen Systemen entsteht Ordnung spontan

Wir haben auf dieses Merkmal der Selbstorganisation bereits bei der Zielbeschreibung von OE verwiesen, wonach Organisationen als soziale Systeme unter dem Druck der Verhältnisse Ordnung spontan generieren. Konsequenz dieser Sicht ist eine große Bescheidenheit in Bezug auf die Machbarkeit und Beherrschbarkeit von Organisationen, sowohl als Führungskraft als auch als Beraterin.

Die bereits skizzierten Grenzen der Steuerungsversuche im Sinne der wissenschaftlichen Betriebsführung werden deutlich und fordern neue Lösungen und Strategien heraus. Anstatt Kontroll- und Planungssysteme immer mehr zu verfeinern, muss das Augenmerk darauf liegen, günstige Bedingungen für die Selbstentwicklung einer Organisation einzurichten – es geht mehr darum, in einem System entwicklungsfördernde Rahmenbedingungen zu gestalten, als auf es einzuwirken.

In der Strukturierung einer Organisation folgt daraus beispielsweise die Schaffung von autonomen Organisationseinheiten mit optimalen Voraussetzungen für unternehmerische Selbständigkeit und Eigenverantwortung sowie mit einem maximalen Potenzial an Flexibilität, Motivation und Transparenz bei gleichzeitiger Vereinfachung und Verringerung des notwendigen Koordinationsaufwandes durch übergeordnete Stellen, Stabsstellen oder Steuerungssysteme.

Gut ausgebildete, engagierte und verantwortungsbewusste Mitarbeitende und unternehmerische Führungskräfte mit Leadershipqualitäten sind *die* Voraussetzung für das Nutzen der Potenziale aus Selbstorganisationsstrukturen – im Sinne der Zielsetzung von OE könnte man auch formulieren, dass dies sich wechselseitig bedingt und fördert.

Aus dem Wissen um Selbstorganisation folgt keinesfalls, man könne eine Organisation sich selbst überlassen im Vertrauen darauf, dass sich die Dinge von selbst auf gute Weise entwickeln werden. Ganz im Gegenteil nehmen die Herausforderungen an Führungskräfte und Berater bei der Gestaltung von Organisationen dadurch zu, nicht ab.

5.2.3 Soziale Systeme sind komplex und erfordern eine entsprechende Komplexität im Umgang mit ihnen

Die Komplexität von Organisationen ergibt sich aus a) der großen Anzahl und Vielfalt von Elementen (z.B. Menschen und ihre Beziehungen, Prozesse, Funktionen, Technik, Strukturen usw.), b) dem hohen Maß an Relationen und Wechselwirkungen zwischen den Elementen und c) der hohen Anzahl von möglichen Zuständen und Entscheidungs- und Handlungsmöglichkeiten.

Komplexität löst bei Führungskräften und Experten für bestimmte Funktionen in Organisationen häufig das Gefühl von Unüberschaubarkeit und Instabilität aus und wird meist als Behinderung interpretiert. Reduktion, Simplifizierung bzw. problemproduzierende Vereinfachungen sind dann Lösungsversuche im Umgang mit dieser Verunsicherung.

Einen grundsätzlichen Hinweis zur angemessenen Komplexitätsbewältigung in Organisationen gibt uns W.R. Ashby mit dem Varietätsgesetz[20] (Varietät ist in der Kybernetik die Maßgröße der Komplexität), es heißt: Nur Varieät kann Varietät absorbieren, oder anders ausgedrückt: Ein System mit einer gegebenen Komplexität kann nur mit Hilfe eines ebenso komplexen Systems gestaltet bzw. verändert werden.

Aus der Akzeptanz der Komplexität von Organisationen resultiert zum einen die Aufgabe, immer wieder im Kontext der jeweiligen Situation ein angemessenes Verständnis zu erarbeiten, ohne allzu verkürzende Beschreibungen und Vereinfachungen. Andererseits ergibt sich aus der Komplexität die Chance, dass es für Führungskräfte, Spezialisten und Beraterinnen stets eine Anzahl unterschiedlicher Möglichkeiten für die Behandlung anstehender Fragestellungen gibt.

Konsequenzen für die Gestaltung von OE-Prozessen

Für den Umgang mit sozialen Systemen gilt also die Formel, dass Komplexität entsprechende Komplexität im Umgang mit ihr erfordert. Rezepte und «how to do»-Anweisungen gehen völlig am Wesen komplexer Systeme vorbei. Dies ist eine Absage an die Brauchbarkeit traditioneller Versuche zur Komplexitätsbewältigung: Probleme werden dabei analysiert und vereinfacht (zerstückelt, zerkleinert),

20 Ashby 1974, S. 115 ff.

in Teildisziplinen und -fragen zerlegt und von den jeweiligen Spezialisten (in Abteilungen, Stäben oder wissenschaftlichen Spezialbereichen) behandelt. Sie können dadurch zwar leichter und tief gehend bearbeitet werden, jedoch zum Preis, dass relevante Vernetzungen und der größere Zusammenhang dabei verloren gehen. Die Wirklichkeit in sozialen Systemen bestimmen nicht einzelne differenzierte Dinge, Erscheinungen, Zahlen und Elemente, sondern die Gesamtgestalt und die Zusammenhänge – und die Menschen, die sich an der (verschwommenen, oft schwer greifbaren) Gesamtgestalt orientieren müssen und nicht am messbaren Detail.

Bei Veränderungen in Organisationen sollten wir akzeptieren, dass wir oft aufgrund eines unscharfen Bildes der Situation/der Organisation handeln und entscheiden müssen. Dieses unscharfe Bild bezieht sich jedoch immer auf die Gesamtorganisation bzw. auf die ausgewählte Organisationseinheit.

Auslöser für OE-Prozesse sind häufig (scheinbar) abgegrenzte Fragen oder ein Problem. OE-orientierte Führungskräfte oder Beraterinnen haben in dieser Phase die Beteiligten zu einer Sichtweise anzuregen, die das Bewusstsein für die Komplexität erhöht – sowohl in Bezug auf die Ausgangssituation als auch auf die Lösungen. Dazu bedarf es besonderer Kooperations-, aber auch Konfliktfähigkeiten der beteiligten Personen, damit die Vielfalt und oft auch Widersprüchlichkeit bei der Erklärung einer gegebenen Situation sichtbar und auch akzeptiert wird; und damit Voraussetzungen für Lösungen geschaffen werden, die der gegebenen Komplexität gerecht werden – und dem ethischen Imperativ von Heinz von Foerster, dass wir stets so handeln sollen, dass die Anzahl der Wahlmöglichkeiten größer wird.

Ein Prozess zur Entwicklung von Führungskräften in einem Unternehmen kann zum Beispiel nicht ohne den Kontext der verschiedenen Führungsebenen, der strukturellen und kulturellen Gegebenheiten, der strategischen Absichten usw. eingeleitet und durchgeführt werden.

Reduktionistische Lösungen, wie sie durch den analytischen Zugang gefördert werden, sind unzulänglich, oft gefährlich: Beispiele sind Lösungen, die zwar ökonomisch erfolgreich, aber ökologisch katastrophal sind, produktionstechnisch kostengünstige Lösungen ohne Relation zu den Marktbedürfnissen, technisch faszinierende, aber menschenerniedrigende Entwicklungen.

Zum Verständnis davon, womit bei Interventionen in komplexen Systemen zu rechnen ist, hat Heinz von Foerster mit seinem Vergleich von trivialen mit nicht trivialen Maschinen beigetragen, deren Unterschied darin besteht, dass bei einer trivialen Maschine (z.B. einem Auto) ein bestimmter Input zu einem genau vorhersagbaren Output führt, während bei einem nicht trivialen, komplexen System (einem Mitarbeiter, einem Organisationsbereich, einem Unternehmen usw.) der

Output wesentlich von den internen Zuständen des Systems bestimmt wird. Oder: Die Wirkungen meines Handelns sind unterschiedlich voraussagbar, je nachdem, ob ich einen Stein oder einen Hund trete.

In diesem Zusammenhang wollen wir kurz auf einige typische Schwierigkeiten und Fallen im Umgang mit komplexen Situationen verweisen:[21]

- mangelhafte Zielbildung
- eingeschränkte und/oder stationäre Situationsanalyse
- Annahme linearer Trends
- Verkennen zeitverzögerter Wirkungen
- mangelhafte Schwerpunktbildung
- Planungsrigidität
- «reaktive» Planung
- mangelhafte Analyse von Nebenwirkungen
- Tendenz zur Überdosierung, Übersteuerung
- Tendenz, einzelne Bedingungen nur isoliert zu variieren
- Tendenz zur Dominanz (und Ignoranz vorhandener Entwicklungen)
- gewaltsame Lösungsversuche.

5.2.4 Soziale Systeme haben Grenzen

Willke schreibt dazu: «Der Sinn von Grenzen liegt in der Begrenzung von Sinn. Nicht alles, was in der Welt passiert, nicht alle Ereignisse, Informationen und Zustände können von sozialen Systemen berücksichtigt und verarbeitet werden. Gegenüber einer komplexen Umwelt müssen Sozialsysteme ihre Aufmerksamkeit, ihre Zeit und Energie auf das systemrelativ Sinnvolle begrenzen. So ist etwa für eine Partei nur das wichtig, was eine politische Frage ist oder werden kann; für ein Unternehmen nur das, was Auswirkungen auf seine Produkte hat; für eine Organisation nur diejenigen Ereignisse in ihrer Umwelt, die ihre Ziele tangieren.»[22]
Mit diesem Zitat wird deutlich, dass den Grenzen bzw. der Grenzziehung und dem Umgang mit Grenzen in sozialen Systemen eine zentrale Bedeutung zukommt. Die Grenze stellt eine symbolische Trennung dar zwischen der Komplexität dessen, was als System definiert wird, und der ausgegrenzten Komplexität der Umwelt. Dabei sind Systeme strukturell an ihre Umwelt gekoppelt und könnten ohne Umwelt nicht bestehen. Grenzen ermöglichen dementsprechend die Identität eines Systems. «Grenzerhaltung ist daher Systemerhaltung.»[23]

---

21 Zusammenstellung nach Reither F., Universität Bamberg. Siehe dazu auch Dörner 1997.
22 Willke 1987, S. 34.
23 Luhmann 1984, S. 35.

Salvador Minuchin hat eine hilfreiche Unterscheidung für die unterschiedliche Handhabung von Grenzen eingeführt. Er unterscheidet zwischen durchlässigen, klaren, flexiblen Grenzen (als anzustrebendes Optimum) einerseits und starren und diffusen Grenzen (als Übersteuerung in jeweils eine Richtung, in der Balancierung von Offenheit, Austausch und Abgrenzung) auf der anderen Seite.[24]

Sowohl zu starre als auch zu diffuse Grenzgestaltung stellt Organisationen – und auch Subsysteme von Organisationen in der Gestaltung der internen Beziehungen – vor spezifische Probleme: Rigide Grenzen führen zu übermäßig starker Betonung der Eigenständigkeit und Abgrenzung, auch zur einseitigen Beschäftigung mit internen Fragen, diffuse Grenzen bedrohen gegenüber der Umwelt die Eigenständigkeit und Existenz des Systems und führen intern zu verwischten Grenzen, dazu, dass alles für jeden (und jede Abteilung) Bedeutung hat und Anlass zur Einmischung ist.

Bei der Betrachtung der typischen Entwicklungskulturen von Organisationen könnte man die starren Grenzziehungen in der Dissoziationskultur als Lösungsversuch für die diffusen internen Grenzen der Familienkultur verstehen und die Organismuskultur als Ausweg aus den starren Grenzen der Dissoziationskultur.

In diesem Zusammenhang wird deutlich, wie wichtig für Organisationen eine klar formulierte Identität ist, denn davon hängt es ab, wie klar sich ein Unternehmen von seiner Umwelt abgrenzt (und in seiner Wirkung Profil bekommt) und wie leicht oder aufwendig es ist, Entscheidungen über sinnvolle Möglichkeiten zu treffen und andere auszugrenzen.

Für Organisationsentwicklung heißt dies: Die Frage der Grenzgestaltung der Organisation in Bezug auf relevante Umwelten kann sowohl ein aufschlussreiches Feld in der Diagnose sein als auch ein relevantes Veränderungsziel.

Daneben ergeben sich für die Gestaltung des OE-Prozesses selbst Konsequenzen, zum einen besonders während der Orientierungsphase in der Abgrenzung des Systems, das Gegenstand des OE-Prozesses sein soll, zum anderen in der Frage, wie die Grenzen zwischen OE-Prozess und der Organisation durchlässig und klar gehalten werden können – worin ja eine konstante Herausforderung für Unternehmen besteht, die mit einer Projektorganisation die herkömmliche hierarchische Steuerungsstruktur ergänzen: Jedes Projekt muss sich deutlich vom Rest der Organisation abheben, gleichzeitig müssen die Beziehungen so offen sein, dass die Aktivitäten und Ergebnisse auf den Organisationsalltag einwirken können (andernfalls kommt es zu Projekten, die eine zwar

24 vgl. Minuchin 1983, S. 73.

interessante, aber konsequenzenlose Eigenaktivität entfalten). Die Herausforderung, die Grenze zwischen OE-Prozess und Management zu gestalten, ist ein wichtiges Lernfeld für alle Beteiligten, besonders zu Beginn des Prozesses.

Neben der erforderlichen Systemdifferenzierung für den OE-Prozess kann sich im Verlauf das Ziel herauskristallisieren, eine adäquatere Differenzierungsform für die Organisation selbst entwickeln – zum Beispiel nach Geschäftsbereichen, nach Management-Systemebenen (operatives, strategisches und normatives Management) oder in Form einer Projektorganisation.

Am Rande sei erwähnt, dass in Organisationen die häufigste Form der Systemdifferenzierung die Hierarchie ist, die Luhmann jedoch als «Selbstsimplifikation der Differenzierungsmöglichkeiten des Systems» darstellt – mit Watzlawick möchten wir es eine «schreckliche Vereinfachung» nennen. Gerade in Kleinbetrieben, die aus der patriarchalisch orientierten Familienkultur herausgewachsen sind, bewähren sich zunehmend teamorientierte, der Komplexität sozialer Systeme adäquate Strukturen, während in mittleren und größeren Organisationen sich durch die Idee der selbständigen Einheiten flache, heterarchische Strukturen mit der Gestaltung von Netzwerken herausbilden, die auch über die Organisationsgrenzen hinausreichen – beispielsweise indem Lieferanten und Kunden in die Produktentwicklung eingebunden werden.

5.2.5 Soziale Systeme sind autopoietisch und strukturell gekoppelt

«Der Begriff der Autopoiese beschreibt einen systeminternen Prozess, mit dessen Hilfe sich lebende Systeme als Ganzheiten, d. h. in ihrer charakteristischen Einheit, selbst reproduzieren, sich ständig neu schaffen, ihre Identität bewahren. Ohne einen solchen autopoietischen Prozess kann ein System die Differenzierung, die identitätsstiftende Grenze zwischen sich und seiner Umwelt für seine Eigenproduktion nicht fruchtbar machen. In dieser aktiven Selbsterneuerung eines lebenden Systems bilden Produkt und Produzent eine Einheit.»[25] Lebende soziale Systeme bleiben also nicht einfach so, wie sie sind, sondern sie müssen ihre eigene Existenz laufend aktiv reproduzieren. Dementsprechend können wir uns von der Vorstellung verabschieden, dass die Umwelt von Organisationen (Markt, soziale, politische, technische Umwelt…) die wesentlichen Anstöße für die Entwicklung von Organisationen geben, da sie im Wesentlichen nur auf sich selbst reagieren. Sie sind auch nicht auf permanente Veränderung aus, sondern entsprechend ihrer Autopoiese auf die Reproduktion ihrer gegenwärtigen Existenz. Dennoch reagieren (!) lebende Systeme auf gewisse immer wiederkehrende

25 Wimmer 1992, S. 94.

Veränderungen in der Umwelt, wobei diese sehr selektiven Umweltkontakte immer mit einer Irritation (der Autopoiese des Systems) verbunden sind. Dies geschieht, wie bereits unter Punkt 5.2.1 erwähnt, durch strukturelle Koppelungen, die es dem System ermöglichen, seine Umwelt im Großen und Ganzen zu ignorieren und nur ganz bestimmte Irritationen aufzunehmen.[26]

Die Autopoiese bezieht sich auch auf sogenannte Problemsysteme, das heißt, dass auch Probleme sich autopoietisch reproduzieren und sich damit mit einfachen Interventionen durch Führungskräfte oder Beraterinnen nicht logisch in ein Lösungssystem verwandeln lassen. Vielmehr bedarf es eben der bewussten Herstellung struktureller Koppelungen der Führungskräfte und der Beraterinnen mit den anderen Beteiligten des Beratungssystems, anders ausgedrückt bedarf es der bewussten Herstellung von Kontakt und Rhythmus im Beratungssystem als Voraussetzung dafür, dass die Irritation des Problemsystems überhaupt ankommen kann und nicht unbeachtet verpufft.

6 Das Organisationsmodell der systemischen OE

Mit dem systemischen Konzept, wonach Organisationen soziale, lebende Systeme sind, stellt sich die Frage nach dem dazupassenden Organisationsmodell. Systemische Organisationsentwicklung (OE) impliziert eine umfassende (ganzheitliche) Vorstellung von Organisation, die sich aus dem Zusammenspiel ihrer Teilsysteme und deren Relationen ergibt. Ein geeignetes Organisationsmodell ist eine Landkarte der Organisation, in der alle wesentlichen Teile, Elemente und Beziehungen der Organisation enthalten sind und damit der umfassenden Orientierung (= Wirklichkeitskonstruktion und Mustererkennung) für Führungskräfte und Beraterinnen dienen kann. So wie eine Landkarten, sagt auch ein Organisationsmodell noch nichts über den Prozess der Wahrnehmung und damit über den Prozess des Umgangs mit dem Modell aus; dies ist das Thema der systemischen Interventionen[27]Wir wollen jedoch an dieser Stelle betonen, dass sich systemisches Denken und Handeln vor dem Hintergrund der Kybernetik 2. Ordnung (Heinz von Foerster) vollzieht, die besagt, dass es keine neutrale, objektive Wahrnehmung bzw. Beobachtung eines Objekts bzw. eines Systems von außen gibt, sondern aufgrund der Rekursionsprozesse der Beobachter immer aktiver Teil des Beobachteten ist. In unserer Gestaltung von OE-Prozessen und insbesondere im Umgang mit Modellen stützen wir uns auf diese Kybernetik 2. Ordnung, weil wir mit den Beteiligten

26 vgl. ebd., S. 95.

27 vgl. Punkt 4 Interventionen, S. 204.

eine Wirklichkeit der Organisation hervorbringen wollen, die als gemeinsam produziertes Produkt gemeinsam gestaltbar und entwickelbar wird. Darüber hinausgehend legen wir jedoch unserem Tun zugrunde, dass es geistige Wege gibt, die zum Erkennen der umfassenden Wahrheit und zur Transzendenz der letzten Wahrheit führen, und dass Organisationen gerade bei der Ausrichtung auf ihre Zukunft und in ihrem kulturellen Alltag außergewöhnlich bereichert werden, wenn einzelne Personen (Führungskräfte, Expertinnen und Berater) sich auf solchen evolutionären bzw. spirituellen Wegen der Wahrheitsfindung befinden.

Das hier dargelegte Organisationsmodell systemischer OE entstand aus der konsequenten Anwendung systemischer Konzepte bzw. Weltbilder in OE-Prozessen des MCV.

Das Modell gliedert die Organisation in die *Oberflächenstruktur* und die *Tiefenstruktur*. Die Oberflächenstruktur der Organisation kann als die Anatomie der Organisation aufgefasst werden und bezieht sich somit auf den Aufbau, die Form, die Funktionsweise und auf die Effizienz der Organisation. Die Oberflächenstruktur erfasst die Organisation als unmittelbar gestaltbar, und zwar nach ökonomischen/betriebswirtschaftlichen, organisationstheoretischen, juristischen und nach technischen bzw. informationstechnischen Gesichtpunkten. Dementsprechend geht es bei der Gestaltung der Oberflächenstruktur um eine gut funktionierende, effiziente Organisation – nach Kriterien, die dem Stand der jeweiligen Wissenschaften bzw. Fachgebiete entsprechen. Die Organisation wird angestrebt durch vorhersehbare und geplante Veränderungsprozesse.

Die Tiefenstruktur erfasst das Wesen bzw. die Einmaligkeit und Authentizität der jeweiligen Organisation. Dazu gehören der Existenzgrund der Organisation, die Effektivität und ihre Kultur. Im Einzelnen umfasst die Tiefenstruktur der Organisation das Kerngeschäft mit den dazugehörigen Leistungen, die Absichten bzw. das Wollen für die Zukunft, das Selbstverständnis und die handelnden und kommunizierenden Menschen mit ihren ethischen Grundsätzen. Damit erschließt die Tiefenstruktur der Organisation ihren Wesenskern, der seine Kraft und Ausstrahlung nur durch bewusste Entwicklungsprozesse zum Ausdruck bzw. in Fluss bringt.

Oberflächenstruktur und Tiefenstruktur der Organisation ergeben nur in ihrer Zusammenschau die Ganzheit der Organisation. Daher ist auch bei der Bearbeitung einzelner Systemelemente ihre Einbettung und Relation mit allen anderen mitzudenken. Anders ausgedrückt können Veränderungsprozesse in der Oberflächenstruktur nur im Kontext der Entwicklung der Tiefenstruktur nachhaltig wirkungsvoll sein. Das ist eine ganz wichtige Überlegung für Führungskräfte, die Projekte zur Veränderungen der Oberflächenstruktur initiieren, weil z. B. Veränderungen von Kernprozessen, von Zielsystemen, von Gehaltssystemen, von Aufbaustrukturen usw. immer auch mit den Gegebenheiten der Tiefenstruktur der Organisation verbunden sind, die entsprechend mit zu beachten sind.

Wirkung nach innen und außen
Alle Teilsysteme und Elemente der Organisation sind einzeln und in ihrem Zusammenspiel jeweils im Inneren der operativen Geschlossenheit der Organisation wirksam. Soweit es der Organisation gelingt, durch Systemöffnungen strukturelle Koppelungen mit lebensrelevanten Teilen ihrer Umwelt herzustellen, wirken die Teilsysteme und Elemente der Organisation auch in diese Umwelten bzw. werden sie von diesen Umwelten beeinflusst.

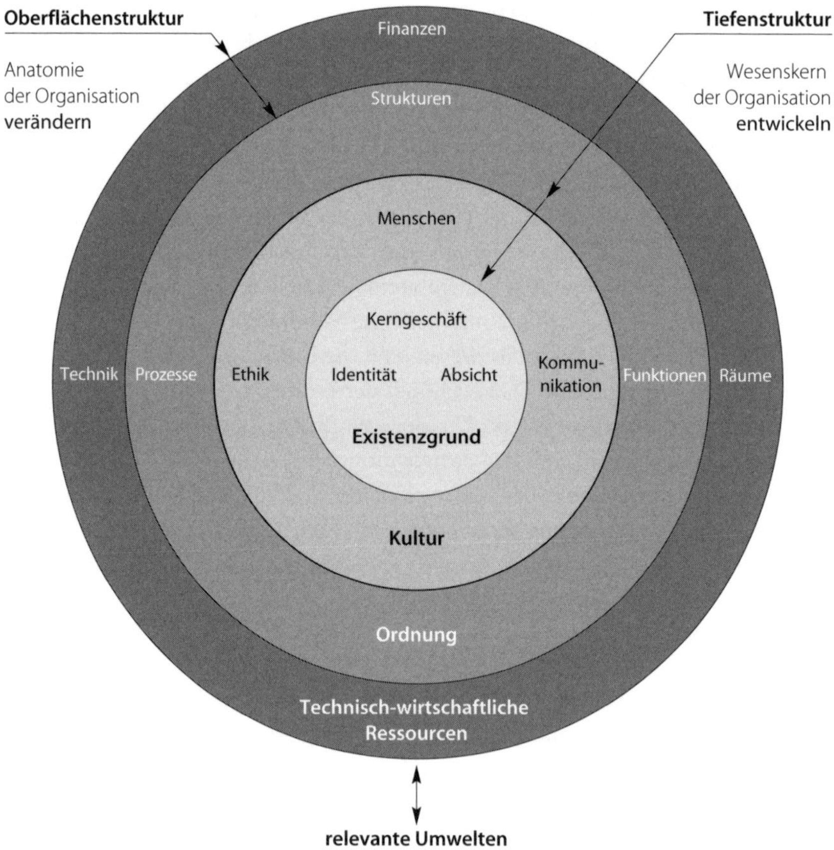

Das Organisationsmodell der systemischen OE

6.1 Teilsysteme der Tiefenstruktur von Organisationen

6.1.1 Der Existenzgrund der Organisation

Der Existenzgrund der Organisation beantwortet zunächst die Fragen: *Wozu gibt es uns?* oder: *Wem würde was abgehen, wenn es uns nicht gäbe?* Die Beantwortung dieser Fragen durch Führungskräfte und Mitarbeiter und die Kommunikation darüber gibt der Zweckrationalität von Organisationen ihren sinnstiftenden Kontext im Inneren und in der für sie relevanten Umwelt. Damit ist nämlich gewährleistet, dass sich die einzelnen Handlungen und Entscheidungen der Organisationsmitglieder auf einen gemeinsamen Fokus ausrichten und andererseits der Nutzen gegeben ist, den diese Organisation durch ihre Leistungserbringung bei Kunden oder anderen relevanten Partnern in der Umwelt nachhaltig stiften will. Wir schließen uns damit einerseits der Beschreibung des Existenzgrundes im Rahmen des OSTO-Ansatzes von H. Riekmann an.[28] Er sieht den Existenzgrund von Organisationen darin, dass es Umwelten (z. B. Kunden oder Aktionäre) gibt, die den Output der Organisation schätzen und daher am weiteren Existieren der Organisation interessiert sind. Nach Riekmann bezeichnet der Existenzgrund das Hauptaustauschverhältnis oder den zentralen Austauschprozess zwischen dem System und seiner direkt relevanten Umwelt, z. B. dem Kunden, und ist daher niemals einseitig definierbar. Andererseits erweitern wir den Inhalt des Existenzgrundes, indem wir folgende Elemente dazuzählen.

Elemente des Existenzgrunds von Organisationen:

- Das Kerngeschäft und die Kernkompetenzen – *unsere Sache ist… und wir können…*
- Die Identität – das Selbstverständnis – *wir sind…*
- Unsere Absicht – *wir* wollen…

Das Zusammenspiel klarer und gelebter Aussagen zum Kerngeschäft, zu den Kernkompetenzen mit dem Selbstverständnis, das bei der Leistungserbringung angewandt wird, und mit der nachhaltigen strategischen und normativen Absicht gibt der Organisation insgesamt den Grund für ihre nachhaltige Existenz und ersetzt zum Teil klassisch-direktive Führungs- und Steuerungsversuche. Mit diesen Elementen des Existenzgrundes präsentiert sich die Organisation zudem unverwechselbar, einmalig und markant in ihrer Umwelt.

28 Riekmann 2005.

6.1.2 Die Kulturelemente der Organisation

Das zweite Teilsystem der Tiefenstruktur der Organisation ist die Kultur mit den Elementen

- Menschen
- Ethik
- Kommunikation

Entsprechend der Auffassung von Organisation als lebendem, sozialem System verwirklicht sich die authentische Kultur der Organisation durch die in der Organisation in der Vergangenheit und Gegenwart handelnden Menschen mit ihren Grundhaltungen und ethischen Einstellungen in ihrem sozialen Bezug zueinander. Der Kontext der Kultur ergibt sich zudem durch den Existenzgrund, die Ordnungsmuster und die technisch-wirtschaftlichen Gegebenheiten der jeweiligen Organisation.

Wie an anderer Stelle[29] auch beschrieben, müssen wir davon ausgehen, dass Organisationen kulturdeterminiert sind. Das heißt, dass es bei der Erfassung der Organisation darum geht, die bestehende Kultur wahrzunehmen und so wie sie ist – nicht wie sie sein sollte – zu akzeptieren, weil sie in einem zirkulären Bezug zu allen Steuerungs-, Veränderungs- und Entwicklungsvorhaben (in) der Organisation steht. Erst ihre Akzeptanz setzt Möglichkeiten der bewussten Kulturentwicklung frei.

Kultur reproduziert sich autopoietisch:

- Bei der Einstellung neuer Führungskräfte oder Mitarbeiterinnen wird darauf Wert gelegt, dass die Neuen zumindest bezüglich ihrer Grundhaltungen zur bestehenden Organisation (=Kultur) *passen*;
- In der täglich gelebten Kommunikation, in den Sitzungen und Besprechungen entwickelt sich eine Kultur, wie klar Themen angesprochen werden können, wie Kritik geäußert wird oder wie es zu Entscheidungen kommt.
- In jedem Projekt, im Setzen von Prioritäten, in der Verwendung knapper Ressourcen wie Zeit, Kapazitäten, evtl. auch Geld zeigen sich die Wertvorstellungen der Organisation.
- Im Umgang mit Ideen oder Innovationen, in der täglich wahrgenommenen oder vernachlässigten Führungsarbeit, und vor allem auch in der Handhabung von Macht definiert sich die Kultur eines Unternehmens.

Sowohl im Inneren als auch nach außen wird die Organisation durch die von den Menschen in ihrem sozialen Bezug gelebten Kultur unmittelbar begreifbar;

---

29 vgl. Thesen zur Kultur von Organisationen, Teil 1, 8.2, S. 71.

die Menschen in der Organisation und in der strukturell angekoppelten Umwelt in ihrem Zusammenspiel hauchen dem Organismus Organisation die Lebendigkeit und die konkrete Handlungsfähigkeit ein.

Kultur, wie sie von den Menschen mit ihren ethischen Einstellungen in der täglichen Kommunikation gelebt wird, lässt sich nicht machen und entzieht sich damit zielorientierten Veränderungsprozessen. Einstellungen, innere Bilder, Gefühle und Erlebnisse, Beziehungen, Kommunikation, Klima und das konkrete Verhalten lassen sich vor dem Hintergrund des Menschenbildes der OE[30] und der Auffassung der Organisation als lebendes, soziales System nur unter Einbeziehung der unmittelbar beteiligten Führungskräfte und Mitarbeiter *entwickeln*. Um der Entwicklung der Kultur eine beabsichtigte Richtung zu eröffnen, braucht es Strukturen, die im Sinne des ethischen Imperativs von v. Foerster diese Entwicklung ermöglichen. Die Kulturentwicklung ist ein zentraler Fokus jedes OE-Prozesses. Einerseits, weil der Existenzgrund der Organisation die Weiterentwicklung der Kultur erfordert, und andererseits, weil Organisationen die Fähigkeit im Umgang mit vielfältigen bzw. fremden Kulturen brauchen. Sowohl im Inneren der Organisation gibt es durch die Abhängigkeiten verschiedener, kulturell unterschiedlicher Bereiche bzw. Organisationstypen[31] einen Kulturpluralismus. Aber auch in der Kooperation mit relevanten Umwelten handelt jede Organisation nach einem unterschiedlich ausgeprägten Kulturpluralismus. Dies betrifft global bzw. international tätige Organisationen in ganz besonderem Maße, trifft jedoch auch auf primär national agierende Organisationen zu. Ganz ausgeprägt ist die Forderung der Kulturentwicklung bei Fusions- bzw. Netzwerkprozessen. Prozesse der Führungskräfteentwicklung und der Teamentwicklung spielen im Kontext der Kulturentwicklung in Organisationen eine ganz besondere Rolle.[32]

6.2 Teilsysteme der Oberflächenstruktur von Organisationen

6.2.1 Die Ordnungselemente der Organisation

Das Teilsystem Ordnung stellt einerseits den formalen Rahmen für das Handeln in der Organisation dar, und andererseits beinhaltet es die im Alltag gelebten Ordnungsmuster und Regeln (= informelle Ordnung). Sie dienen der Verwirklichung des Existenzgrundes der Organisation, also der nachhaltigen Lebensfähigkeit und der Komplexitätsreduktion. Das Maß an Ordnung bewegt sich im

30 vgl. Ein Menschenbild der OE S. 33.

31 vgl. Organisationstypen S. 61.

32 vgl. Interviews S. 291.

Spannungsfeld zwischen Flexibilität, Improvisation, Chaos, persönlicher Freiheit, Unsicherheit auf der einen Seite und Stabilität, Klarheit, Bürokratie, Sicherheit auf der anderen Seite. Grundsätzlich produzieren lebende, soziale Systeme Ordnung – nicht Entropie.[33] Wir können sogar davon ausgehen, dass «mit steigender Komplexität von Organisationen der Bereich der Selbstorganisation zunimmt, also jener Bereich, in dem die Arbeitsabläufe und Kommunikationswege durch situative Entscheidungen der Betroffenen gestaltet werden ohne Rücksicht auf formell festgelegte Vernetzungsformen.»[34] Die gegebenen Ordnungsmuster stellen zunächst immer den Rahmen für einen OE-Prozess dar, sogar dann, wenn die Neustrukturierung der Organisation explizite Zielsetzung in einem OE-Prozess ist. Das entspricht dem oben beschriebenen Merkmal der Strukturdeterminiertheit sozialer, lebender Systeme. Es gibt also keinen strukturlosen Zustand in Organisationen, und dieser determiniert damit stets den Rahmen der Verhaltensmöglichkeiten der Organisation.

Elemente der Ordnung in Organisationen sind
- Strukturen
- Prozesse
- Funktionen

Die Strukturen umfassen dabei die formale und informale Aufbauorganisation, sämtliche Koordinationsstrukturen, Entscheidungsstrukturen, Projektstrukturen usw. Aufgrund der oben erwähnten Strukturdeterminiertheit sind die Reflexion und in vielen Fällen die Veränderung mancher Strukturen Grundvoraussetzung für die Realisierung der anderen Ziele des OE-Prozesses. Wenn z. B. unternehmerisches Denken und Handeln von Führungskräften der 3. oder 4. Führungsebene gefordert wird, dann kann dies nicht allein durch Maßnahmen der Führungskräfteentwicklung erreicht werden, sondern es erfordert auch unternehmerische Strukturen auf diesen Ebenen. Unternehmerische Führungskräfte, egal, auf welcher Ebene sie ihre Managementaufgabe wahrnehmen, brauchen also einen unternehmerischen Rahmen. Konkret: ein «Unternehmen» im Unternehmen in Form einer strategischen Geschäftseinheit, eines autonomen Bereichs, eines Profitcenters u. dgl. m.

Die laufende Anpassung oder Veränderung der Strukturen in Organisationen gehört heute zum Alltag, auch wenn strukturelle Änderungen immer auch Personen und damit das Beziehungs- und Machtsystem in der Organisation unmittelbar

---

33 vgl. Willke 1993, S. 147.

34 Wimmer 1992, S. 99.

betreffen. Auf diese Veränderungsfähigkeit muss Führungskräfteentwicklung abzielen.

Die trifft gleichermaßen auf die Wahrnehmung verschiedener Funktionen im Unternehmen zu, seien dies Funktionen des Kerngeschäfts, Supportfunktionen oder diverse Steuerungs- oder Projektfunktionen.

Bei jeder Funktion lassen sich folgende vier Aspekte unterscheiden:

a) Verantwortung im Zusammenhang mit einer Funktion;
b) Rolle: Erwartungen und Einstellungen der Betroffenen bei der Ausübung ihrer Funktion;
c) Aufgaben: Tätigkeiten und Verrichtungen, die konkret vom Funktionsträger erwartet werden;
d) Kompetenzen: Befugnisse und Anforderungen des Funktionsträgers bei der Ausübung der Funktion – Grenzen, innerhalb deren er selber entscheiden kann, wann er andere konsultieren muss usw.[35]

In Organisationen sollten in Abständen Reflexionen darüber stattfinden, was die wesentlichsten Funktionen sind, ob diese personell abgesichert und definiert sind, was die einzelnen Funktionsträger voneinander brauchen, um ihren Beitrag leisten zu können, und ob die oben zitierten vier Aspekte sinnvoll aufeinander abgestimmt sind. Auch ist es sinnvoll, Aufgaben immer wieder auf ihre Funktion zu hinterfragen, da diese unter Umständen unreflektiert weitergeführt werden, obwohl die Funktion längst auf andere Weise erfüllt wird bzw. erfüllt werden könnte. Gerade bei der Wahrnehmung der Führungsfunktionen zeigt sich in OE Prozessen, dass viele Schwierigkeiten dadurch behoben werden könnten, dass die formal vorgesehenen Führungskräfte ihre Funktionen des Führens und Steuerns tatsächlich und professionell wahrnehmen. Das Bewusstsein über die Bedeutung der Führungsfunktionen und die entsprechende Qualifikation dafür ist damit immer noch ein wesentliches Entwicklungsfeld in vielen Organisationen. In OE-Prozessen sollte dies den betroffenen Führungskräften unbedingt klar werden, und es sollten entsprechende Lern- und Einübungsprozesse stattfinden. Auch daran zeigt sich, dass Veränderungen an der Oberflächenstruktur der Organisation in Form von Struktur- oder Funktionsveränderungen ohne entsprechende Entwicklungsprozesse nicht nachhaltig wirkungsvoll sind.

Im Rahmen des Organisationsmodells beziehen sich die Prozesse auf die Abläufe und Verfahren in der Organisation und in der Beziehung mit ihren relevanten Umwelten, z.B. Kunden und Lieferanten. Die bewusste Reflexion

---

35 vgl. Glasl 1983, S. 39.

und Neugestaltung/Verbesserung wesentlicher Kernprozesse ist wichtiger Bestandteil der Effizienz von Organisationen sowie ihres Qualitätsmanagements. Dabei ist grundsätzlich eine Tendenz zur Rationalisierung und Technisierung der Organisation durch Prozessspezialisten feststellbar; was wiederum einer der wesentlichen Gründe ist, weshalb Prozessoptimierungen ohne die Einbeziehung der betroffenen Menschen im Sinne der OE nicht wirklich angenommen bzw. realisiert werden.

6.2.2 Die technischen und wirtschaftlichen Ressourcen

Zum Teilsystem der technisch wirtschaftlichen Ressourcen gehören die Elemente

- Finanzen
- Technik
- Räume

Als Teil der Oberflächenstruktur der Organisation tragen diese Elemente sehr wesentlich zur Stabilität und Funktionsfähigkeit der Organisation bei und sind wichtige Voraussetzungen für die Handlungs- und Veränderungsoptionen und für das Wahrnehmen von Chancen in der Umwelt der Organisation.

Das Element Finanzen bietet einerseits die unverzichtbaren Instrumente zur Darstellung und Kontrolle der Ergebnisse, die die Organisation in der Vergangenheit erzielt hat, und damit auch, welche finanziellen Rahmenbedingungen für die nächste Zukunft gegeben sind. Damit werden die Finanzen oft zu Treibern von Veränderungen, indem ihre Aussagen sowohl in der Organisation als auch bei wesentlichen Partnern einen Veränderungsdruck auslösen; sie werden aber auch zu Verhinderern von Veränderungen, indem die finanziellen Auswirkungen versäumter Veränderungen oft erst mit Verzögerung auf der finanziellen Ebene Ausdruck finden. Andererseits eröffnen innovative Formen der Finanzierung für Organisationen ganz neue Optionen.

Die Technik gehört oft zu den weiteren Treibern für Veränderungen in Organisationen, weil neue technische Optionen aufgegriffen werden müssen, um das Kerngeschäft nachhaltig erfolgreich betreiben zu können bzw. wettbewerbsfähig zu bleiben. Dies betrifft in besonderem Maße die Informationstechnologie in beinahe allen Organisationstypen und die Produktionstechnik in allen Produktorganisationen.

Der Einfluss der Räume auf die Effizienz von Prozessen und damit der Leistungserbringung ist unübersehbar. Ihr unmittelbarer Einfluss auf die Kultur und damit auf die Kommunikation im Unternehmen wird zunehmend anerkannt. Er zeigt sich insbesondere bei allen räumlichen Um- oder Neubauten. Der sehnliche

Wunsch vieler Organisationsmitglieder, dass Architekten und Organisationsgestalter im Sinne der OE vorgehen, wird leider noch allzu selten beachtet. So bleibt es keine Ausnahme, dass auch beim 3. Umbau in einem Krankenhaus die Erfahrungen des Pflegepersonals im Hinblick auf die erforderliche Breite einer Badezimmertüre ignoriert wurden und damit die Arbeit der Pflegenden wesentlich erschwert ist. Bei der Berechnung der erforderlichen Pflegepersonalkapazität findet dieser Umstand jedoch keine Berücksichtigung. Andererseits werden in intensiven gemeinsamen Prozessen von Organisationsmitgliedern, Architekten, Organisationsberatenden und jeweiligen Fachspezialisten innovative Raumgestaltungen möglich, die auf den unterschiedlichsten Ebenen zu erstaunlichen Ergebnissen führen.

In OE-Prozessen ist es u. E. selbstverständlich, dass die Elemente der technisch-wirtschaftlichen Ressourcen explizites Thema sind. Zudem stellen diese Elemente unmittelbare Interventionsfelder im Hinblick auf die Steuerung und die Entwicklung der Organisation dar. Ihre unmittelbare Relation mit den Teilsystemen der Tiefenstruktur wird leider noch zu oft sowohl von Managern als auch von technischen, organisatorischen bzw. betriebswirtschaftlichen Spezialistinnen, aber auch von Organisationsentwicklern geleugnet, ignoriert oder einfach aus mangelndem Wissen nicht wahrgenommen.

Einige Fragen zur Selbstdiagnose

Mit den folgenden Impulsfragen regen wir Sie an, individuell oder unter Einbeziehung einiger Führungskräfte, Mitarbeiter oder Kollegen eine Standortbestimmung vorzunehmen:

Zum Existenzgrund Ihrer Organisation

Kerngeschäft

- Was ist Ihr Kerngeschäft, und was sind Ihre Kernkompetenzen?
- Welchen Nutzen stiftet Ihre Organisation/Ihr Bereich für die Kunden?
- Was bezeichnet man in Ihrer Organisation als «unsere Sache»? Wofür sieht sich die Organisation zu 100 Prozent zuständig und kompetent?
- Wie sehen Sie die zukünftige Entwicklung des Kerngeschäfts und der Kernkompetenzen?

Identität

- Wie würden Sie das Selbstverständnis, die Einmaligkeit Ihres Unternehmens(bereichs) beschreiben?
- Welche wesentlichen Werte werden bei Ihnen hochgehalten?
- Worauf wird im Umgang mit Kunden besonderer Wert gelegt?

- Welches Image haben Sie in der relevanten Umwelt (bei Kunden, Mitbewerbern, Lieferanten, Partnern, am Arbeitsmarkt usw.)
- Welchen Nutzen stiftet Ihre Organisation/Ihr Bereich für die Kunden?
- Wofür sollte Ihre Organisation/Ihr Bereich in drei Jahren bekannt sein?

Absichten
- Welche attraktiven Zukunftsbilder bestehen in Ihrer Organisation?
- Was ist Ihr persönlicher Traum, Ihre Vision für die Organisation/den Bereich in zehn Jahren?
- Welche Tendenzen in der relevanten Umwelt zeigen sich? Welche neuen Anforderungen und Veränderungen resultieren daraus?
- Wie kommen Ziele/Strategien zustande? Wer ist an der Erarbeitung beteiligt? Wer ist wie darüber informiert?
- Welchen Einfluss haben Ihre Zukunftsbilder und Strategien auf die Identität der Organisation?

Zur Kultur Ihrer Organisation
Menschen

Mitarbeiter
- Wie beurteilen Sie die derzeitige und zukünftige Mitarbeiterstruktur (Anzahl, Qualifikation, Alter, Geschlecht usw.)?
- Wie erleben Ihre Mitarbeiter ihre Arbeit?
- Wie wirken sich Identifikation, Verhalten und Motivation auf die Leistung und das Betriebsklima aus?
- Wofür erhält man bei Ihnen Anerkennung, Lob, wofür wird man bestraft?
- Welche Aspekte der Arbeit werden besonders betont (Qualität, Schnelligkeit, Kosten usw.)?
- Wie ist Personalentwicklung organisiert, und wie findet sie statt?

Führung/Steuerung

- Welchen Stellenwert und welches Ansehen hat Führungs- und Steuerungsarbeit in Ihrer Organisation/Ihrem Bereich?
- Welche Erwartungen bestehen an eine gute Führungskraft (aus der Sicht der Mitarbeiter, aus der Sicht des Vorstands bzw. der Geschäftsleitung)?
- Was heißt/umfasst Führen/Steuern für Sie/in Ihrer Organisation?

Kommunikation

- Ist in der Kommunikation gegenseitige Wertschätzung ausgeprägt oder die Tendenz zu Be- und Abwertungen?
- Haben Emotionen Platz in der Kommunikation, oder werden sie eher zurückgehalten?
- Ist das Miteinander primär von Wettbewerb oder von Kooperation geprägt?
- Wird über Erfolge oder vorwiegend über Probleme kommuniziert?
- Wie wird mit Konflikten in der Regel umgegangen?

Ethik

- Worauf legt man bei der Förderung bzw. Einstellung von Mitarbeitenden besonderen Wert?
- Was ist das gelebte Menschenbild in Ihrer Organisation? (gleichwertig, einzigartig und würdevoll; entwicklungsfähig und selbstverantwortlich, Freiheit…)
- Welche kulturellen Werte werden kommuniziert, und welche werden gelebt?

Zur Ordnung Ihrer Organisation

Strukturen

- Was erleben Sie an der Gesamtstruktur Ihrer Organisation derzeit als förderlich bzw. hinderlich?
- Welche Steuerungsstrukturen gibt es, und wie gut funktionieren diese?
- Welche radikal andere Struktur könnten Sie sich für die Organisation/Ihren Bereich vorstellen? Was wäre dann anders?
- Welche Koordinationsstrukturen gibt es, und wie funktionieren diese (Besprechungen und andere Kommunikations-, Informations- und Handlungskanäle)?
- Welche Strukturen neben der (i. d. R. stabilitätwahrenden) Aufbauorganisation gibt es, und welche davon sichern Erneuerung, Veränderung ab (z. B. Projektstrukturen)?

Funktionen

- Sind Funktionen und Aufgaben klar definiert und mit Kompetenz ausgestattet?
- Welche Funktionen gelten als besonders wichtig, welche als nebenrangig/undankbar?
- In welcher Form wird das Wahrnehmen von einzelnen Funktionen kontrolliert?
- Für welche Funktionen fühlt sich niemand zuständig?

- Können Funktionen in Frage gestellt und überdacht werden, oder sind sie sehr eng mit dem Funktionsinhaber verknüpft, so dass diese Reflexion als «Angriff» oder «Bedrohung» für die eigene Tätigkeit empfunden würde?

Prozesse
- Gibt es ein gemeinsames Verständnis über Prozesse in der Organisation? (Kernprozesse, Supportprozesse)
- Wie beurteilen Sie die wesentlichsten Abläufe in Ihrer Organisation/Ihrem Bereich? Wo erleben Sie Engpässe?
- Sind Abläufe und Prozesse eher stark formalisiert und geregelt, oder läuft vieles spontan, ad hoc? Erleben Sie dies als hilfreich?
- Wie kommen Entscheidungen zustande?
- Ist die Reflexion und Weiterentwicklung der wesentlichen Prozesse strukturell abgesichert?

Zu den technischen und wirtschaftlichen Ressourcen Ihrer Organisation
Finanzen
- Wie ist die finanzielle Situation Ihrer Organisation/Ihres Bereichs, und welche Entwicklungen müssen in den nächsten zwei Jahren eingeleitet werden?
- Wie entwickelt ist die ökonomische Steuerung der Kern- und der Supportprozesse? (Planung, Controlling)
- Fördert oder behindert die ökonomische Situation die geplanten Zukunftsbilder und strategischen Absichten?

Technik
- In welchem Zustand und auf welchem Standard sind Anlagen und eingesetzte Technologien, EDV-Systeme und Ausstattung?

Räume
- In welchem Zustand und auf welchem Standard sind die Räume in Ihrer Organisation?
- Wie wirken sich Räume und das bestehende Raumkonzept auf die Zusammenarbeit und die Kommunikation aus?

Umwelt, Mitbewerber, Markt
- Welche besonderen Chancen, Tendenzen oder Risikofaktoren sehen Sie in den bestehenden und potenziellen Märkten?

- Welche relevanten Stärken und Schwächen hat Ihre Organisation/Ihr Bereich im Vergleich zur Konkurrenz?
- Welche Entwicklungen bei Mitbewerbern sind erkennbar?
- Wie groß ist die Gefahr, dass wesentliche Teile ihres Kerngeschäfts substituiert werden?

Noch eine Anregung, um auf eine ganz andere Art ein Bild, einen ersten Eindruck von Ihrer Organisation zu bekommen:
Laden Sie eine Ihnen bekannte, aber betriebsfremde Person zu einem Rundgang ein, bei dem sie möglichst viele Eindrücke auf sich wirken lassen soll: Bilder, Eingangshalle, Büros und Produktionsstätten, Betriebsleitung, Pausenrituale, Anschlagbretter, Erscheinung und Auftreten der Betriebsangehörigen. Wo sitzt wer? Wie fühle ich mich in dieser Umgebung? Wer spricht mit wem? Was fehlt? Was wird «herausgestrichen»?

Die Summe dieser Wahrnehmungen von einem aufmerksamen Beobachter wird Ihnen einen interessanten Ersteindruck über die Organisation vermitteln.

Was besagen die Eindrücke über die Teilsysteme und Elemente Ihrer Organisation?

Bei welchen Eindrücken fällt es Ihnen schwer, sie zu akzeptieren? Werden hier vielleicht Brüche zwischen dem Soll-Bild und der Realität der Organisation deutlich?

7 Organisationstypen

Es gibt zahlreiche Versuche, eine Typologie bzw. Klassifizierung von Organisationen zu entwerfen. Typisierungen wurden beispielsweise nach der Art der Machtausübung, nach dem primären Nutznießer der Organisation, nach der Leistung für die Gesellschaft vorgenommen.

Alle diese Einteilungen betonen jedoch ein Merkmal übermäßig. Deshalb kommt es zu vielen Überschneidungen, Prognosen für die Gesamtorganisation sind kaum möglich, und die Kriterien für die Einteilung erweisen sich für den Praktiker oft wenig relevant.

In unseren OE-Beratungen hat sich die folgende Typologi[36] sowohl als Hintergrundmodell für den Berater als auch als Orientierungs- und Gestaltungshilfe für die Organisationsmitglieder selbst bewährt.

36 vgl. Bos 1990, S. 135 ff.

7.1 Eine nützliche Typologie von Organisationen

Organisationstyp	Aspekt des Menschenbildes, der im Vordergrund steht
Dienstleistungsorganisation	emotionale Dimension
Produktorganisation	körperliche Dimension
Schöpferische Organisation (Organisation der Professionals)	geistige Dimension

Diese Typologie ist im Rahmen von OE-Prozessen nützlich,

- wenn bei den Mitarbeitern einer Organisation(seinheit) die Identitätsfindung, die Auseinandersetzung mit der Frage nach dem Sinn und Zweck der eigenen Einheit unterstützt oder angeregt werden soll,
- wenn durch die Auseinandersetzung mit den Charakteristika und Herausforderungen des entsprechenden Organisationstyps das Verständnis für aktuelle, möglicherweise diffus vorhandene Schwierigkeiten gefördert und gleichzeitig Entwicklungsperspektiven aufgezeigt werden sollen (das Darstellen der Organisationstypologie hat oftmals entlastenden Charakter für die Beteiligten, da vorhandene Schwierigkeiten als «typisch» erkannt und damit unter Umständen erstmals nicht mehr ausschließlich dem Unvermögen der Beteiligten in Form von lähmenden Schuldzuweisungen zugeschrieben werden),
- um Anregungen zu Entwicklungsfeldern und die generelle Richtung des OE-Prozesses zu finden,
- um als Berater anhand des Modells Hypothesen über die Funktionsweise der konkret beratenen Organisation(seinheit) zu entwickeln und davon abgeleitet Unterschiede/Erklärungen zu den derzeitigen Sichtweisen der Betroffenen anzubieten.

Beachten Sie, dass innerhalb einer Organisation oft zwei oder alle drei Typen existieren. So sollte beispielsweise die Fertigung eines Automobilerzeugers den Anforderungen der Produktorganisation entsprechen, die F+E-Abteilung den Kriterien der schöpferischen Organisation, der Verkauf und Kundendienst dem Typus der Dienstleistungsorganisation. Probleme in einer Organisation können gerade daraus entstehen, dass den unterschiedlichen Erfordernissen in der Führung und Gestaltung des jeweiligen Bereiches nicht entsprochen wird – was im einen Bereich nützlich ist, kann im anderen gerade hinderlich sein.

Beispiel: Die Stärke eines Herstellers von Holzfertigteilen liegt in der Kombinierfähigkeit seiner Produkte und in der raschen Lieferfähigkeit, da vieles halbfertig auf Lager produziert werden kann. Bei der Einrichtung einer Personalentwicklungs-Abteilung übertrugen Geschäftsführer und Führungskräfte diese Erfolgsprinzipien (unreflektiert) auf die neue Funktion: Auch hier sollten leicht und vielfältig kombinierbare Baukastensysteme zur Weiterbildung entwickelt werden und rasch «lieferbar» sein. Als in dieser Situation durch den Berater die Idee der Organisationstypen und deren unterschiedliche Anforderungen eingeführt wurde, kam eine interessante Auseinandersetzung und Aushandlung zwischen den Interessen der verschiedenen Unternehmensbereiche in Gang.

7.2 Charakteristik der Organisationstypen

7.2.1 Die Dienstleistungsorganisation

Merkmale

- Der Organisationszweck ist das «Produzieren eines Prozesses», durch den in erster Linie psychische Bedürfnisse befriedigt werden; Beispiel: Die Dienstleistung eines Reisebüros löst ein Problem von Transport, Unterbringung, Erlebnismöglichkeiten eines Kunden. Dadurch werden seine Bedürfnisse nach Sorgenfreiheit, Sicherheit oder Abenteuerlichkeit, Zuverlässigkeit befriedigt. Eine Bank liefert durch den Prozess der Beratung, Betreuung, Verwaltung von Informationen, Spareinlagen, Krediten usw. Sicherheit und eventuell auch Prestigegefühl für den Kunden.
- Für das Image eines Dienstleistungsbetriebes stehen deshalb subjektive und persönliche Merkmale im Vordergrund: Genauigkeit, Zuverlässigkeit, Vornehmheit usw.
- Eine Dienstleistungsorganisation kann nicht auf Vorrat produzieren; die Leistung vollzieht sich aufgrund eines konkreten Anstoßes des Kunden im «Hier und Jetzt», Ressourcenverwaltung, Planung, Auslastungsspitzen usw. sind deshalb permanente Herausforderungen und erfordern hohe Flexibilität.
- Die Dienstleistungsorganisation steht in ihrer Leistungserbringung immer in Kontakt mit dem Kunden.
- Im Dienstleistungsbereich muss der «Servicegeist» und der Respekt für die Anliegen des Kunden an erster Stelle stehen, denn die Differenzierung erfolgt mehr durch das WIE, die entsprechende Haltung, als durch das WAS.

- Aus Rücksicht auf den Kunden sind einer Arbeitsteilung Grenzen gesetzt. Dienstleistungsorganisationen erkennen, dass sie ihre Kunden nicht einer unbegrenzten Anzahl von Spezialisten aussetzen dürfen, weil sie damit jedes Mal aufs Neue psychische Bedürfnisse des Kunden gefährden würden: Es ist besser, wenn ein Kunde immer wieder mit ein und derselben Kontaktperson zu tun hat.
- Die Qualität der direkten Beziehungen zwischen dem Dienstleistungsbetrieb und dem Kunden steht im Mittelpunkt.
- Die Qualität und die Kooperationsfähigkeit der Mitarbeiter entscheiden über den Erfolg.

Beispiele von Dienstleistungsorganisationen
Banken, Versicherungen, Krankenhäuser, Behörden, Interessenvertretungen, Öffentliche Verwaltung, Restaurants, Hotels, Fluglinien, Reisebüros usw.

Herausforderungen und Gefahren
- Der Kunde erlebt das Funktionieren der Organisation während der Leistungserstellung unmittelbar am eigenen Leib.
- Die interne «Wirklichkeit» – ein schlechtes Betriebsklima oder geringe Identifikation seitens der Mitarbeiter – färben direkt auf die Qualität der Dienstleistung ab. Beispiel: Wenn unter den Mitarbeitern Spannungen und Konflikte herrschen, kann dies der Kunde unmittelbar durch die längere Wartezeit (bis der «zuständige» Mann Zeit hat), durch knappe und unbefriedigende oder unwillige Beratung usw. spüren.
- Im einzelnen Mitarbeiter erlebt der Kunde symbolisch die gesamte Organisation; Beispiel: Wir ärgern uns über die Hochnäsigkeit eines Beamten, über die Interesselosigkeit eines Verkäufers oder über die Oberflächlichkeit und Gereiztheit der Person am Schalter – und urteilen aufgrund unserer Erfahrungen über die Gesamtorganisation («moments of truth» sind jene entscheidenden ersten zehn Sekunden im Kundenkontakt, während deren sich beim Kunden eine Meinung und ein Bild von der Gesamtorganisation entwickelt, wie sie sich ihm durch den aktuellen Einzelkontakt präsentiert).
- Die Standardisierung von Leistungen (z.B. Versicherungspakete, Pauschalarrangements im Fremdenverkehr) trägt stets die Gefahr in sich, am individuellen Kundenbedürfnis vorbeizu«produzieren» – sei dies auch nur im subjektiven Erleben des Kunden, der etwas Maßgeschneidertes für sich erwartet.

Ziele von OE
- Das Betriebsklima, das sich unmittelbar nach außen, auf die Kunden und auf die Leistungsfähigkeit auswirkt, konstruktiv gestalten.

- Die Achtung der Person (Mitarbeiter, Kunden, Geschäftspartner), Gleichheit und Fairness fördern und ein entsprechendes Kommunikationsverhalten entwickeln.
- Organisationsstrukturen und Fähigkeiten bei den Mitgliedern entwickeln, durch die auf individuelle Wünsche und Besonderheiten des Kunden eingegangen werden kann – dies erfordert insbesondere Autonomie, Handlungs- und Entscheidungsspielräume für die Mitarbeiter mit unmittelbarem Kundenkontakt.
- Den Grenzen der Arbeitsteilung bezogen auf die Bedürfnisse der Kunden durch Teamarbeit bzw. Gruppenberatung und -betreuung begegnen.
- Breite Qualifikationen bei denjenigen Mitarbeitenden, die vorwiegend Kundenkontakt haben, durch eine professionelle Personalentwicklung fördern.
- Die Führung auf der normativen (grundsatz- bzw. regelorientierten) Ebene stärken und ein hohes Bewusstsein für die Unternehmenskultur fordern.
- Die bewusste Gestaltung einer Differenzierungsstrategie bezogen auf das WIE zur Kundenbindung und Gewinnung neuer Kunden.
- Kundenorientierung in allen Teilprozessen
- Interne Mobilität und Einsetzbarkeit von MitarbeiterInnen bei Arbeitsspitzen in Teilbereichen.
- Verständnis und Netzwerkfähigkeit zu produktorientierten Organisationsbereichen.

7.2.2 Die Produktorganisation

Merkmale

- Der Organisationszweck ist die Produktion materieller Güter. Der Produktionsprozess erfolgt völlig getrennt von den Kunden: In vielen Fällen merkt der Kunde nichts von der Organisation, welche die von ihm gekauften Produkte erzeugt.
- Mechanische, physische Produktionsmittel bzw. Mensch-Maschinen-Systeme prägen diesen Typus.
- Die Globalisierung führt zu immer stärkerer, auch geografischer Arbeitsteilung.
- Arbeitsteilung und hoch automatisierte Produktionsprozesse sind dominante, prägende Merkmale.
- Entsprechend der Arbeitsteilung nehmen die Funktionsebenen zu.
- Planungs- und Koordinationsstellen nehmen einen wichtigen und «objektiven» Platz ein.
- Das Ergebnis der Einzelleistung ist «objektiv», quantitativ messbar und damit leicht kontrollierbar.

Herausforderungen und Gefahren

- Qualitäts- und Kostenaspekte sind zentrale Erfolgsfaktoren.
- Die Mitarbeiter sind zunehmend Bediener von Produktionsanlagen, deren Funktion sie kaum mehr verstehen.
- Hohe Spezialisierung von Fachkräften bei der gleichzeitigen Notwendigkeit einer sehr guten Kooperation über die gesamte Prozesskette.
- Die Netzwerkfähigkeit als Bezieher von externen Leistungen und Produkten (Beziehung zu Lieferanten) sowie als Zulieferer und Optimierer der Wertschöpfungsketten der Weiterverarbeiter wird zum wichtigsten Erfolgsfaktor.
- Betriebe stellen oft nur noch Teile des Gesamtproduktes her, wodurch der Sinn der eigenen Tätigkeit und der Nutzen des Produkts nicht mehr oder nur durch Kommunikation und Kontakt mit dem Gesamtprodukt vermittelt werden kann.
- Wegen der hohen Anschaffungskosten für mechanische Produktionsmittel entstehen oft auch in kleinen Organisationen ähnliche Produktionsbedingungen wie in großen Produktionsunternehmen.
- Die gesamte Organisation wird nach den Kriterien des dominanten Organisationstypus der Produktorganisation gestaltet, obwohl für einzelne Bereiche oder Abteilungen Merkmale anderer Organisationstypen gelten.

Ziele von OE

- Den Gesamtkontext der Supply-Chain verständlich machen und die Bedeutung der einzelnen, arbeitsteiligen Prozessabschnitte für das Gesamtprodukt sichtbar machen.
- Die Kooperation trotz starker organisationsinterner Ausdifferenzierung absichern und weiterentwickeln.
- Sinnvolle Prozessganzheiten bezogen auf den Kunden bilden.
- Verständnis und Anschlussfähigkeit zu Organisationseinheiten mit anderen Organisationstypen herstellen (Marketing und Entwicklungsabteilung, Kundenservice).
- Durch permanente Personalentwicklung die Arbeitsmarktfähigkeit der Mitarbeiter absichern, wenn es durch Verlagerung nach außen zu gravierenden Veränderungen im Unternehmen kommt.
- Die Aufgaben so strukturieren, dass sie ein sinnvolles Ganzes bilden, beispielsweise durch (teil-) autonome Arbeitsgruppen.
- Die Mitarbeiter bei Arbeitsplanung, Durchführung und Kontrolle beteiligen (Selbstkontrolle anstelle von Fremdkontrolle im Rahmen des Produktionsprozesses).

7.2.3 Die Schöpferische Organisation (die Organisation der Professionals)

Merkmale

- Der Organisationszweck ist das Produzieren von Ideen (Theorien, Plänen, Konzepten, Methoden, Interventionen, Handlungsalternativen, Technologien usw.).
- Die professionelle Freiheit der Mitglieder ist ein wichtiges Gestaltungsprinzip – Voraussetzung dafür ist das professionelle Selbstverständnis der Mitarbeiter.
- Kontinuierliche Lern- und Entwicklungsprozesse sichern die langfristige Lebensfähigkeit.
- Lösungen haben oftmals eine geringe «Halbwertszeit», Wissen veraltet rasch, der Innovationsdruck ist hoch.
- Der Aufwand für die Leistungserbringung ist schwer kalkulierbar und die Balance zwischen Unter- und Überauslastung eine ständige Herausforderung.

Beispiele schöpferischer Organisationen

Forschungseinrichtungen, technische Büros, Bildungs- und Beratungsorganisationen, Schulen, Werbeagenturen, Entwicklungsabteilungen (Produktentwicklung, Personalentwicklung usw.), ein Ärzteteam im Krankenhaus, Software-Organisationen, EDV-Abteilungen usw.

Herausforderungen und Gefahren

- Starre Führungshierarchie verträgt sich nicht mit den Erfordernissen dieses Organisationstypus (Kreativität, Originalität, neuartige Lösungen sind nicht per Anweisung produzierbar).
- Bürokratische Regelungen und Formalismen sind hinderlich.
- Standardisierung der Arbeit ist nur in engen Grenzen möglich, trotzdem ist eine Modularisierung der Leistungen immer mehr notwendig.
- Die Beurteilung der Leistung ist aus Kundensicht nur schwer möglich, woraus die Verpflichtung zu einer besonderen Berufsethik für die Professionals erwächst.
- Die schöpferische Tätigkeit selbst wird häufig als interessanter und herausfordernder angesehen als die ebenso notwendigen Managementfunktionen, weshalb Führungsaufgaben zu wenig wahrgenommen werden. Beispiel: Der Leiter der Personalentwicklung fühlt sich selbst am wohlsten und stärksten, wenn er selbst in einem Seminar zur Führungskräfteentwicklung oder einem Problemlösungsworkshop tätig ist – Anfragen von (internen) Kunden verführen immer wieder dazu, Führungsaufgaben aufzuschieben.
- Die Leistungen werden oft individuell erbracht und in den Räumen des Kunden, woraus sich die Gefahr des Auseinanderdriftens ergibt – jede(r) fühlt sich als

eigenes Unternehmen – kohäsionsfördernde Teamstrukturen bilden einen wichtigen Gegenpol.

Ziele von OE

- Vielfältige Lern- und Reflexionsmöglichkeiten anbieten und institutionalisieren:
- Typgerechte Strukturelemente (besonders für Beratungs- und Entwicklungsorganisationen) sind: Supervision, Lernpartnerschaften, Intervision, Entwicklungsgruppen.
- Adäquate Führungsfunktionen und Steuerungsstrukturen entwickeln:
- Führung stützt sich in der schöpferischen Organisation auf klare Vereinbarungen und Rahmenbedingungen, auf diskutierte, vereinbarte und kontrollierte Grundsätze und Normen, auf gemeinsam erarbeitete Strategien und Ziele mit breiter Akzeptanz seitens der Betroffenen und auf lebendige, flexible Koordinationsstrukturen.
- Steuerung und Strukturen sollen professionelle Freiräume garantieren, Anforderungen an die Professionals erlebbar machen, die laufende Weiterentwicklung der Mitarbeitenden fördern und fordern.
- Grundsätze und Normen als Leitlinie erlebbar machen und Reflexion des eigenen Tuns strukturell absichern.
- Management- und Koordinationsfunktionen können breiter verteilt, im Zweijahresabstand reflektiert und gegebenenfalls neu verteilt werden (verstärkt die Bindung von Mitarbeitenden, schafft mehr gemeinsames Führungsverständnis und Entwicklungsräume für jüngere Mitarbeitende).

Einige Fragen zur Selbstdiagnose

Welchem Typus entspricht Ihre Organisation als Gesamtsystem?

- Dienstleistungsorganisation
- Produktorganisation
- Schöpferische Organisation

Lassen sich bestehende Spannungen, Unklarheiten, Konflikte anhand der Merkmale der Organisationstypen erklären? (Welche?)

Was sind Stärken und Erfolgspotenziale Ihrer Organisation?

Wie/wo könnten diese noch stärker genützt werden?

Was würden (vermutlich) Ihre internen und externen Kunden als wichtige Merkmale Ihrer Organisation/Abteilung beschreiben? Welche Werte und Prinzipien werden dabei erkennbar?

Welche erste Richtung für den OE-Prozess ergibt sich daraus?

8 Entwicklungskulturen in Organisationen

8.1 Lineare Entwicklungsphasen erweitern sich zu systemischen Entwicklungskulturen[37]

Seit Lievegoed 1974, und zusammen mit Glasl F. 1993, das Modell der Entwicklungsphasen von Organisationen aus empirischen Beobachtungen von Unternehmensgeschichten beschrieben hat, haben wir es in vielen begleiteten OE-Prozessen einerseits zur Standortbestimmung der Organisation und andererseits zu ihrer Neuausrichtung im Rahmen eines OE-Prozesses verwendet. In den dabei stattfindenden Diskussionen mit Führungskräften und in unseren empirischen und theoretischen Reflexionen wurde deutlich, dass sich Organisationen in ihrer Entwicklung nicht wie Pflanzen, Tiere und insbesondere Menschen aufgrund ihres genetischen Codes verhalten. Vielmehr unterscheiden sich evolutionäre Gesetzmäßigkeiten bei Menschen und Organisationen in ihrem Wesenskern, da Organisationen in ihrer Evolution in keiner bestimmten, notwendigen Entwicklung determiniert sind.[38] Menschliche Entwicklungsverläufe als chronologisch ablaufende Entwicklungsphasen werden in Modellen mit unterschiedlichen geistigen/philosophischen Hintergründen beschrieben. Erwähnt seien hier als Empfehlung zum Nachlesen die acht Phasen des Menschen von Erik H. Erikson,[39] die Beschreibung der Lebensalter von Romano Guardini[40] und die Phasen des menschlichen Lebenslaufs von B. Lievegoed.[41] Diese modellhaften Skizzen der Entwicklung des Menschen dienen als Hintergrund, auf dem die persönliche Biografie betrachtet, besser verstanden und bewusster gestaltet werden kann,[42] und haben im Rahmen der Entwicklung von Führungskräften eine besondere Bedeutung.

Zu den Gesetzmäßigkeiten der Entwicklung von Menschen gehört laut Lievegoed u. a., dass die psychische Entwicklung nicht umkehrbar ist (die Jugend kehrt nicht zurück) und dass die Entwicklung in Stufen von Schicht zu Schicht voranschreitet.[43] Obwohl jeder individuelle Lebensverlauf ganz einmalig ist, gehört es zu den wichtigsten Tatbeständen in der menschlichen Entwicklung, dass diese «chronotypisch» gebunden ist. Das heißt, «das menschliche Leben hat

37 vgl. Lievegoed 1974, und Glasl/Lievegoed 1993.
38 vgl. Willke 1993, S. 10.
39 Erikson 1974.
40 Guardini 1993.
41 Lievegoed 1979.
42 vgl. von Sassen 1999.
43 vgl. Lievegoed 1974, S. 129.

eine Zeit des Aufstiegs und der Entfaltung, eine Zeit der Blüte und des Gleichgewichts und eine Zeit der Reife und des Verfalls. Das ist die biologische Entfaltung, die aus der Evolution und Involution besteht: the blue printed growth.»[44]

Daran schließen sich nun die Unterschiede zur Entwicklung von Organisationen an. Obwohl es auch in Organisationen eine Chronologie der Unternehmensgeschichte gibt, fehlt diesen Geschichtsverläufen ihre chronotypische Gebundenheit. So ist es denkbar und beobachtbar, dass die «Phase» nach der Unternehmensgründung so verläuft, wie dies im Modell der Entwicklungsphasen der Pionierphase entspricht. Es ist aber ebenso denkbar und beobachtbar, dass die «Phase» nach der Unternehmensgründung entlang den Merkmalen der Integrationsphase verläuft. Diese Variabilität der Organisationsentwicklung ergibt sich u. E. nicht aus dem geschichtlichen, «naturwüchsigen» Verlauf der Organisation, sondern ist in den Einstellungen, Grundhaltungen, Grundannahmen begründet, die die einflussreichen (formal und informal) Menschen in der Organisation bezüglich ihres Menschenbildes und ihres Organisationsbildes haben; bzw. – in einem systemtheoretischen Verständnis – in der Kultur der Organisation. Wir verwenden dementsprechend das systemische Modell der Entwicklungskulturen[45] für die Erfassung der Kultur einer Organisation in der Gegenwart und in der Zukunft.

8.2 Thesen zur Kultur von Organisationen

- Kultur meint Entwicklungsmuster, die sich im Wissenssystem einer Gesellschaft, in ihren Glaubensvorstellungen, ihren Werten, ihrer Rechtsprechung und in den alltäglichen Ritualen niederschlägt.[46] Organisationen sind Mini-Gesellschaften, die ihre eigene, deutlich erkennbare Kultur und Subkulturen haben.
- Kultur wird sozial konstruiert – Organisationen sind konstruierte Wirklichkeiten.
- Kultur ist ein System von Grundhaltungen, Werten, die sich in Handlungen, Ordnungsprinzipien, Funktionsverständnissen, der Art und Weise, wie Aufgaben angegangen, entschieden, bewältigt werden, in Entscheidungsprozessen, im Umgang mit Veränderungen, mit Macht, in den Beziehungen, im Kommunikationsverhalten zeigen.

---

44 ebd.

45 Mit dem Wechsel von der Systemebene «Mensch» zur Systemebene «Organisation» (= soziales System, Systemmerkmal = Kultur) ergibt sich auch die Forderung nach einem erweiterten Zugang zur Entwicklung von Organisationen; vgl. Systemtypologie nach Boulding 1956, S. 91.

46 vgl. Morgan 2002, S. 156 ff.

- Menschen werden in jeder Organisation eingeladen, an der kulturellen Autopoiese mitzuwirken.
- «Kultur ist erlernt und nicht ererbt. Sie leitet sich aus unserem sozialen Umfeld ab, nicht aus unseren Genen» (Geert Haftede).
- Die Kultur in Organisationen determiniert, inwieweit es einer Organisation möglich ist, die grundsätzlich in ihr vorhandenen Entwicklungspotenziale zu nützen bzw. wirksam werden zu lassen. Insofern sprechen wir hier von Entwicklungskultur der Organisation, die sich, als Tiefenstruktur etabliert, in den alltäglichen Phänomenen (z. B. Verhaltensweisen von Organisationsmitgliedern, Gestaltungsprinzipien, Entscheidungs-, Informations-, und Kommunikationsprozessen usw.) unmittelbar auswirkt.
- Organisationen sind kulturdeterminiert: Diese These besagt, dass die gegebene Kultur in einer Organisation jeweils das Repertoire an Verhaltensmöglichkeiten begrenzt. Die Bedeutung dieser These setzt zunächst voraus zu akzeptieren, dass es eine gegenwärtige aktuelle Kultur gibt. So häufig sprechen Führungskräfte und Mitarbeiter im Zusammenhang mit der Kultur über Fehlendes bzw. Gewünschtes. Es sind jedoch die gegebenen aktuellen Normen und Grundhaltungen, die Verhaltensweisen sinnvoll bzw. unvorstellbar und deshalb unsinnig machen. Kulturdeterminiertheit von Organisationen gibt einerseits Halt und Stabilität, und andererseits wird damit der Rahmen der Entwicklung und Veränderung mit den bestehenden Kulturträgern eben begrenzt. Da Kultur nur sehr langsam und bewusst gestaltbar ist, hat die These der Kulturdeterminiertheit besonderes Gewicht in Hinblick auf die nachhaltige Existenzfähigkeit von Organisationen.

8.3 Beschreibung der Entwicklungskulturen

Das Modell der Entwicklungskulturen beschreibt vier deutlich unterschiedene Kulturen von Organisationen, als Ergebnis von vergangenen oder als Absicht für zukünftige Entwicklungsprozesse.

- Die Familienkultur
- Die Dissoziationskultur
- Die Organismuskultur
- Die Kultur vernetzter Organisationen

Betonen wollen wir hier, dass die Aufzählung der Entwicklungskulturen keinen Hinweis auf ihr chronologisches Auftreten im Verlauf der Organisationsgeschichte darstellt. Vielmehr soll hervorgehoben werden, dass es sich um vier ihrem Wesen nach sehr unterschiedliche Entwicklungskulturen handelt und es keinerlei Gesetzmäßigkeiten gibt, ob und in welchem Verlauf mehrere Entwicklungskulturen die Geschichte einer Organisation prägen.

8.3.1 Die Familienkultur

Das Grundmuster dieser Entwicklungskultur in Organisationen ist die Familienmetapher. Eigentümer, und/oder das Topmanagement repräsentieren die Eltern, alle anderen Mitarbeitenden repräsentieren die Kinder in der Familienkultur. Wesentlich ist dabei, dass Organisationen keine Familien sind! Insofern werden Muster der Familie auf die Organisation übertragen, und zwar durch alle handelnden Personen. Eine besonders dynamische und schwer zu ordnende Situation ergibt sich, indem erwachsene Personen (Führungskräfte und Mitarbeitenden) ihre jeweiligen familiären Erfahrungen ziemlich ungefiltert in diese Familienkultur der Organisation einbringen. Das heißt, diese Organisationen sind mit Themen belastet, die ihren Ursprung nicht in der Organisation haben und auch nicht hier bearbeitet bzw. gelöst werden können. In ihrer Existenz (Kerngeschäft, Identität, Nutzenstiftung) ist die Organisation auf das Eltern-Management ausgerichtet. Existenzielle Fragen werden dementsprechend an das oberste Management (das sind in der Familienkultur oftmals die Eigentümer selbst) gestellt und dort beantwortet und verantwortet. Die Rollenerwartungen an die Eigentümer und das oberste Management entsprechen also denen an die Eltern in der Familie; und die Rollenerwartungen an die Mitarbeitenden entsprechen denen an die Kinder (durchaus in den Reifegraden entsprechend den Lebensaltern von Individuen). Daraus ergeben sich laufend Themen der Verantwortungsübernahme bzw. -übergabe, der Verbindlichkeit, der Dependenz, Counterdependenz und Interdependenz, sowie der Autonomie und Verbundenheit.

Einer der wesentlichen Unterschiede zwischen Familien und Organisationen liegt in der Zugehörigkeit. Während Eltern und Kinder in Familien ein lebenslanges Recht auf Zugehörigkeit haben und auch kein formaler Austritt aus dem System Vater-Mutter-Kind-Geschwister möglich ist, sind Organisationen Zweckgebilde, deren Ein- und Austrittsprozesse formal (arbeitsrechtlich) geregelt und vorgesehen sind. Genau dieser Unterschied wird in der Familienkultur verdeckt, durch besondere emotionale und persönliche Beziehungsansprüche und durch die Übernahme unangemessener Rollen in der Organisation. Daraus folgt, dass klare Strukturen, Prozesse und Funktionsverteilungen von den Mitgliedern meist als Behinderung von Autonomie, Flexibilität und Improvisation interpretiert werden bzw. sich die Beteiligten nur schwer auf Verbindlichkeiten diesbezüglicher Vereinbarungen festlegen wollen.

Manager sehen sich in der Familienkultur als diejenigen, die für alles verantwortlich und zuständig sind, kümmern sich umfassend bis aufopfernd um ihre (Kinder)Mitarbeitenden und vernachlässigen gleichzeitig den bewussten, begeisternden Aufbau ihres Teams. Dies deshalb, weil sie davon ausgehen, dass auch ohne ihr Zutun die Bindung an die Organisation von selbst gegeben ist – wie dies eben in Familiensystemen der Fall ist; ein mangelndes Zugehörigkeitsgefühl von Mitarbeitern verletzt sie persönlich. Letztlich sind Managerinnen in Familienkulturen liebevolle, dominante «Eltern», die stets wissen, was für andere (und für sie selbst) gut ist. Bei Nichtwissen täuschen sie oft Wissen vor, weil das zu ihrer eigenen Rollenerwartung gehört, und prägen gerade dadurch ein eher innovationsfeindliches Klima.

Die Familienkultur hat einige Gemeinsamkeiten mit der Pionierphase im Konzept der Entwicklungsphasen von Glasl/Lievegoed.[47] Es soll jedoch hervorgehoben werden, dass die Familienkultur nicht typischerweise als eine vorübergehende Gründerzeit einer Organisation aufzufassen ist. Wir finden dementsprechend die Familienkultur auch in Organisationen, deren Gründerzeit bereits zwei bis drei Generationen zurückliegt. Auch ist die Familienkultur sowohl in kleinen und mittleren als auch in größeren Organisationen zu finden. Allerdings zeigt sich in größeren Organisationen, dass die Familienkultur sich einerseits in Teileinheiten oder im Zusammenspiel der obersten Führungsebenen ausdrückt. Obwohl Familienunternehmen in besonderem Maße zur Familienkultur neigen, finden wir sie auch als kulturelles Grundmuster in Organisationen ohne jede Unternehmerfamilie im Hintergrund.

Eine besondere Herausforderung in Organisationen mit Familienkultur stellen Ablösungen und Übergänge im Management dar. Dies deshalb, weil – kongruent mit Übergängen in Familien – die Dynamik von Erbprozessen dabei zutage tritt. Wie bei familiären Gebundenheiten taucht dabei das Thema des Abschieds/des Todes in der Organisation intensiv als meist tabuisierte Frage auf (die in Familien viel offener gestellt werden darf als in Organisationen mit Familienkultur). Ebenso die Bewertungsfrage, was die durch die «Eltern-Manager» oft lange geführte Organisation für die übernehmende nächste Generation «wert» sein soll. Mitarbeitende haben in der Familienkultur vielfach nicht zu umfassender Autonomie gefunden, weil sie ja immer letztverantwortliche «Eltern»-Manager in ihrem Hintergrund hatten. So bleiben Mitarbeitende in der Familienkultur vom Dasein der Eltern-Manager in der Organisation abhängig bzw. finden nur außerhalb der Organisation zu ihrer unternehmerischen Autonomie. Dementsprechend binden Übergänge in der Familienkultur viel Energie und bedrohen oft die nachhaltige Existenz der Organisation.

---

47 vgl. Glasl/Lievegoed 1993.

8.3.2 Die Dissoziationskultur

Organisationen sind komplexe Gebilde. Ihre Gestaltung (Strukturierung, Steuerung, Prozesse und auch Entwicklung) bedarf der Differenzierung. Kulturelle Auswirkung hat nicht so sehr, *dass* differenziert wird, sondern *wie*, nach welchem Muster, mit welchem Welt- und Menschenbild differenziert wird. Wenn die Differenzierung der Organisation zu weit geht, ist das Ergebnis Dissoziation oder Zersplitterung, und wir sprechen in diesem Fall von einer Dissoziationskultur. Dabei gerät im Wesentlichen die Differenzierung außer Kontrolle, es ist kaum mehr möglich, die verschiedenen Teile zu einem wesensmäßig Ganzen zu integrieren, sie streben auseinander und sehen sich nur noch auf einer rationalen, im Alltag unwesentlichen Ebene verbunden. Das Gesetz der Entropie kann sich ohne das Wesen der Organisation integrierende Kräfte realisieren, während die selbstorganisierenden Energien zu schwach sind. «Die Teile differenzieren sich nicht, sondern dissoziieren, und das Ergebnis ist Zersplitterung, Unterdrückung, Entfremdung.»[48]

Den Ausgangspunkt für die Dissoziationskultur in Organisationen bildet das Tayloristische Konzept des scientific management und daran anschließende Konzepte der klassischen Betriebswirtschaftslehre. G. Morgen fasst die fünf Prinzipien von Taylor folgendermaßen zusammen:[49]

> *«1. Übertrage die gesamte Verantwortung für die Arbeitsorganisation vom Arbeiter auf den Manager! Managerinnen sollten die gesamte Planung des Arbeitsvorgangs übernehmen und den Ablauf festlegen, so dass die Arbeiter ausschließlich die Arbeit ausführen.*
> *2. Nutze wissenschaftliche Methoden, um die effizienteste Methode der Arbeitsausführung zu finden! Gestalte die Arbeit entsprechend und lege die genaue Ausführung der Arbeit fest.*
> *3. Wähle die geeignetsten Personen für die so vorgeplante Aufgabe!*
> *4. Leite den Arbeiter zur effizienten Ausführung der Arbeit an!*
> *5. Überwache die Leistung des Arbeiters, um zu gewährleisten, dass die entsprechenden Arbeitsabläufe befolgt und die entsprechenden Ergebnisse erzielt werden!»*

Es geht heute weniger um die wortgetreue Befolgung dieser Organisationsprinzipien als um die Befolgung der Grundhaltungen, die hinter diesen Prinzipien Taylors stehen; diese werden, in oft wohlklingenden «Kleidern» wie MBO, Stellenbeschreibungen, Kostenreduktionsprojekten und dergleichen adaptiert für die Gegenwart kurzfristig erfolgreich angewandt.

Auf der Grundlage eines mechanistischen bzw. rationalen Menschenbildes werden Organisationen als steuerbare, beherrschbare Apparate verstanden und

---

48 Wilber 1999, S.77.

49 Morgan 2002, S.37 f.

gestaltet. Menschen und ihre Kommunikation haben sich in dem Apparat Organisation planmäßig zu verhalten, ähnlich einem Zahnrad in einer Maschine oder einem unintelligenten EDV-Programm. Der Apparat Organisation wird für seine optimale Gestaltung also zerlegt, zersplittert, dissoziiert in seine Einzelteile – konsequenterweise in seine technisch-rationalen, strukturellen, funktionalen und prozesshaften Teile, die dann wiederum zu einem Gesamtplan eines optimal funktionierenden Apparates zusammengebaut werden: durch Regelwerke und Funktionsmeister.

Durch die Dissoziation bleibt der identitätsstiftende Existenzgrund unbenannt und reduziert sich vielfach auf betriebswirtschaftliche Ergebnisse. Von Experten erarbeitete Leitbilder, strategische Konzepte oder auch Grundsätze für Führung und Zusammenarbeit verkommen zu handlungsirrelevanten Instrumenten. Die Menschen in der Organisation werden als Produktionsfaktoren bzw. Funktionsträger gesehen und werden in ihrem Menschsein formal nicht wahrgenommen. Die Rollenerwartung an die Funktionsträger (Experten für ihre Funktion) ist, dass sie sie sich in ihrem Tun auf ihre Funktion beschränken und auf jede ihre Funktion betreffende Frage eine logische, rationale, fachliche und dissoziierte Antwort (Lösung) zur Verfügung stellen. Die Rolle des Fachmanns soll vernunftorientiert sowie möglichst beziehungs- und emotionslos wahrgenommen werden. Bei Konflikten und Spannungen gilt es, cool und sachlich zu bleiben. Führung hat einen untergeordneten Stellenwert. Wenn alle Fachleute als Experten handeln, entsprechend den sozialen, technischen, prozessorientierten usw. Standards, dann braucht es nur noch an oberster Stelle Führung; im Sinne von Steuerung und um dem jeweiligen fachlichen Argument durch Macht zum Durchbruch zu verhelfen. Die formale Koordination der dissoziierten Funktionsbereiche bzw. Abteilungen ist durch Hierarchie und über den Dienstweg vorgesehen. Das Funktionieren der Gesamtorganisation wird durch ein wohl durchdachtes Regelwerk (z. B. in Form von Stellenbeschreibungen) sichergestellt, dessen Befolgung durch entsprechende Autoritätsstrukturen. Deren Hintergründe und Akzeptanz liegen in gesellschaftlichen, militärischen, kirchlichen, politischen Gegebenheiten des 18. und 19. Jahrhunderts und verfügen damit über eine sehr lange internalisierte Tradition. Des Weiteren haben aber auch klassische (natur)wissenschaftliche Prinzipien Auswirkungen auf die Management- und Organisationstheorien und damit auf die praktische Gestaltung von Organisationen. Deutlich wird dies z. B. in den Aufbau- und Machtstrukturen von Verwaltungs- und Regierungsorganisationen oder in traditionellen Krankenhäusern. Strukturell wird dabei der Kunde/Patient in Abteilungen dissoziiert, in denen je nach Frage bzw. Leiden des Patienten die jeweils besten Spezialisten/Fachärzte zur Verfügung stehen. Überschreiten die Fragen bzw.

Leiden des Patienten die Abteilungsgrenzen, werden unterschiedliche Überbrückungsstrukturen benützt: Konsilium, vorübergehende Verlegung des Patienten auf eine entsprechende Abteilung, der praktische Arzt außerhalb des Krankenhauses, der persönliche Kontakt von Fachärzten unterschiedlicher Fachrichtung und dergleichen. Unter dem Gesichtspunkt der besten Expertise erscheint dies die «beste» Struktur für Patienten oder die Krankenhausverwaltung, oder die Fachärzte? zu sein. Die Dissoziation zeigt sich in den Strukturen als Wesensausdruck der Schulmedizin inkl. ihrer Ausbildungsstrukturen, ihres Menschenbildes und ihres Heilungsverständnisses. Mit diesem Beispiel verdeutlichen wir lediglich, dass sich das Wesen einer Organisation (= Tiefenstruktur) in den Oberflächenstrukturen zeigt. Wir finden derzeit die Dissoziationskultur (noch) in unterschiedlichen Branchen; gleichzeitig aber auch eine aktive Abkehr von dieser Entwicklungskultur, weil die vorhandenen Potenziale der Organisation und der Führungskräfte bzw. Mitarbeiter in ihr kaum genutzt werden und weil Kunden ihre Bedürfnisse in diesen dissoziierten Organisationen nicht mehr beachtet sehen. Dass Organisationen mit der Dissoziationskultur ökonomisch (sehr) erfolgreich sein können, dass es andererseits Organisationen gibt, deren Kunden subjektiv sehr abhängig von ihnen sind und damit aus der relevanten Umwelt keine Impulse zur entwicklungskulturellen Entwicklung aufgenommen werden,[50] ermöglicht die weitere Autopoiese dieser Entwicklungskultur, d. h. die Anwendung der die Dissoziationskultur begründenden Grundhaltungen, Werte und Weltbilder. Als Pendant zu den Managern und internen Experten der Dissoziationskultur bietet der Beratermarkt Experten in den verschiedensten Fachbereichen zum Ausleihen für ein Projekt, ganz im Sinne der bestehenden Entwicklungskultur. Unklar ist, weshalb es üblich ist, dass man für diese organisationsexternen Experten die Bezeichnung «Berater» verwendet.

Während also die Tiefenstrukturen der Organisation in der Dissoziationskultur keinen Stellenwert bei den Managern und Experten haben, konzentriert sich ihre Aufmerksamkeit bei der Führung und Gestaltung der Organisation auf das effiziente Funktionieren der Organisation und damit auf die Optimierung der Oberflächenstruktur der Organisation, also auf Strukturen, Funktionen, Abläufe, Kosten, (Informations-)Technik. und evtl. auf Räume. OE-Prozesse in Organisationen mit Dissoziationskultur setzen im Sinne der strukturellen Koppelung sinnvollerweise bei den Elementen der Oberflächenstruktur an; sie kom-

50 Durch ihre Fokussierung auf die Oberflächenstruktur sehen Organisationen in der Dissoziationskultur keine besondere Notwendigkeit zum Aufbau struktureller Koppelungen – also Beziehungen und Informationsaustausch – zu ihren relevanten Umwelten, weil sie von relativ konstanten Umwelten ausgehen.

men jedoch im Hinblick auf die nachhaltige Entwicklung der Organisation nicht umhin, bei den Elementen der Tiefenstruktur Entwicklungen bewusst in Gang zu setzen. Dies bedeutet eine bewusste Störung traditioneller Erfolgswege und erfordert in besonderem Maße die permanente Arbeit an den Beziehungen der beteiligten Personen[51] und die Beachtung des möglichen Tempos bei der Störung bzw. Neuorientierung von Grundhaltungen und Werten der Führungskräfte.

8.3.3 Die Organismuskultur

Mit dem Begriff Organismuskultur soll die Organisation a) als lebendes System, b) als soziales System/Gemeinschaft und c) als kulturelles Phänomen erfasst werden. Damit entspricht diese Entwicklungskultur der Komplexität sozialer, lebender Systeme und stellt damit im Unterschied zur oben dargelegten Familienkultur und zur Dissoziationskultur eine der durch OE angestrebten Entwicklungskulturen dar. Das ist an dieser Stelle auch ein Bekenntnis dazu, dass sich Organisationsentwicklung an normativen Welt-, Menschen- und eben auch Organisationsbildern orientiert.

Noch immer gilt: Organisationen sind komplexe Gebilde und bedürfen der Differenzierung. Die Art der Differenzierung soll sicherstellen, dass Subsysteme der Organisation jeweils wiederum organisatorische bzw. unternehmerische Ganzheiten sind, so wie es den zwei Prinzipien lebender, dynamischer Systeme entspricht, nämlich der Rekursion[52] und der Fraktale.[53]Also ist in der Organismuskultur die selbständige Einheit (als organisatorische bzw. unternehmerische Ganzheit) das Grundmuster der Differenzierung, Modularisierung[54] bzw. der Strukturierung von Organisationen.

Merkmale selbständiger Einheiten:

Die selbständige Einheit verfügt über alle Teilsysteme einer organisatorischen Ganzheit,[5555] also einen gelebten und kommunizierten Existenzgrund, eine entwickelte Kultur der Kommunikation/Arbeitsweise von Persönlichkeiten, ein klares Ordnungsgefüge sowie über die Kompetenz und Verantwortung für die wesentlichen technischen und wirtschaftlichen Ressourcen.

---

51 Siehe auch Teil 2, 4.1, Beratungssysteme als Interventionsebene im OE-Prozess, S. 132

52 Rekursion – vgl. Teil 1, 10.1.1, Das Prinzip der Musterwiederholung (Rekursivität), S. 103.

53 Fraktale – Fraktale sind natürliche oder künstliche Gebilde mit hoher Selbstähnlichkeit; ein Beispiel für fraktale Muster ist der Blumenkohl, bei dem jede einzelne Rose dem Muster des gesamten Kohlkopfs entspricht.

54 vgl. Picot u.a. 1998, S. 199 ff.

55 Siehe dazu Teil 1, 6, Das Organisationsmodell der systemischen OE, S. 48 ff.

Bewusstheit für internen und/oder externen Markt. Für selbständige Einheiten im Kerngeschäft, z. B. strategische Geschäftseinheiten, Unternehmensbereiche oder gar Tochterunternehmen ist dies meist selbstverständlich gegeben. Interne Abteilungen, z. B. Verwaltungsabteilungen, Stabsstellen oder auch PE-Abteilungen leben oft mit dem Image, dass sie lediglich Kosten verursachen und froh sein sollen, dass sie durch die Umsätze generierenden und produzierenden Einheiten erhalten werden. Auch müssen sie folgerichtig fast froh sein, wenn ihre Leistungen gesehen, geschätzt und ernst genommen werden. Mit dem Bewusstsein der Autonomie und des internen Marktes hingegen agieren solche internen Einheiten selbstbewusst, betreiben ein entsprechendes Marketing und erzielen unternehmerische Ergebnisse (statt Kosten!) Noch weitreichender sind die Auswirkungen und Erfolge, wo solche Abteilungen als selbständige Einheiten auch in externen Märkten agieren bzw. sowohl interne als auch externe Kunden haben.

Wieweit sich das Grundmuster der selbständigen Einheiten nicht nur auf das Kerngeschäft, sondern auch auf Supportbereiche (z. B. Rechtsabteilung, IT, Personalentwicklung) bezieht, ist jeweils organisationsspezifisch zu klären.

Verantwortung und Kompetenz für das eigene Überleben/Existenz. Selbständigkeit bezieht sich im unternehmerischen Kontext unabdingbar auf das ökonomische Existieren. Das bedeutet, dass selbständige Einheiten ihr Geschäft unternehmerisch betreiben sollen, dass ihre Leistungen am Markt gewinnbringend bzw. kostendeckend verkauft/verrechnet werden können. Wo finanzielle Förderungen die ökonomische Basis von selbständigen Einheiten darstellen, ist es wesentliche Aufgabe der verantwortlichen Führungskraft, die Bereitstellung dieser Mittel abzusichern.

Verantwortung und Kompetenz für die wesentlichen Ressourcen. Die selbständige Einheit und deren Führungskräfte verfügen und verantworten im Rahmen vereinbarter Ziele, Budgets und Businesspläne ihre wesentlichen Ressourcen, inkl. der Ressource Personal.

Im Hinblick auf die Oberflächenstruktur der Organisation (Ordnung, techchnisch-wirtschaftliche Ressourcen) ist also das Prinzip der Autonomie und der damit verbundenen Kompetenzen und Verantwortungen grundlegend für die Organismuskultur. Konsequenterweise wird die Koordination der autonomen Einheiten und der Supportbereiche strukturell institutionalisiert, und zwar nicht durch Hierarchie, sondern durch selbstorganisierte Koordinationsstrukturen auf den unterschiedlichsten Ebenen, die von den unmittelbar Betroffenen wahrgenommen werden.[56] Im Weiteren werden die Funktionen mit so viel Verantwortungen

56 vgl. die Beschreibung des Viable System Model, Teil 1, 10, S. 99 ff.

und Kompetenzen ausgestattet, dass formal die Autonomie und auch die Erfordernisse der Gesamtorganisation gut aufgehoben sind.

Das Gleiche gilt auch bei der Gestaltung der wesentlichen Prozesse und der sie tragenden Funktionen; und zwar sowohl der Kerngeschäftsprozesse als auch der wesentlichen Prozesse in den Supportbereichen, speziell der Prozesse im Rechnungswesen. Wir erwähnen dies besonders, weil die Konzepte für diese Funktionen wesentlich mit der Entstehungsgeschichte und den Grundhaltungen der klassischen Betriebswirtschaftslehre zusammenhängen, die primär den Prinzipien der Dissoziationskultur folgen. Moderne Konzepte des Controlling sind demgegenüber kongruent mit der Organismuskultur.

Die praktische Anwendung der dargelegten Oberflächenstrukturen im Sinne der Organismuskultur zeigt sich auf der Ebene der Tiefenstrukturen, konkret in den Grundhaltungen, Werten und Einstellungen der einflussreichen Persönlichkeiten und ihrer Kommunikation und damit in der Kultur der Organisation einerseits und im kommunizierten und lebendigen Existenzgrund der Organisation andererseits. Leitbilder mit sinn- und identitätsstiftenden und verbindlichen Aussagen zum Kerngeschäft, zu den Kunden, zur sozialen und gesellschaftspolitischen Vernetzung der Organisation mit ihrer Umwelt, Grundsätze der Führung und Zusammenarbeit sowie Zukunftsbilder und strategische Absichten werden in der Organismuskultur unter Beteiligung der Führungskräfte und Experten unterschiedlichster Ebenen erarbeitet, laufend kommuniziert und reflektiert und (!) verpflichten alle Beteiligten – auch das oberste Management! – zur verantwortlichen Anwendung und Umsetzung im operativen Alltag; eine Verantwortung, die sich über die Organisation hinaus auch auf die relevante Umwelt erstreckt.

Auf der kulturellen Ebene ergibt sich aus dem Grundmuster der Strukturierung in selbständige Einheiten das Spannungsfeld von Autonomie und Verbundenheit in der Organismuskultur. Selbständigkeit auf der einen Seite sowie Beachten der Ziele, Aufgaben, Verantwortungen und Notwendigkeiten der Gesamtorganisation und der anderen Organisationsbereiche – dieses dialektische Spannungsfeld zu handhaben gehört zu den persönlichen und beruflichen Anforderungen an die Führungskräfte und Experten in der Organismuskultur. Damit verbunden ist zudem die Fähigkeit zur Auseinandersetzung bzw. zur Austragung von Konflikten in dieser Entwicklungskultur. Durch das Wahrnehmen der Verantwortung und der Kompetenzen entsprechend der Autonomie von Führungskräften und ihrer selbständigen Einheiten treffen oft widersprüchliche Interessen und Absichten aufeinander. Da nicht mehr primär über Macht und Position gelenkt und gesteuert wird bzw. werden kann, treffen die unterschiedlichen Standpunkte, Sichtweisen und Verantwortlichkeiten unmittelbar aufeinander und wollen lösungsorientiert und direkt, zielstrebig und wertschätzend bearbeitet werden.[57] Die Organismuskultur zu leben bedeutet für die Organisation und die darin arbeitenden Menschen laufende Persönlichkeits-, Personal- und Organisationsentwicklung unter Beachtung und Einbezug aller Ebenen und Themen, die zur nachhaltigen Lebensfähigkeit der Organisation in sich stets wandelnden Umwelten beitragen. Da wir in unseren Organisations- und Gesellschaftsstrukturen weit mehr Erfahrungshintergrund und Training haben im Umgang mit Hierarchien, mit Dissoziation von Verantwortung, Kompetenz und Aufgaben, mit der Dissoziation von Verstand, Herz, Emotion und Spiritualität als mit ihrer Integration, bedarf die Organismuskultur intensiver und nachhaltiger Lernfähigkeiten und Lernprozesse. Dabei beziehen sich die individuellen und systemischen Lernprozesse primär auf die Einstellungs- und Werteebene, erst im Anschluss daran auf die Verhaltensebene.

Führen in der Organismuskultur:
Führung der Organisation konzentriert sich in der Familienkultur auf die Unternehmensspitze und äußert sich in einer familiären, patriarchalen Form. In der Dissoziationskultur bedeutet Führung steuern, managen, beherrschen und ist in diesem Sinne rationale Macher-Aufgabe des Topmanagements. In der Organismuskultur sind unternehmerische Führungskräfte auf allen Führungsebenen erforderlich, damit das Zusammenspiel der selbständigen Einheiten zu und in einem größeren Ganzen funktioniert, damit das Ganze tatsächlich und alltäglich mehr ist als die Summe der Teile. Entrepreneurship (unternehmerische Führung der Gesamtorganisation), Intrapreneurship (unternehmerische Führung von Teilsystemen in einem größeren Gesamtunternehmen) – beides im Sinne der Steuerung und Gestaltung lebender, sozialer Systeme durch Leadershipqualitäten –, damit sind die Anforderungen an die Führungs- und Managementqualitäten in der Organismuskultur umrissen. Diese Führungsqualitäten implizieren die Absicht einer nachhaltigen Lebensfähigkeit der jeweiligen Organisation. Im Gegensatz zu kurzfristigen Gewinnen, an denen der Erfolg von Managern allein gemessen wird.

Es gehört zu den Grundüberzeugungen der Führungskräfte und Experten in der Organismuskultur, dass ihr Unternehmen/ihre Organisation auf etwas Wertvolles hin ausgerichtet ist, weil die Organisation Teil des wirtschaftlichen und gesellschaftlichen Systems ist, in dem sie ihre Aufgabe zu erfüllen hat. Dieses «Etwas» kann eine Zielgruppe mit speziellen Bedürfnissen, eine Idee, eine Technik und/oder ein Produkt sein. Dieses «Etwas» als Teil des Existenzgrundes der Organisation ist jener geheimnisvolle Geist, der der Sinnfindung für Führungs-

57 vgl. Häfele 2004.

kräfte und Mitarbeitende im jeweiligen Unternehmen dient und von dem jeder, der mit offenen Sinnen in diese Organisation eintritt, berührt wird. Voraussetzung dafür ist, dass Führungskräfte durch persönliche Reflexions- und Entwicklungsprozesse diesen transzendenten Geist (Begeisterung) in sich tragen und damit in Kontakt und Kommunikation mit anderen innerhalb und außerhalb ihrer Organisation treten. In diesen Kommunikationsprozessen entwickelt sich der Existenzgrund der Organisation unter Beteiligung der einbezogenen Mitarbeiter, Kunden und Partner weiter und pflanzt sich gleichzeitig in die Herzen dieser Menschen ein. Dabei entsteht der Boden der Existenz und die Kraft der Verbundenheit von Menschen in- und außerhalb des Unternehmens mit dem Unternehmen und jener Geist, der Menschen berührt, sie lächeln lässt und Organisationen lebendig und nachhaltig erfolgreich sein lässt.[58] Konkretisiert wird dieser Geist dann in vereinbarten Strategien der Gesamtorganisation und ihrer Teilbereiche, in kongruenten Strukturen, Funktionsvereinbarungen und Prozessgestaltungen, bis hin zu Budgets und Zielvereinbarungen.

«Die globalen Herausforderungen unserer Zeit zwingen die meisten Institutionen dazu, sich von Grund auf neu zu erfinden und zu definieren: wer sind wir, wofür sind wir hier, was wollen wir in die Welt bringen, wie gehen wir vor?»[59] C. O. Scharmer beschreibt damit die Aktualität der Herausforderung, sich explizit mit dem Existenzgrund der Organisation entsprechend der Organismuskultur, also mit dem Wollen der Organisation in der Zukunft zu beschäftigen. Mit seiner U-Theorie zeigt er einen Weg dazu auf. Scharmer fordert dabei a) das Eröffnen tieferer Schichten der Aufmerksamkeit, die das erfahrungs- und damit vergangenheitsorientierte Lösen anstehender Probleme um dialogische und schöpferische Dimensionen erweitern, und b) das Eröffnen tieferer Schichten des Lernens und der kollektiven Intelligenz, bei dem aus einem umfassenden Beobachten das innere Wissen zugänglich wird und im Handeln Kopf, Herz und Hand integriert sind.[60] Ein anderes Konzept, das den Existenzgrund in der Zukunft als Ausgangpunkt für die aktuelle Gestaltung der Organisation nimmt, ist das Konzept der Progressiven Organisationsentwicklung von W. Pechtl und W. Häfele.

Die Organismuskultur ist *die* Voraussetzung für das Funktionieren von Netzwerken. Solange die Identität und das Selbstbewusstsein, geprägt von der Organismuskultur, in einer Organisation nicht zur Verfügung stehen, ist sie nicht in der Lage,

58 vgl. Häfele 2000.

59 Scharmer 2005, S. 11.

60 Wir empfehlen Interessierten das Buch von Scharmer u.a. 2004.

frei und damit ohne Angst vor einem fantasierten Identitäts- oder gar Existenzverlust in eine Kooperation mit gegenseitigen und nicht immer ausbalancierten Abhängigkeiten, wie z. B. Netzwerke es sind, einzutreten.

> *Friede, Verbundenheit und Zusammenarbeit sind nur denkbar zwischen Völkern, die wissen, wer sie sind... Wenn ich nicht weiß, wer ich bin, wer ich sein will, was ich erreichen will, wo ich anfange und wo ich ende, dann sind die Beziehungen zu den Menschen in meiner Umgebung und zur übrigen Welt gespannt, voller Argwohn und mit einem Minderwertigkeitskomplex belastet, der sich vielleicht hinter aufgeblasener Selbstsicherheit versteckt. (Václav Havel)*[61]

8.3.4 Die Netzwerkkultur

Netzwerke sprengen den von einer eigenen Entwicklungskultur geprägten Rahmen einer Organisation, indem sich (auch) rechtlich selbständige Unternehmen mit ganz bestimmten Absichten zu einem Netzwerk verbinden. In der derzeit vorliegenden Theorie und Praxis von Netzwerken ist *die* zentrale Frage in Hinblick auf erfolgreiche Netzwerke: *Wofür erfolgt eine Vernetzung?* bzw. *Was sind die Zwecksetzungen und die Ziele der Vernetzung?* Weil Netzwerke häufig als soziale Netzwerke entstehen, in der persönliche Beziehungen, Feiwilligkeit, keine (!) formalen Regeln und das Tauschprinzip die wesentlichen Merkmale sind, wird diese Klärung der Netzwerkziele im Taumel persönlicher Beziehungen oft übersehen und stellt einen der wesentlichen Gründe für das Scheitern von Netzwerken dar. Wenn wir hier im Rahmen der Entwicklungskulturen von Netzwerkkulturen sprechen, dann meinen wir Netzwerkorganisationen (z. B. internetbasierte Communities, Vernetzung von Spezialisten, die sich für ein Projekt vernetzen und dergleichen) oder Unternehmensnetzwerke, die sich durch folgende Merkmale[62] auszeichnen:

- Gemeinsam verfolgte, explizit vereinbarte Netzwerkziele
- Eher kooperative denn kompetitive Beziehungen
- Vertragliche Beziehungen
- Personelle *und* technisch-organisatorische Beziehungen
- Weitreichender Verzicht auf Bürokratisierung und Formalisierung; dennoch formale interorganisatorische Strukturen, also explizite und verbindliche Netzwerkstrukturen
- Gemeinsame Arbeits- und Denkweisen, d. h. ein Mindestmaß an gemeinsamen ethischen (= organisationskulturellen) Prinzipien

61 Havel Václav, in: Mak, G. (2005), S. 62.

62 vgl. Eisen 2001, S. 24 ff.

Ziele und Existenzgründe für Unternehmensnetzwerke:
Die Klärung und explizite Vereinbarung der Zwecksetzung bzw. des Existenzgrundes eines Unternehmensnetzwerks ist fester Bestandteil des Gründungsprozesses von solchen Netzwerken. Elgar Fleisch[63] nennt als Ziele der Vernetzung a) die Sicherung bzw. Verbesserung der Wettbewerbsposition am Markt, wobei die Konzentration der jeweiligen Mitglieder des Netzwerks auf ihre Kernkompetenzen im Zentrum steht; b) die Steigerung der innerbetrieblichen Effizienz z. B. durch Reduktion der Prozesskosten, Lagerkosten oder der Einkaufspreise und c) die Steigerung des Kundennutzens z. B. durch die gesamthafte Abdeckung von Kundenproblemen. Als weitere methodische Hilfe für die Bennennung der Vernetzungsgründe stellt Fleisch ein Modell der Koordinationsbereiche in Netzwerkunternehmen[64] vor:

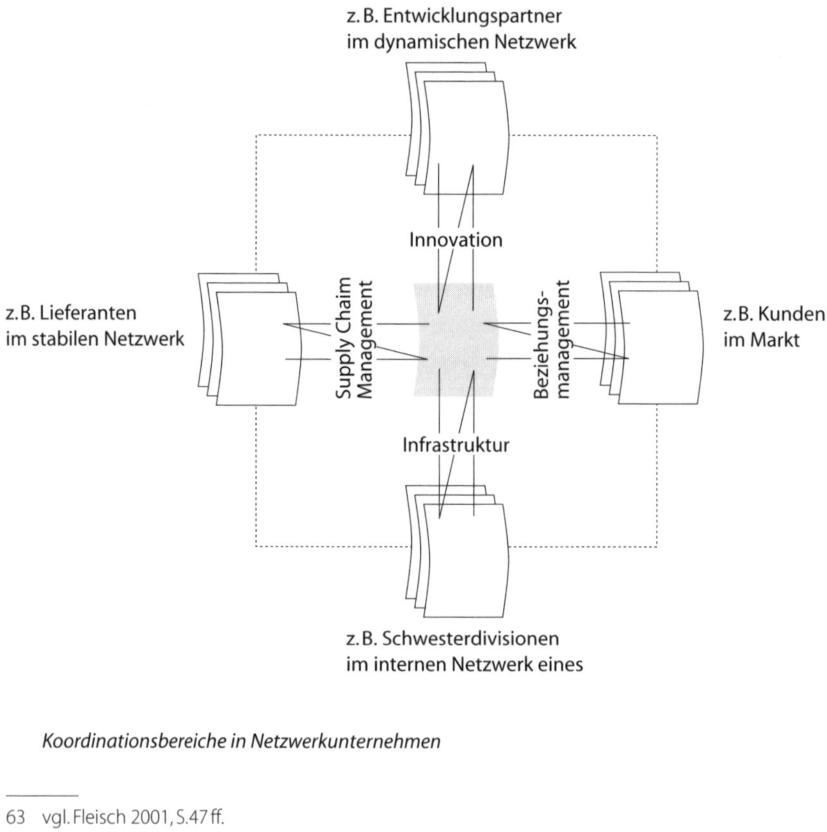

Koordinationsbereiche in Netzwerkunternehmen

63 vgl. Fleisch 2001, S. 47 ff.
64 vgl. ebd., S. 169.

Wir nennen diese primär an der Oberflächenstruktur der Organisation orientierten Ziele für eine Vernetzung, um zu verdeutlichen, dass nachhaltig erfolgreiche Unternehmensnetzwerke auch auf der Ebene ihrer technisch-wirtschaftlichen Ressourcen und der diesbezüglichen Absichten explizite Interessen offen und verbindlich zu klären haben; und in der Folge auch die dazu erforderlichen Ordnungsmuster (Strukturen, Funktionen und Netzwerkprozesse) einrichten müssen.

Für die nachhaltige Lebensfähigkeit eines Unternehmensnetzwerks gilt jedoch die explizite Beachtung der Tiefenstruktur der Organisation bzw. des Netzwerks, wie wir das oben bei der Organismuskultur dargelegt haben; nämlich, dass das Netzwerk neben rein wirtschaftlichen, technischen bzw. organisatorischen Absichten a) auf etwas Wertvolles, nachhaltig Sinnstiftendes, Begeisterndes ausgerichtet sein soll (dies kann durchaus innerhalb der vier Koordinationsbereiche des Modells von E. Fleisch sein) und b) über ein Mindestmaß an gemeinsamen ethischen (= organisationskulturellen) Prinzipien verfügt und diese auch beabsichtigt und verbindlich anwendet. (Manager und Berater, die ihr Tun an den Einstellungen der Dissoziationskultur ausrichten, werden im Gegensatz dazu auch Unternehmensnetzwerke mit ihrem kulturellen Hintergrund nur rational gestalten wollen.)

Netzwerktypen:[65]

a) Internes Netzwerk: Dabei wird ein Unternehmen mit klaren Eigentumsverhältnissen als Netzwerk strukturiert. In Erweiterung der Autonomie selbständiger Einheiten, wie wir sie in der Organismuskultur beschrieben haben, tauschen die internen Geschäftseinheiten oder Tochterunternehmen, also die Unternehmen im Unternehmen, die meist auch rechtlich autonom sind, im internen Netzwerk ihre Leistungen nicht gegen Verrechnungspreise, sondern gegen Marktpreise aus. Das Gesamtunternehmen ist dabei meist als Holding strukturiert, mit einem für alle Holdingmitglieder verbindlichen Holding-Leitbild und einer ebenso verbindlichen Holding-Strategie und legt den Zweck der Vernetzung der Teilunternehmen wiederum verbindlich fest. So gesehen, hat das interne Netzwerk klare, stabile Grenzen. Kulturell besteht ein wesentlicher Unterschied zwischen der Organismuskultur mit ihren selbständigen Einheiten und einem internen Netzwerk mit wesentlich weitreichenderer rechtlicher, wirtschaftlicher und kultureller Autonomie. Dies zeigt sich z. B., wenn ein Unternehmen, das in selbständige Geschäftsbereiche strukturiert ist, erstmalig ein rechtlich selbständiges Tochterunternehmen

65 vgl. Snow 1992, S. 5 ff.

kauft oder gründet und dabei zum ersten Mal der Begriff «Konzern» auftaucht. Sowohl das Topmanagement als auch die Bereichsleiter im bestehenden Unternehmen sind dadurch meist mit einer Autonomie der Geschäftsführer der Tochterunternehmung konfrontiert, die sie überrascht. Und andererseits gilt dies auch für die Geschäftsführer von Töchtern, wenn sie z.B. vorher Bereichsleiter im alten Unternehmen waren. Solche Themen sind explizit Anlass für OE-Maßnahmen. «Fraktale Unternehmen (also Unternehmen im Unternehmen – Anm. des Autors) sind nicht Ergebnis einer strategischen Planung bzw. einer endlichen Abfolge von Entwicklungsschritten, sondern eines ständigen Entwicklungsprozesses mit permanenter Erneuerung.»[66]

b) Stabiles Netzwerk: Ein stabiles Netzwerk hat ein Kernunternehmen, das im Sinne der Organismuskultur ein selbständiges, auf nachhaltige Lebensfähigkeit ausgerichtetes Unternehmen ist. Dieses Kernunternehmen nimmt die operativen und strategischen Managementaufgaben wahr und sorgt für die erforderlichen Führungs-, Koordinations-, Vertrags- und anderen Klärungsprozesse. Je nach Zwecksetzung des Netzwerks verbindet sich dieses Kernunternehmen mit Netzwerkpartnern. Das können KMUs oder auch Einzelunternehmen sein, die selbst auch an einer stabilen, also auf Nachhaltigkeit ausgerichteten Vernetzung interessiert sind. Gerade wenn die Vernetzung ein partielles Auslagern von Prozessen in der Wertschöpfungskette betrifft oder die Infrastruktur, die für das Kernunternehmen und für die Netzwerkpartner existenziell notwendig ist, wird deutlich, dass die Netzwerkpartner eine verbindliche Schicksalsgemeinschaft mit großer gegenseitiger Abhängigkeit bilden. Dabei wird besonders deutlich, dass die am Netzwerk beteiligten Partner die Spannung zwischen Autonomie und Verbundenheit praktisch handhaben können, oder anders ausgedrückt, dass die Netzwerkpartner über die existenziellen und kulturellen Fähigkeiten der Organismuskultur verfügen. Die Erfahrung mit Netzwerken in Beratungsunternehmen zeigt, dass die Angst um die Autonomie bzw. Individualität einzelner Partner durch eine verbindliche Teilnahme im Netzwerk eine lebendige Netzwerkkommunikation sehr erschwert und die nachhaltige Existenz des Netzwerks bedroht. Stabile Netzwerke sind daher auf die Entwicklung von Autonomie, Selbstwert, Identität und die Fähigkeiten zur Interdependenz bei den einzelnen Netzwerkpartnern existenziell angewiesen. Dabei ist das Prinzip in Entwicklungsprozessen «erst differenzieren, dann integrieren» bei der Entwicklung von Autonomie und Verbundenheit der Netzwerkpartner bzw. des Netzwerks

66 Fleisch 2001, S.77.

besonders zu beachten. Denn Entwicklungsprozesse im Netzwerk mit Partnern, die über diese Fähigkeiten nicht verfügen, überfordern jedes Netzwerk.

c) Dynamische Netzwerke: Dabei verbinden sich einzelne rechtlich unabhängige Unternehmen, Institutionen und/oder Einzelpersonen zu einem virtuellen Unternehmen, z. B. um ein Projekt bei einem Kunden zu realisieren. Die vernetzten Partner beteiligen sich an der Zusammenarbeit vorrangig mit ihren Kernkompetenzen und treten gegenüber Dritten bei der Leistungserbringung wie ein einheitliches Unternehmen auf. «Dabei wird auf die Institutionalisierung zentraler Managementfunktionen zur Gestaltung, Lenkung und Weiterentwicklung des virtuellen Unternehmens weitgehend verzichtet und der notwendige Koordinations- und Abstimmungsbedarf durch geeignete Informations- und Kommunikationssysteme gedeckt.»[67] Das virtuelle Unternehmen ist mit einem konkreten Geschäft verbunden und endet mit ihm. Die verbindende Kraft kommt aus dem das Netzwerk/virtuelle Unternehmen begründenden Geschäft und erfordert für diesen Zweck ein hohes Maß an kurzfristiger Kooperations- und Netzwerkfähigkeit.

Dimensionen der Netzwerksfähigkeiten sind a) die Standarisierung, Flexibilität und Kompatibilität der Produkte und Dienstleistungen, b) die Ausrichtung und Flexibilität der Geschäftsprozesse, c) die persönlichen, fachlichen und kommunikativen Fähigkeiten der Mitarbeitenden und Führungskräfte inkl. ihrer Autonomie und Verbundenheit, d) die Informationssysteme, e) die Organisationsstrukturen und f) die Organismuskultur und die Kultur des Netzwerks.

Der *Netpreneur*

So wie die Organismuskultur den Entrepreneur bzw. den Intrapreneur mit seinen Leadershipqualitäten erfordert, so brauchen Netzwerke den Netpreneur, der das Netzwerk als Form, als Entwicklungskultur für die Realisierung seiner (Geschäfts-)Idee initiiert, die entsprechenden Personen gewinnt und begeistert und Prozesse zum Beziehungs- und Netzwerksaufbau bewusst gestaltet.

Kritische Erfolgsfaktoren von Netzwerken

- Ziel und Zweck wird von allen getragen
- wechselseitige Nutzenstiftung – jeder am Netzwerk beteiligte Partner hat durch das Netzwerk (s)einen Nutzen, oder: Man muss Netzwerkpartnern etwas bieten

67 ebd., S. 79.

- Funktions- und Rollenklarheit der Netzwerkpartner
- Identität und Kernkompetenz jedes Netzwerkpartners muss klar und ungefährdet sein
- Klar vereinbarte und für alle Partner verbindliche Regeln
- vereinbarte Regeln für Ausnahmesituationen
- die nicht funktionierenden Netzwerke sein lassen – klein ANFANGEN
- Geben und Geben: Netzwerke leben von dem, was einzelne Partner zur Verfügung stellen, nicht von dem was fantasiert, erwartet, gewünscht, gefordert wird – feed the web first!

Fragen der Selbstdiagnose

Welche Entwicklungskultur entspricht Ihrer Organisation insgesamt (beschreiben Sie die Merkmale, die Sie zu dieser Einschätzung kommen lassen)?

Befinden sich Organisationseinheiten (z. B. Filialen, Bereiche, Abteilungen) in unterschiedlichen Entwicklungskulturen?

Welche Alltagsphänomene, hilfreiche wie hinderliche Muster und Eigenheiten erklären sich aus der aktuellen Entwicklungskultur?

Welche Entwicklungsabsichten sehen Sie in der Organisation im Hinblick auf die zukünftige Entwicklungskultur?

Welche Entwicklungskultur vermuten Sie bei den wichtigsten externen Partnern (Lieferanten, Vertriebssystemen usw.) Ihrer Organisation?

9 Strategien der Veränderung

9.1 Veränderungsstrategien

OE haben wir als einen Veränderungsprozess einer Organisation und der darin tätigen Menschen beschrieben. Das Wort OE selbst besagt bereits, dass diese Veränderung auf dem Weg der Entwicklung stattfinden soll. Bleibt noch die Frage offen, welche Strategien Veränderung initiieren und zu einer positiven Veränderung führen.

Glasl u. a.[68] unterscheiden vier praxisbezogene Veränderungsstrategien, die von einem grundlegend unterschiedlichen Verständnis ausgehen und jeweils andere spezifische Interventionen und Verhaltensempfehlungen für Führungskräfte und Berater aussichtsreich machen:

- **Wildwuchs** mit zufälliger und unabgestimmter Veränderung
- **rationale Strategien** zur Veränderung durch Fachexperten
- **Machtstrategien** zur Veränderung durch Einflussnahme oder Zwang
- **Entwicklungsstrategie**

68 Glasl u.a. 2005, S. 40 ff.

Der wesentliche Unterschied zwischen den vier Veränderungsstrategien liegt in der Grundannahme über das Wesen und damit die Lern- und Anpassungsfähigkeiten von Menschen und lebendigen Systemen. Diese Grundannahmen sind das Ergebnis persönlicher Entwicklungsgeschichten: Jedem von uns ist durch die eigene Erziehungsgeschichte und darüber hinausreichende Erfahrungen die eine Form der Veränderung vertrauter als die andere.

Zwischen der bevorzugten Veränderungsstrategie und der Entwicklungsphase zeigt sich in der Praxis ein tendenzieller Zusammenhang.

- Organisationen in der Dissoziationskultur werden sich aus ihrem Selbstverständnis heraus an Fachexperten wenden,
- Organisationen in der Organismuskultur an Organisationsentwickler,
- der «Vater» in der Familienkultur verändert die Organisation kraft seines persönlichen Einflusses im Sinne der Machtstrategie.

Denken Sie an diese Geschichte, wenn Sie sich einmal wünschen, die Macht eines Pioniers oder anerkannten Experten zu haben.

> *Tod auf Verordnung*[69]
>
> *Ein Mann lag schwer erkrankt danieder, und es schien, als sei sein Tod nicht fern. Seine Frau holte in ihrer Angst einen Hakim, den Arzt des Dorfes. Der Hakim klopfte und horchte über eine halbe Stunde lang an dem Kranken herum, fühlte den Puls, legte seinen Kopf auf die Brust des Patienten, drehte ihn in die Bauch- und in die Seitenlage und wieder zurück, hob die Beine des Kranken an und dann den Oberkörper, öffnete dessen Augen, schaute in seinen Mund und sagte dann ganz überzeugt und sicher: «Liebe Frau, ich muss Ihnen leider die traurige Mitteilung machen, Ihr Mann ist seit zwei Tagen tot.» In diesem Augenblick hob der Schwerkranke erschreckt den Kopf und wimmerte ängstlich: «Nein, meine Liebste, ich lebe noch!» Energisch schlug da die Frau mit der Faust auf den Kopf des Kranken und rief zornig: «Sei du still! Der Hakim, der Arzt, ist Fachmann, und der muss es ja wissen.»*

Eine Geschichte zum hilfreichen Verständnis von Beratung – und diesem Aktionshandbuch.

9.2 Wildwuchs

Wildwuchs als Veränderungsstrategie führt zu einer ungeplanten oder zumindest konzeptlosen Veränderung. Dabei übernehmen unterschiedliche Player in der Organisation Konzepte, die sich in einem anderen Kontext als erfolgreich erwiesen

69 Lasko 2003, S. 183.

haben. Das Management oder einzelne Organisationsmitglieder aus Fachabteilungen orientieren sich in diesem Fall meist an Best-Practice-Konzepten, die sie aus Netzwerkarbeit oder Literatur ableiten oder beim engagierten Berater abholen. Sie wählen das Konzept, das sie im beobachteten Rahmen als besonders hilfreich wahrnehmen, und verpflanzen es in die eigene Organisation.

Hinter dieser Vorgehensweise steckt die Annahme, dass Organisationen grundlegend gleich funktionieren. Unterschiede werden eventuell nach Branche, Größe oder Marktaktivität definiert und führen zu einer konzentrierten Recherche nach Vorbildkonzepten. Unterschiede, die auf der Bedürfnisebene, bei Wertvorstellungen, Motiven oder Grundüberzeugungen liegen, werden dagegen meist ignoriert.

Der Organisationsberater fungiert in dieser Situation als Lieferant der Best-Practice-Fälle. Er gibt Auskunft über Stärken und Schwächen, die der ausgewählte Ansatz in vergleichbaren Organisationen gezeigt hat. Seine Aufgabe ist es, Lücken und Schwierigkeiten im Vorgehen der Vorbildorganisation auszumachen, damit sie im weiteren Vorgehen nicht wiederholt werden.

Chancen der Strategie

Das beschriebene Vorgehen führt zunächst zu einer positiven Veränderung. Die Organisation definiert ein Veränderungsziel und bemüht sich, von anderen zu lernen. Es entsteht Aktivität, die in dieser Phase Stagnation und Stillstand vermeidet und durch kleine Schritte und Neuerungen eine Nutzen bringende Entwicklung schafft.

Gefahren der Strategie

Im Zeitverlauf wird man allerdings entdecken, dass zur Unternehmenskultur oder -situation in Widerspruch stehende Ansätze importiert worden sind, die allmählich zu Schwierigkeiten und Innkompatibilität oder Widerständen im System führen. Zwar werden die Umsetzungsfehler, die die Vorbildorganisation gemacht hat, vermieden, doch führt genau das, was als sicheres Erfolgsrezept verstanden wurde, zu ganz neuen Schwierigkeiten.

9.3 Rationale Strategien

Die rationale Veränderungsstrategie folgt dem rationalistischen Menschenbild, wonach der Mensch ein denkendes und vernünftiges Wesen ist. Bei diesem Vorgehen geht man davon aus, dass ein Mensch zu Veränderungen veranlasst werden kann, wenn man sein Denken beeinflusst und ihn mit sachlichen Argumenten und Logik überzeugt.

Dieser Grundannahme folgt der Fachexperte. Er nimmt an, dass der andere ebenso sachbezogen und logisch denkt und handelt wie er. Experten(-kommissionen und -berater) analysieren das Problem der Organisation und erarbeiten nach sachlichen Aspekten und Notwendigkeiten Lösungsvorschläge und -wege. Wissenschaftlichen Gutachten und Expertisen kommt bei diesen Strategien entsprechende Bedeutung zu. Der Klient geht davon aus, dass der Experte einen Wissensvorsprung im zu lösenden Problem hat, und erwartet sich von ihm eine Lösung. Die vermittelte Botschaft ist: «Nimm das Problem von meiner Schulter und bring mir die Lösung!» Diese Haltung ist vergleichbar mit jener des Patienten im Rahmen eines Arzt-Patienten-Verhältnisses.[70] Offensichtlich steht hinter dieser Aufforderung die Idee einer «richtigen» Lösung, die auf einer sorgfältigen Analyse der Schwachstellen aufbaut. Der daraus entstehende Verbesserungsvorschlag ist logisch begründet, vernünftig und einleuchtend.

Der Expertenberater besteht deshalb ausschließlich durch sein stets aktuelles Fachwissen und seinen Vorsprung. Im Rahmen seiner Professionalität muss er für die permanente Weiterentwicklung seiner Sachverständigkeit sorgen.

Die Motivation der Betroffenen für eine Veränderung soll über Logik und Einsicht angeregt werden. Dazu werden Informationskampagnen, häufig unterstützt durch werbepsychologische Erkenntnisse, eingesetzt. Die Umsetzung beginnt, sobald das Management überzeugt ist und per Dekret seine Macht dokumentiert und für die «richtige» Lösung einsetzt.

Chancen der Strategie

- Es können logische, schlüssige Konzeptionen und Lösungen in großem Umfang geplant werden. Der Vorschlag zur neuen Unternehmensstruktur beispielsweise ist «aus einem Guss» und nicht ein vorsichtiges, halbherziges Herumlavieren um gewachsene Funktionen oder verdiente Personen, wie dies bei einer rein internen Bearbeitung und entsprechenden Rücksichtnahmen geschehen könnte. Damit sind auch radikale Einschnitte ansprechbar.
- Die Lösungsvorschläge liegen relativ rasch vor, da sie vom Fachexperten erbracht werden, und schonen die Zeitressourcen der Organisationsmitglieder.
- Die Außensicht des Fachexperten verhindert Betriebsblindheit im Lösungsvorschlag.

---

70 Heimbrock 1997, S. 124 f.

Risiken der Strategie:

- Für die Betroffenen ist es oft schwer, die von Experten erarbeiteten Lösungen und Vorschläge nachzuvollziehen und zu integrieren. Vor allem wenn neue Konzepte und Soll-Vorstellungen eine neue Denkweise und eine andere innere Haltung notwendig machen (also Veränderung von innen heraus erfordern, nicht nur äußerlich), können sich daraus Widerstände und Blockaden ergeben. Das Einführen marktnaher Strukturen wie strategische Geschäftseinheiten oder Kundengruppenverantwortliche stellt viele bisher praktizierte Handlungsweisen der Organisationsmitglieder in Frage. Man rechnet in der Praxis damit, dass solche Konzepte zwar schnell entworfen sind, jedoch mehrere Jahre brauchen, bis sie gelebt werden.
- Experten müssen ihre Ideen oft geradezu «verkaufen». Dazu suchen sie Verbündete im Unternehmen und nehmen dann gemeinsam die Zwangs- und Machtstrategien zur Durchsetzung ihrer Lösung zu Hilfe. Kompromisse und Brüche im vormals geschlossenen Gesamtkonzept können die Folge sein.
- Die Identifikation mit der Lösung ist oft gering. Schwierigkeiten in der Umsetzung führen relativ rasch dazu, dass die Vorschläge als unbrauchbar und zu wenig auf die spezielle Unternehmenssituation abgestimmt verworfen werden. Die teuren Expertisen landen in der Schublade.
- Es wird kein eigenes Know-how für künftige Situationen entwickelt.
- Wie bei der Wildwuchsstrategie werden Fremdlösungen übergestülpt. Eigene Erfahrungen aus der Organisation fließen kaum ein. Die Organisationsmitglieder werden in Bezug auf ihr eigenes Problem zu Laien degradiert, und die Möglichkeit, für künftige Veränderungssituationen eigenes Know-how aufzubauen, bleibt außen vor.
- Unternehmen kritisieren vor allem, dass zu viel Augenmerk auf das Erheben und Auswerten von Daten und das Ausarbeiten von Empfehlungen gelegt wird, wobei die Empfehlungen manchmal als zu unspezifisch für die spezielle Situation empfunden wurden. Die Ursache ist meist, dass z. B. kulturelle Aspekte, allen Mitgliedern bekannte Tabus, Machtkonstellationen, Beziehungsmuster usw. nicht berücksichtigt werden. Außerdem wird unzureichende Unterstützung bei der Umsetzung angeführt.

Generell gilt, dass Fachexpertenstrategien auf der Sachebene zu hundert Prozent richtig liegen können. Trotzdem greifen die Strategien oft nicht, weil Menschen, Abteilungen und Organisationen nicht «per Knopfdruck» funktionieren. Da Organisationen lebende Systeme sind, verhalten sie sich nicht nach feststehenden, beherrschbaren und vorhersagbaren Regeln und verarbeiten daher Hinweise und fachliche Ratschläge nach eigenem Muster.

Damit die Fachexpertenstrategie funktionieren kann, müssen deshalb eine Reihe von Bedingungen erfüllt sein. Sie funktioniert:

- wenn der Klient das Problem richtig diagnostiziert und den passenden Berater wählt,
- wenn der Klient das Problem und die Dienstleistung, die er sucht, richtig mitteilen kann,
- wenn der Klient mögliche Konsequenzen der Beratung durchdacht hat.

9.4 Machtstrategien

Bei der Machtstrategie steht (wie bei den rationalen Strategien) die Einstellung im Vordergrund, dass nur das äußere Verhalten der Menschen beeinflusst werden muss, um das Gewünschte zu erreichen. Ein Einwirken auf Einstellungen und Denkgewohnheiten der Organisationsmitglieder erscheint nicht notwendig, solange durch Machtausübung das gewünschte Ziel erreicht wird.

Machtausübung gibt Menschen die Chance, innerhalb einer sozialen Beziehung Veränderungen, eigene Vorstellungen, den eigenen Willen auch gegen das Widerstreben anderer durchzusetzen. Machtkulturen zeichnen sich dadurch aus, dass eine kleine Gruppe von Menschen die Realität für alle anderen definiert. So ersetzen Machtinstrumente und der ausgeübte Druck Konsensbildung. Macht kann beruhen auf fachlicher Überlegenheit, hierarchischer Position, Entscheidungskompetenz, Prestige, Status, Besitzverhältnissen.

Der Einsatz von Macht führt zu einer Polarisierung der Beziehungen: Es gibt einerseits die «Mächtigen». Sie können die anderen zu etwas veranlassen, was diese aus sich heraus und ohne diese Art der Beziehung nicht tun würden. Die Mächtigen übernehmen das Denken, bestimmen und entwerfen Lösungen. Auf der anderen Seite stehen jene, die durch Anweisungen, Verordnungen, Gesetze, Sanktionen zu einer Handlung oder Veränderung veranlasst werden. Teilweise verleihen sie den Mächtigen die Macht, indem sie ihnen ihr Vertrauen entgegenbringen und sich gleichzeitig weigern, selbst Verantwortung zu übernehmen.

Die Mächtigen ziehen meist interne oder externe Sachverständige (Experten, Stabsstellen, Wissenschaftler usw.) zu Rate, die dann ebenfalls nach genauen Vorgaben ihre Leistungen zu erbringen haben. Es entsteht ein Einkaufsmodell,[71] bei dem Leistungen oder Ressourcen zugekauft werden. Interne und externe Berater sind hier in der Rolle des Erfüllungsgehilfen, der die gewünschte Entwicklung der Organisation mit vorgegebenen Zielen und Wegen umsetzen soll.

---

71 Heimbrock 1997, S. 124 f.

Im Idealfall besitzt jemand, der eine machtvolle Position bekleidet, auch besondere Fähigkeiten, die ihn zur Machtausübung legitimieren. Damit die Machtstrategie ihre Chancen gut nutzen kann, sind verschiedene besondere Fähigkeiten in der Führung von Menschen, in der Analyse und Bewertung von Veränderungssituationen, im Erkennen von Notwendigkeiten, in der Beurteilung von Expertenleistungen usw. notwendig.

Chancen der Strategie

- Macht ermöglicht eine schnelle Um- und Durchsetzung ohne zeitaufwendige Konsensprozesse oder Überzeugungsversuche (z.B. bei Krisenmanagement).
- Bei klaren Machtstrukturen ergibt sich eine hohe Erwartungssicherheit in den Beziehungen.
- Klare Rahmenbedingungen, die durch die Mächtigen definiert werden, schaffen Sicherheit im Gesamtprozess.

Risiken der Strategie:

- Das Management muss die richtige Diagnose stellen und mögliche Konsequenzen der Lösung beurteilen können.
- Die Machtstrategie schafft Abhängigkeit statt Autonomie und schwächt die Selbständigkeit.
- Missbräuchlicher Machteinsatz negiert die Würde der Person und verhindert auch dadurch die Akzeptanz der Maßnahmen.
- Die Veränderungen sind äußerlich und kurzfristig wirksam, der Sanktions- und Kontrollaufwand ist groß.
- Die Anwendung der Machtstrategie mobilisiert in vielen Fällen eine Gegenmacht. Das darauf folgende politische Aushandeln von neuen Konzepten führt zu Streichungen und Abänderungen. Diese zerstören oftmals ein integriertes Ganzes und beeinträchtigen stark die Wirksamkeit der entwickelten Neuerungen.
- Abwehrmechanismen im mittleren Management, Bündnisse und informelle Machtstrukturen lassen Konzepte in der Linie versickern.
- Taktiken und Mikropolitik entwickeln oft eine eigene Dynamik, wobei sachliche Überlegungen zu sehr in den Hintergrund rücken.[72]

---

72 vgl. dazu die satirische Darstellung der Bedeutung, Verbreitung und Praxis der Machtstrategie im Wirtschaftsbereich bei Noll/Bachmann 1987.

Machtstrategien und rationale Strategien haben dort ihre Grenzen, wo sie in einen Widerstreit zu den Menschen geraten, die die neue Weisung umsetzen sollen Wenn sie in Konkurrenz treten zu den Normen und Werten der Organisationsmitglieder, ihren Motiven, ihren Kenntnissen, Fertigkeiten und Erfahrungen, ihren Vorlieben, Gewohnheiten und Routinen, ihren Beziehungen und Orientierungen.

9.5 Entwicklungsstrategien

Die Charakteristika von Entwicklungsstrategien finden sich naturgemäß in den «Prinzipien der Veränderung im Rahmen von OE-Prozessen».

Folgende Merkmale wollen wir hier nochmals herausstreichen:

- Die Verantwortung für das Veränderungs-/Beratungsanliegen bleibt die gesamte Zeit über beim Klienten(-System), sie kann nicht an den Berater delegiert werden. Demgegenüber steht der Berater, der als «Manager auf Zeit» die Lösung des Problems selbst in die Hand nimmt, in abgeschwächter Form auch der Fachexperte. Deutlich wird dieses Prinzip zum Beispiel an der spezifischen Form der Situationsdiagnose, die als Selbstdiagnose der Betroffenen zu verstehen ist. Es ist nicht der Berater, der nach sorgfältiger Analyse seine Sicht der Dinge mitteilt, sondern er regt die Betroffenen mit methodischen Angeboten zur eigenen Auseinandersetzung an.
- Entwicklungsstrategien gehen davon aus, dass Lösungsfähigkeiten bei den Organisationsmitgliedern entweder vorhanden sind, auch wenn sie nicht genutzt werden können (z. B. weil nicht klar ist, in welchen Schritten und mit welchen Beteiligten das Thema angegangen werden soll), oder dass sie entwickelt werden können und sollen. Das heißt jedoch nicht, dass das Rad jeweils neu erfunden wird. Es kann sich im Verlauf eines OE-Prozesses herausstellen, dass bezüglich einer konkreten Frage zu wenig Spezial-Know-how vorhanden ist oder der neueste Stand einer Technik nicht bekannt ist. In diesem Fall werden Fachexperten hinzugezogen und auf eine Weise eingebunden, dass deren Wissen von den Betroffenen genützt werden kann.
- Der Entwicklungsberater liefert keine fertigen inhaltlichen Problemlösungen, sondern er ist methodischer Experte für die Gestaltung des Prozesses.
- Voraussetzung für das Funktionieren der Entwicklungsstrategien ist, dass die Organisationsmitglieder selbst eine konstruktive Absicht haben und bereit sind, in diese Form der Beratungsbeziehung und Aufgaben- und Verantwortungsverteilung einzusteigen.

Chancen der Strategie

- Hohe Identifikation der Organisationsmitglieder mit dem Problem und der Lösung.
- Innovationsfähigkeit wird in der Organisation verankert und gestärkt.
- Die Organisation und ihre Mitglieder erlernen Methoden, Techniken und Strategien für zukünftige Entwicklungsprozesse. Die Selbstverantwortung und die Selbsttätigkeit werden gestärkt und etabliert.

Risiken der Strategie:

- Sind die Organisationsmitglieder nicht bereit, in hohem Maß Verantwortung zu übernehmen verläuft die Wirkung der Entwicklungsstrategie im Sand.
- Der hohe Anspruch an Partizipation kann zu einer Überforderung führen.
- Es ist ein hoher Zeitaufwand für die Vorbereitung durch die Organisation notwendig.

Um die Risiken der Entwicklungsstrategie abzufangen, kann eine Integration von Expertenansätzen dienlich sein. Input von Fachwissen, verstanden als Angebot an die Organisation, widerspricht dem Entwicklungsansatz keinesfalls. Statt wie der Experte ein «Paradelösung» zu liefern, bietet der Entwicklungsberater sein Wissen und seine Sicht der Dinge an, samt möglichen Auswirkungen dieser Handlungsalternativen. Die Entscheidung, ob, wann und inwieweit das zur Verfügung gestellte Know-how angenommen wird, liegt bei den Organisationsmitgliedern.

Fragen zur Selbstdiagnose

Lässt sich ein Grundmuster erkennen, auf welchem Wege Veränderungen in Ihrem privaten Bereich/in Ihrer Organisation stattfinden?

Gehen Sie das Weiterbildungsangebot in Ihrer Organisation durch: Welche Strategien der Veränderung stehen hinter den Konzepten (Werden die Seminare von Referenten oder Trainern, vorwiegend in Form von Fachinputs oder prozessorientiert durchgeführt? Wie stark strukturiert oder teilnehmerorientiert ist das Angebot? usw.)?

Passt eine Entwicklungsstrategie zur Kultur in Ihrer Organisation?

Welche Strategie bevorzugen Entscheidungsträger in Ihrer Organisation?

Wer sind «Schlüsselpersonen», die eine entwicklungsorientierte Haltung leben und Motor für den geplanten Prozess sein könnten?

10 Die Steuerung von Organisationen – das Viable System Model von Stafford Beer[73]

Bei der Gestaltung von Organisationen als lebende soziale Systeme im Sinne der Organismus- bzw. der Netzwerkkultur stellt sich die Frage, nach welchen Grundprinzipien die Steuerung der Organisation bzw. des Netzwerks eingerichtet wird. Wir im MCV arbeiten seit Jahren mit dem Viable System Model von Stafford Beer, weil es die Steuerungserfordernisse einerseits verdeutlicht, weil es kongruent ist mit allen grundlegenden Konzepten und Modellen der systemischen OE – insbesondere beachtet dieses Strukturmodell die nachhaltige Lebensfähigkeit von Organisationen und die wesentlichen Elemente des Existenzgrundes der Organisation – und weil es dem Gesetz von Ashby im Umgang mit Komplexität gerecht wird, wonach man Komplexität nur mit entsprechender Komplexität absorbieren kann.

Wir skizzieren im Folgenden das Viable System Model (VSM) in sehr vereinfachter und anwendungsorientierter Form, legen anschließend die wesentlichen Prinzipien des VSM dar, die gleichzeitig unmittelbar anwendbare Prinzipien für Führungskräfte unterschiedlichster Ebenen bei ihrer Steuerungsarbeit sind, und beschreiben schließlich die wesentlichen Punkte bei der Anwendung des VSM im Sinne der systemischen OE.

73 vgl. Beer 1981.

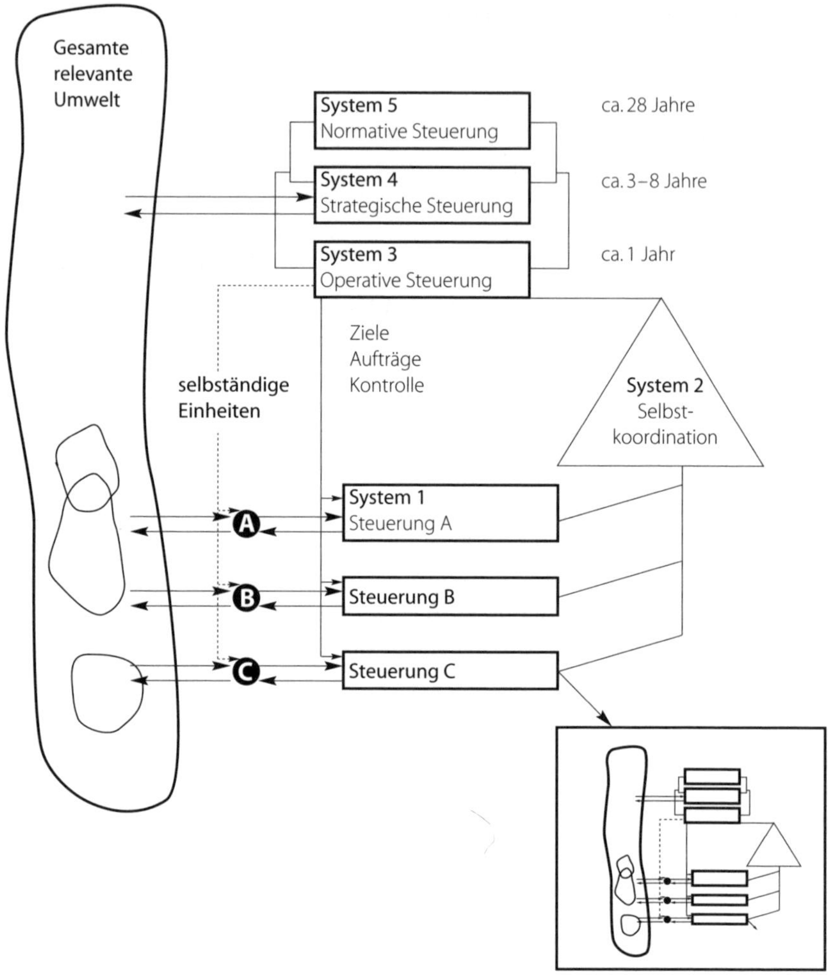

Strukturmodell für die Steuerung lebensfähiger Systeme

System 1

sind die Geschäfts-, Produktions-, also unmittelbar operativ agierenden Basiseinheiten (selbständigen Einheiten) der Organisation. Die Systeme 1 agieren im direkten Kontakt mit ihrer jeweiligen Umwelt, also ihren Kunden, Lieferanten, Geschäftspartnern, Mitbewerbern usw. Jedes System 1 könnte auch als autonome unternehmerische Einheit outgesourct am Markt agieren und für das

Gesamtsystem als Lieferant agieren. Beispiele dafür sind strategische Geschäftseinheiten, Profitcenters, Tochterunternehmen, regionale oder produktionsspezifische business units, oder auch Rechts-, IT-, Engineering-«Abteilungen», die nicht nur als unternehmensinterne Fachabteilungen, sondern am internen und evtl. auch externen Markt mit ihren Leistungen unternehmerisch agieren. Das System 1 umfasst das Gesamtmanagement (operative, strategische, normative und koordinierende Steuerung) solcher Basiseinheiten.

Was in einer Gesamtorganisation als System 1 eingerichtet wird, ist eine identitätsstiftende und eine strategisch sehr wesentliche Frage. Die Qualität der Beziehungen der verschiedenen Systeme 1 in einer Gesamtorganisation ist von besonderer Bedeutung, insbesondere dort, wo sich die Märkte verschiedener Systeme 1 überschneiden oder wenn es um die Anforderung begrenzter Ressourcen des Gesamtsystems geht. Ob diese Beziehungen synergetisch, kompetitiv oder kooperativ gelebt werden, kann nicht geregelt oder angeordnet werden. Sie sind Ergebnis gemeinsamer Entwicklungsprozesse und fordern vor allem die Konfliktfähigkeit und den Umgang mit dem Spannungsfeld von Autonomie und Verbundenheit mit dem Ganzen der unmittelbar Betroffenen.

System 2
sichert die selbstorganisierte Koordination der Systeme 1. Die Aktivitäten des Systems 2 zielen darauf ab, einen perfekten Tagesablauf in optimaler Abstimmung der Nahtstellen zwischen den Systemen 1 sicherzustellen. Beispiele dafür sind Besprechungen, Schicht- oder Produktionspläne, Informations- und Budgetierungssysteme, abgesprochene Grundsätze und Standards. Die Koordinationsfunktion der Systeme 2 ist in Organigrammen nicht explizit ersichtlich. Ihr bewusstes, ziel- und aufgabenorientiertes Einrichten und ihr Funktionieren tragen wesentlich zur Effizienz des Gesamtsystems bei. Denken Sie nur, dass an den Sitzungen in Ihrem Unternehmen die richtigen Teilnehmer und Teilnehmerinnen anwesend sind und dass sie meist bestens bekannten Regeln gemäß ablaufen.

System 3
stellt die traditionellen operativen Managementfunktionen der Gesamtorganisation dar. Das System 3 steuert und optimiert die allgemeinen Ressourcen der Organisation, soweit diese nicht von den Systemen 1 gesteuert und verantwortet werden, erstellt und kontrolliert Budgets, sorgt für Zielvereinbarungen und deren Einhaltung mit den Systemen 1. Absicht des Systems 3 ist es, die Steuerung des Gesamtsystems sicherzustellen und gleichzeitig die Selbständigkeit und die damit verbundenen Aufgaben, Kompetenzen und Verantwortungen der Systeme 1 zu fördern und zu fordern. Dementsprechend agiert das System 3 im Umgang

mit den einzelnen und (im Hinblick auf ihre Steuerungsfähigkeiten) evtl. sehr unterschiedlichen Systemen 1 ebenso differenziert. Zwischen den Systemen 1 und 3 besteht ein immanentes Spannungsfeld bezüglich der Autonomie und der Verbundenheit mit dem Gesamtsystem. Dies zeigt sich immer dann, wenn die Systeme 1 in ihrer unternehmerischen Autonomie und Verantwortung sich selbst optimieren wollen und das System 3 die Gesamtorganisation zu optimieren versucht, also wenn es um die Zuordnung knapper Ressourcen in der Gesamtorganisation geht oder bei der Frage, ob eine Funktion (z. B. Marketing, Personalentwicklung) von den Systemen 1 selbst oder vom System 3 für die Gesamtorganisation wahrgenommen werden soll. Wesentliche Aufgabe des Systems 3 ist also die Integration der Teilsysteme 1 zu einem Ganzen. Um diese Anforderung zu erfüllen, braucht es ein informales, beziehungsorientiertes Kommunikations- und Informationssystem und ein entsprechendes Verhalten der Beteiligten. Beteiligt an diesen Informationsprozessen sind die Systeme 1, das System 2 und das System 3, die auf die Gestaltung und Bewältigung des Tagesgeschäfts ausgerichtet sind.

System 4
«ist die Entwicklungsfunktion: Sie richtet ihren Focus auf die Planung und die Gestaltung der Zukunft»[74] und beinhaltet das Erarbeiten und verbindliche Vereinbaren von kraftvollen Zukunftsbildern, von strategischen Absichten, von Forschung und Entwicklung, von gesamthaften Strukturen und fordert ganz wesentlich die Organisationsentwicklung des Gesamtsystems. Das System 4 ist also auf die Zukunft und auf die Umwelt der Organisation ausgerichtet und bestimmt als Steuerungssystem im Wesentlichen den Kurs der gesamten Organisation. Während die Systeme 1 in direktem Kontakt mit ihrer unmittelbaren Umwelt sind (Markt, Mitbewerber, sie unmittelbar berührende technische Umwelten u. dgl. m.), hat das System 4 die sehr weit gefasste Umwelt der Gesamtorganisation im Blick und untersucht dabei etwa die spezifische Anwendbarkeit neuer Technologien, neue Bedürfnisse der Kunden bzw. Angebote der Mitbewerber, beobachtet Zinssätze, Kreditvoraussetzungen, demografische Entwicklungen, politische und gesellschaftliche Prozesse usw. und leitet daraus die notwendigen Konsequenzen, Veränderungen bzw. Entwicklungen für das Unternehmen ab.

System 5
sichert zusammen mit dem System 4 den Existenzgrund und damit die nachhaltige Lebensfähigkeit der Gesamtorganisation. System 5 hält die Organisation zusammen durch die Klärung der Identität und der tiefen existenziellen Absicht der Gesamtorganisation. Formal äußert sich das System 5 in Leitbildern und

74 Leonard 2002, S. 10.

langfristigen strategischen Grundsatzpapieren, lebendig wird das System 5 in Prozessen der Führungskräfte, bei denen es um grundlegende Seinsqualitäten des Unternehmens in seiner Umwelt geht, und durch oberste, normensetzende Entscheidungen.[75]

10.1 Prinzipien im Viable System Model – Prinzipien für die Steuerung von Organisationen

10.1.1 Das Prinzip der Musterwiederholung (Rekursivität)

Das Wort «Viable» verwendet Stafford Beer in der Bedeutung: zu einer unabhängigen Existenz fähig zu sein;[76] es ist also die Autonomie von Systemen, die ihre Existenz bzw. ihre Lebensfähigkeit sicherstellt. Dementsprechend ist das VSM rekursiv geordnet, das heißt, das Konzept der autonomen Lebensfähigkeit wiederholt sich auf allen Ebenen. «Ein Unternehmen hat so viele Rekursivitätsebenen, wie es Managementebenen hat – und auf jeder Ebene ist das exakt gleiche System-Muster zu finden.»[77]Aus diesem Grund sollen wir im Hinblick auf ihre Lebensfähigkeit Organisationen so strukturieren wie Babuschkas (russische Puppen), wobei jede Puppe eine ganze (!) und einmalige Puppe ist. Im Unterschied zur rein funktional gegliederten Organisation, bei der wir Puppen nach ihren Augen, ihren Beinen, ihren Rümpfen und so weiter zerstückeln würden. Folglich ist ein System 1 wiederum eine Ganzheit, in der die Subsysteme 1 bis 5 enthalten sind. Wenn Sie also Ihr Unternehmen in Geschäftsbereiche strukturieren, dann enthalten diese wiederum selbständige Einheiten (Systeme1) z. B. in Form von produktspezifischen Einheiten oder regionalen Einheiten; diese wiederum erfordern Koordinationssysteme (System 2), im Weiteren erfordert die Steuerung der Geschäftseinheit die operative (System 3), strategische (System 4) und die normative (System 5) Steuerungsebene.[78]Bei der Anwendung des Wiederholungsprinzips bleibt die Frage zu klären, wie viele Rekursivitätsebenen im jeweiligen System erforderlich bzw. sinnvoll sind.

10.1.2 Das Prinzip der erforderlichen Stabilität

Wir bedürfen stets eines gewissen Umfangs an Stabilität, von dem aus dann Wandel und Entwicklung stattfinden kann. Die erforderliche Stabilität ist durch eine (nach innen und außen) wiedererkennbare multidimensionale Identität

75 vgl. Malik 1984, S. 507.
76 vgl. Beer 2002, S. 8.
77 vgl. ebd., S. 8.
78 vgl. auch Teil 1, 8.3.3, Organismuskultur, S. 78 und 8.3.4 Netzwerkkultur, S. 83.

gegeben.[79] In Zeiten, in denen der Wandel zur einzigen Sicherheit erklärt wird, scheint uns die Beachtung der erforderlichen Stabilität auf vielen Ebenen geradezu ein existenziell notwendiger Tabubruch zu sein. Durch die Reduktion der stabilen Faktoren z. B. auf den Shareholder Value oder den ROI gelangen viele Unternehmen trotz permanenter Veränderungen in existenzielle Turbulenzen. Im Viable System Model ist die Aufmerksamkeit und Konkretisierung der erforderlichen Stabilität im System 5 aufgehoben. Einfluss in die Organisation finden die Prozesse des Systems 5 zum einen durch Persönlichkeiten im Management und deren Entscheidungen und Handeln nach innen und außen. Zum anderen durch permanente Lernprozesse auf vielen Ebenen, wodurch die identitätsstiftenden Normen laufend reflektiert und eingeübt werden und damit eine evolutionäre Weiterentwicklung der gesamten Organisation ermöglicht wird.

10.1.3 Das Prinzip der fließenden Steuerungsgrenzen

Wenn Organisationen über eine möglichst große Handlungsvielfalt verfügen sollen, müssen sich die Steuerungs- und Entscheidungszentren im Fluss befinden, weil sich die relevanten Informationen ständig an einem anderen Ort der Organisation befinden.[80]Ein Beispiel dafür ist die Anschaffung einer neuen Software. Auf welcher Ebene bzw. an welcher Stelle wird die Entscheidung tatsächlich getroffen? Das heißt, dass Organisationen einerseits eine stabile hierarchische Ordnung mit Steuerungs- und Entscheidungskompetenzen brauchen und andererseits an vielen Stellen in der Organisation situationsbezogene Steuerungsfähigkeit und -bereitschaft, die von der Hierarchie entwickelt, gefordert und zugelassen wird. Lebensfähige Organisationen praktizieren also eine Nebeneinander von Hierarchie (= die Herrschaft weniger Eingeweihter/heilige Ordnung) und Heterarchie (= die Herrschaft vieler Verschiedener). Während Hierarchien autokratischen Verhaltensmustern mit einseitiger Befehlsgewalt folgen, haben heterarchische Organisationen viele Zentren und sind durch hochgradig partizipative und dialogische Kulturen charakterisiert. Partizipation und Ermächtigung sind dabei so stark ausgeprägt, dass grundsätzlich irgendeine Organisationseinheit für einen bestimmten Aspekt eine Führungsfunktion in Bezug auf die Gesamtorganisation übernehmen kann. Hierarchien sind durch einen hohen Grad an Kontrolle von oben und wenig Autonomie am Arbeitsplatz charakterisiert. Der Akzent liegt auf dauerhaften Strukturen und auf hochgradiger Arbeitsteilung (vgl. Dissoziationskultur). Demgegenüber verleiht die Heterarchie den Einheiten aller Ebenen ein hohes Niveau an Autonomie und erfordert

79 vgl. Beer 2002, S. 10.
80 ebd., S. 13.

besondere Fähigkeiten im Umgang mit dieser Selbstbestimmung und Selbstverantwortung und eine starke Verbundenheit mit der Gesamtorganisation[81] (vgl. Organismus- und Netzwerkkultur).

10.2 Die Anwendung des Viable System Model in der OE

Die Anwendung des Viable System Model im Kontext der OE bezieht sich auf verschiedene Aspekte, von denen wir hier die wesentlichen kurz skizzieren.

In konsequenter Anwendung der Organismuskultur zwingt das VSM zur Einrichtung des Prinzips der Autonomie selbständiger Einheiten und ihrer Verbundenheit mit der Gesamtorganisation. Das VSM ist kein Ersatz für das Organigramm; vielmehr ermöglicht es, bei Prozessen zur Reflexion bzw. Neugestaltung der diversen (Steuerungs-)Strukturen in Organisationen die für die Lebensfähigkeit erforderlichen strukturellen Grundsätze anzuwenden, z. B. die Überlegung, nach welchem Grundmuster einerseits die relevante Umwelt der Organisation strukturiert wird, und dementsprechend, nach welchem Grundmuster die Systeme 1 eingerichtet werden; nach regionalen Gesichtspunkten, produktionstechnischen, arbeitsmarkttechnischen, kostenorientierten oder markt- bzw. kundenorientierten Überlegungen.

Wie oben beschrieben, werden lebensfähige Systeme im VSM nach dem Prinzip der Babuschkas strukturiert. «Babuschkas» stehen für strukturelle, unternehmerische Ganzheiten. Das Einrichten tatsächlich selbständiger Einheiten in Organisationen zwingt die beteiligten Manager und Führungskräfte zur Auseinandersetzung und Klärung der Frage: «Was verstehen wir unter Selbständigkeit für den Bereich XY?» Allzu leicht werden oft selbständige Einheiten eingerichtet, die aber über die wesentlichen Ressourcen, z. B. Personal, nicht verfügen dürfen. Damit hängt dann einerseits die Forderung nach unternehmerischen Führungskräften und Mitarbeitern zusammen, die jedoch ob der strukturellen und funktionalen Einschränkungen ihrer Autonomie in so einem Fall gut daran tun, eben nicht unternehmerisch zu handeln.

Andererseits ergeben sich aus der Struktur des VSM die Anforderungen an die Führungskräfte zur operativen, strategischen und normativen Steuerung ihrer jeweiligen selbständigen Einheit (= Systeme 1) im Kontext der vereinbarten Rahmenbedingungen der Gesamtorganisation.

Für die Reflexion der gegebenen Steuerungsstrukturen in einer Organisation stellt das VSM ein umfassendes Konzept dar. Es zeigt sich z. B., dass eine Führungskraft einer selbständigen Einheit den größten Teil ihrer Kapazität auf fachliche

81 vgl. Schwaninger 2000, S. 5.

Aufgaben verwendet und deshalb die Steuerung ihrer Einheit kaum bzw. zu wenig wahrnehmen kann, obwohl sie formal dafür vorgesehen ist. Im Sinne der Autopoiese üben in so einem Fall meist andere – z. B. Personen, die im System 3 Funktionen wahrnehmen, die Steuerung des betreffenden Systems 1 aus – mit weniger direkter Information aus dem jeweiligen Markt des Systems 1. Das heißt, die Strukturen sind zwar entsprechend dem VSM eingerichtet, werden jedoch von den Funktionsträgern in der jeweiligen Struktur nicht bzw. zu wenig wahrgenommen. Ein anderes Beispiel ist, dass sich bei der Reflexion mit dem VSM zeigt, dass viel Energie in die operative Steuerung des Gesamtsystems bzw. auch der Systeme 1 fließt und dabei die zukunftsorientierte Steuerung des Systems 4 keine oder zu wenig Zeit und Energie bekommt. Mit diesen Beispielen soll angedeutet werden, dass das VSM die Erfordernisse zur Steuerung der Gesamtorganisation und damit die Rekursivität der Systeme 1 deutlich macht und schnell die Notwendigkeit von Veränderungen aufzeigt.

Damit wird deutlich, dass mit dem VSM die strukturellen Erfordernisse einer lebensfähigen Organisation aufgezeigt werden (können) und auch eingerichtet werden (können). Im Sinne der systemischen OE folgen daraus zwingend Lernprozesse, durch die die professionelle Steuerungsarbeit der Führungskräfte im Rahmen der Steuerungsstrukturen sichergestellt wird. Das heißt, die eingerichteten Strukturen müssen durch die Verantwortlichen gelebt werden!

Die Anwendung des Viable System Models in Organisationen erfordert also bewusstes Lernen und nachhaltiges Üben. Wie einzelne Steuerungsstrukturen durch die daran beteiligten Führungskräfte und Fachkräfte praktisch wahrgenommen werden, wie das Zusammenspiel der Systeme 1–5 mit all seinen Übergängen und zirkulären Einflüssen praktiziert wird, wie Widersprüche zwischen den selbständigen Einheiten (Systeme 1) und der Gesamtorganisation ausgetragen und entschieden werden, das muss laufend gelernt, reflektiert und weiterentwickelt werden und ist Teil eines systemischen OE Prozesses.

Üben ist bewusstes Tun.
Der Übende lernt übend.
Übung ist der Boden
auf dem Weg zur Meisterschaft

Das Viable System Model ist kein hierarchisches Modell. Das bedeutet, dass jeweils die Frage zu klären ist, wer in welchen Steuerungsstrukturen aktiv beteiligt ist, kompetent und verantwortlich mitarbeitet und entscheidet. Keinesfalls soll sich zwangsläufig die Hierarchie in den Systemen 1–5 abbilden und die Übergänge von System 5 zu 4 usw. durch hierarchische Befehlsgewalt «sicher»gestellt werden. Die Lebensfähigkeit der Organisation erfordert, dass viele Informationen, die in der Organisation vorhanden sind, genützt und beachtet werden. Somit sind im System 3 die Informationen der Systeme 1 sehr nützlich für die effiziente Gestaltung des operativen Alltags. Und bei Zukunftsfragen der Gesamtorganisation stehen die Informationen der Systeme 1 aus ihrer direkten Arbeit mit den Märkten zur Verfügung bzw. werden die strategischen Überlegungen und Entscheidungen durch die Führungskräfte der Systeme 1 in ihren Bereichen akzeptiert und selbstverständlich umgesetzt.

11 Noch zwei Landkarten als methodische Hilfen zur Strukturierung von Organisationen

Das oben skizzierte Viable System Model (VSM) von Stafford Beer ist ein Metamodell der erforderlichen Steuerungsstrukturen in Organisationen. Ob es in Prozessen der Neu- oder Umstrukturierung oder bei der Klärung von Führungsaufgaben, -kompetenzen und -verantwortlichkeiten explizit im OE-Prozess als Intervention verwendet wird oder als eine Hintergrundlandkarte für entsprechende inhaltliche Interventionen – die Arbeit mit dem VSM ermöglicht stets die Beachtung aller relevanten Steuerungsstrukturen, die lebensfähige Organisationen brauchen.

Beim konkreten Intervenieren in Organisationsentwicklungsprozessen brauchen Führungskräfte und Beraterinnen gerade bei Strukturveränderungen unterschiedliche Modelle, um an die Erfahrungen und Überzeugungen der beteiligten Führungskräfte und Mitarbeitenden anzukoppeln. Im Sinne eines breiten Interventionsrepertoires beschreiben wir im Folgenden noch zwei Landkarten als methodische Hilfen bei der Strukturierung von Organisationen:

- Darstellung der Geschäftsprozesse als Wertschöpfungskette mit Blick auf Marktgeschehen und Kunden
- Darstellung der Unternehmensstrukturen durch die Aufgaben der Organisationseinheiten im Hinblick auf den Wertschöpfungsprozess

Beide Modelle helfen, Systemprobleme zu erfassen und Entscheidungshilfen für die Weiterentwicklung der jeweiligen Organisationsarchitektur zu entwickeln. Aus ihnen ergeben sich Ansatzpunkte für Managementsysteme. Im Weiteren helfen sie Schwachstellen in Informations- und Entscheidungsstrukturen aufzudecken. Beide Modelle stellen einen anderen Zugang als das VSM bei der Bearbeitung der Strukturen in Organisationen vor, beinhalten jedoch Prinzipien des VSM oder konkretisieren bzw. erweitern einzelne Aspekte:

Geschäftsprozesslandschaft nach dem Leistungsmodell[82]

Um die komplex vernetzten Geschäftsprozesse überschaubar zu machen, müssen sie nach einer bestimmten Ordnung strukturiert sein. Zwei Fragen helfen, diese Struktur aufzubauen:

- Welche Leistung erbringt ein Prozess für die Organisation?
- Welcher Prozess verarbeitet den Output des einen Prozesses weiter?

oder

- Welcher Output des einen Prozesses ist der Input eines anderen?

Je nachdem, welche Leistung ein Prozess liefert, wird er einer der Prozessarten zugeordnet. Er kann sein ein

- Leitungs- bzw. Führungsprozess, der die grundsätzlichen Ziele vorgibt, die eine Organisation braucht, um ihre Vision zu erfüllen. Er schafft die Voraussetzungen, um Ziele erreichen zu können, und koordiniert die Leistungs- und Unterstützungsprozesse, so dass die Wachstumspotenziale ausgeschöpft werden. Solche Prozesse können je nach Ausrichtung und Gestaltung des Unternehmens z. B. das Controlling oder Qualitätsmanagement sein.
- Leistungsprozess oder Wertschöpfungsprozess mit dem Ziel, die Mission der Organisation zu erfüllen. Er definiert als Anforderungen an die Führungs- und Unterstützungsprozesse, was von ihrer Seite zur Erfüllung der Mission nötig ist. Dazu können zählen Fertigung, Entwicklung oder Lieferung.
- Unterstützungsprozess, der Arbeitsmittel, Werkzeuge, Personal, Qualifikation und Infrastruktur zur Verfügung stellt, z. B. Personal, Logistik, Marketing. Sie schaffen die Arbeitsvoraussetzungen für Führungs- und Leistungsprozesse.
- Verbesserungsprozess, der die anderen Prozessarten beobachtet, kontrolliert und nach Verbesserungsmöglichkeiten sucht, z. B. durch interne Audits, Projektkontrollen oder KVP.

82 Zum komplexen Prozess, eine umfassende Prozesslandkarte zu erstellen, siehe Wegner 2006.

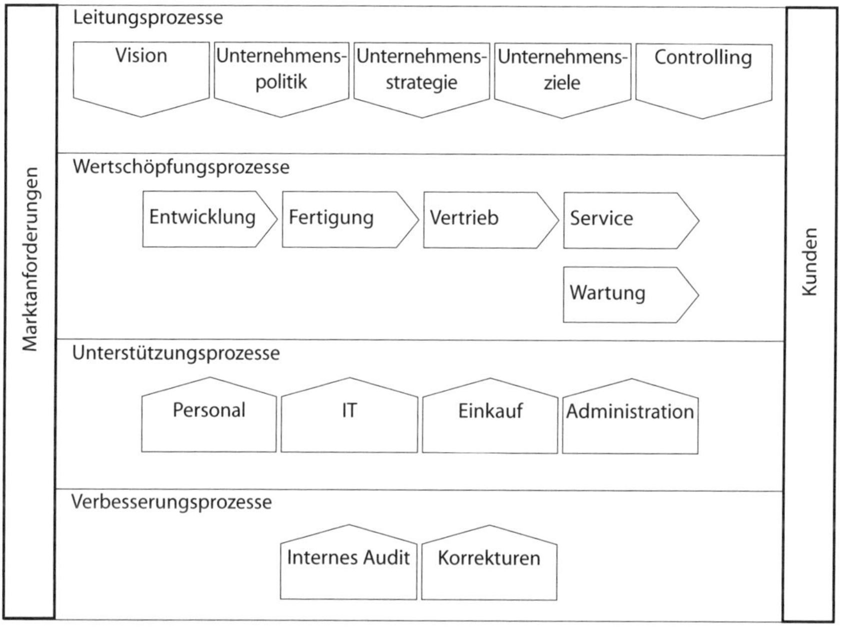

Vereinfachte Prozesslandkarte eines Fertigungsunternehmens

Unternehmensstrukturlandschaft

Einem ähnlichen Grundprinzip der Strukturierung wie das oben beschriebene Leistungsmodell folgt die Unternehmensstrukturlandschaft. Sie organisiert die normalerweise in einem hierarchisch aufgebauten Organigramm abgebildeten Organisationseinheiten in vier Strukturarten, deren Merkmale den oben beschriebenen Prozessen weitgehend entsprechen:

- *Steuerungsstrukturen (z. B. Geschäftsführung, Management, Unternehmenssteuerung)*
  Sie geben die Vision und die Ziele der Organisation vor und schaffen die Voraussetzungen, um diese Ziele erreichen zu können. Ihre Aufgabe ist außerdem die Koordination der anderen Organisationseinheiten bzw. die Vorgabe dazu geeigneter Rahmenbedingungen, um die Potenziale der Organisation effizient ausschöpfen zu können.
- *Unterstützungsstrukturen (z. B. Personal, Logistik, Marketing)*
  Sie schaffen die Arbeitsvoraussetzungen für die Organisationseinheiten, die das Kerngeschäft betreiben (Geschäftsstrukturen). Dazu stellen sie die rechtzeitige Verfügbarkeit aller Arbeitsmittel, der Werkzeuge, des Personals, der Qualifikation oder der Infrastruktur in der richtigen Menge sicher. In diesen Organisationseinheiten sind im Leistungsmodell der Geschäftsprozesse meist die Prozess-

verantwortlichen der einzelnen Unterstützungsprozesse angesiedelt. In der «Einfache Unternehmensstrukturlandkarte eines mittelständischen Unternehmens» sind sie als zuliefernde Pfeile zum zentralen Kerngeschäft dargestellt.

- *Geschäftsstrukturen*
  Die Organisationseinheiten und Teams der Geschäftsstrukturen betreuen das Kerngeschäft. In ihrer Struktur spiegelt sich der Umgang der Organisation mit dem Kunden wider, mit dem Ziel, die Mission der Organisation zu erfüllen. Zudem definiert sie als Anforderungen an die Führungs- und Unterstützungsprozesse, was von ihrer Seite zur Erfüllung der Mission nötig ist. Dazu können zählen Fertigung, Entwicklung oder Lieferung.
- *Entwicklungsstrukturen*
  Die Entwicklungsstrukturen sind die Einheiten, die den OE-Prozess im Unternehmen maßgeblich vorantreiben und ermöglichen. Ihre Aufgabe ist es, die Strukturen und die Aktivitäten der Organisation zu reflektieren und Entwicklungsprojekte zu betreiben. Hier können Projekte wie Auditierungen (Verbesserungsprozesse) angesiedelt sein oder speziell für den OE-Prozess installierte Gruppen (Entscheidungsgruppe, Resonanzgruppe, Steuerungsgruppe usw.),[83] aber auch jede formelle Struktur oder temporäre Einheit, die die Weiterentwicklung der Organisation zum Ziel hat.

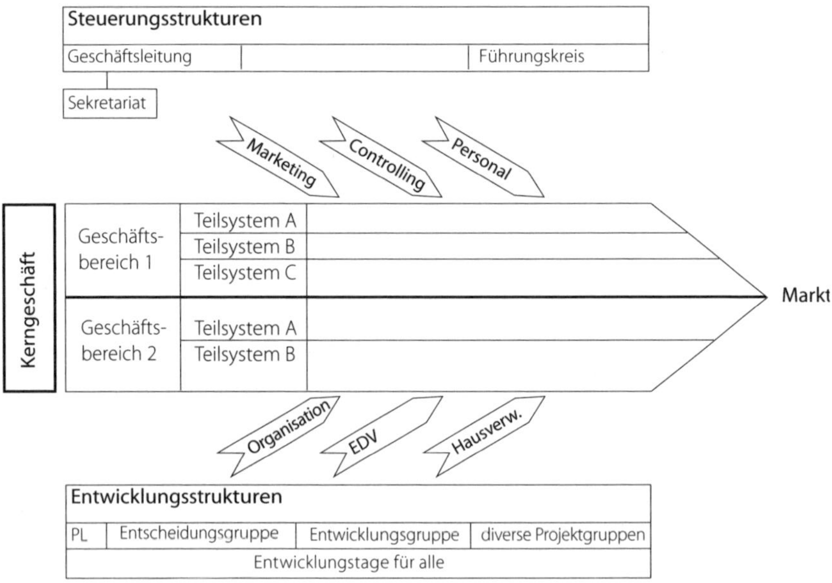

Einfache Unternehmensstrukturlandkarte eines mittelständischen Unternehmens

---

83 Eine Aufstellung interventionsarchitektonischer Elemente findet sich in Teil 2, Kapitel 4.2 Interventionsarchitektur, S. 95.

In einem ideal nach Marktanforderungen und Kundenbedürfnissen strukturierten Unternehmen müssten die beiden Landkarten fast deckungsgleich sein. Das heißt, der jeweilige Prozessverantwortliche ist im der Prozessart entsprechenden Strukturfeld angesiedelt.

12 Ein Leitbild für Führungskräfte und Beraterinnen

Alle bisherigen Ausführungen haben verdeutlicht: Das eigentliche Handwerkszeug der Entwicklungsberaterin ist sie selbst – mit ihren Fähigkeiten und Werten, ihrem Prozessgespür, ihrer Persönlichkeit und Wirkung, ihrem methodischen und Interventionsrepertoire. Egal, ob sie als externer Beraterin in die Organisation kommt oder als Führungskraft bereits in der Organisation etabliert ist, ist es hilfreich, sich zur Ausrichtung der eigenen Arbeit als Entwicklungsberaterin an einigen grundlegenden Gedanken zu orientieren.

Das folgende Leitbild hat sich in unserer Praxis als wichtige Handlungsmaxime erwiesen.[84]

Wertschätzende Akzeptanz, Haltung (Selbstwert und Selbstannahme)

Als professionelle Grundhaltung, aber auch als Lebenszustand verstehen wir die wertschätzende Akzeptanz, aus der heraus der Entwicklungsberater handelt. Das bedeutet, Menschen an sich zu mögen und zu akzeptieren. Zu würdigen, was war, gehört genauso dazu wie das, was ist, anzunehmen und mit beidem in die Zukunft zu gehen. Voraussetzung ist ein tiefer Respekt für sich selbst sowie die ständige Arbeit am eigenen Selbstwertgefühl. Wertschätzende Akzeptanz ist damit keine Methode, die man erlernt, aber eine Grundhaltung die man ständig bewusst üben und reflektieren muss. Sie ist die Basis für alle im Folgenden aufgezählten Leitmotive.

Funktionsbewusstsein + Rollenflexibilität

Der Entwicklungsberater wird von Organisationsmitgliedern immer wieder «eingeladen», Leitungsfunktionen zu übernehmen. Auf die Führungskraft wiederum lauern immer wieder Gelegenheiten, als Berater oder als Coach z. B. ihrer Mitarbeiter aufzutreten. Häufig versteckt sich hinter diesem Angebot eine Grenzüberschreitung in der Beziehung zum anderen. Ebenso wichtig ist es, die Rolle flexibel zu wechseln. Um die Ressourcen, die in jeder Rolle stecken, vollständig nutzen zu können, ist eine deutliche Abgrenzung und Klarstellung der aktuellen

84 siehe auch Pechtl 1989, S. 195 f.

Rolle wichtig. Ohne sich laufend der eigenen Funktion bzw. Funktionen bewusst zu sein, die man im laufenden Prozess ausübt, ist ein flexibler, nutzenstiftender Rollenwechsel kaum denkbar.

Dahinter steht der Anspruch: Sei dir deiner verschiedenen Funktionen, ihrer Möglichkeiten und Grenzen stets bewusst und sei jederzeit bereit, die Rolle zu wechseln und – offen kommuniziert – voll und ganz zu besetzen.

Zielorientierung + Prozessorientierung
Weil ein Beratungsauftrag an ein Ziel gekoppelt ist und Unternehmen die Zielerreichung prüfen, muss auch der Entwicklungsberater sein Mögliches beitragen, um die Wahrscheinlichkeit zu erhöhen, ein definiertes Ziel zu erreichen. Obwohl wir nicht in die Zukunft blicken können und die Wirkung unserer Handlungen nicht hundertprozentig kalkulierbar ist, weil die Folgen gleichzeitiger Ereignisse nicht bekannt sind, ist es wesentlich, was wir tun. Es ist meist klar vorhersagbar, was uns dem Ziel auf keinen Fall näher bringt. Außerdem sind begründete Prognosen möglich, wenn die wesentlichen Faktoren und die Mechanismen ihrer Wechselbeziehungen einkalkuliert werden. Die Unberechenbarkeit sozialer Systeme und Menschen stellt meist kein Problem dar, da «sie sich so verhalten, als ob sie berechenbar wären (d.h. sie verzichten meist darauf, ihren tatsächlichen Freiraum auszuschöpfen)».[85]

Zur Steuerung dieser unberechenbaren Systeme muss man passende Modelle ihrer internen Dynamik entwickeln. Grundsätzlich ist ein prozessorientierter Blick auf die Abläufe im Beratungsprozess und ein flexibles Anpassen an ihre Veränderungen notwendig. Bei der Arbeit in Organisationen ist es außerdem hilfreich, die Geschäftsprozesse zu betrachten.

Insgesamt gilt, wer ein System, egal, ob Mensch oder Organisation, gut versteht, der kann sich auch zielorientiert verhalten und kontraproduktives Verhalten vermeiden.

Disziplin
Um zielgerichtetes Handeln zu ermöglichen, darf man nicht nur das Ziel im Blick haben. Es ist unabdingbar, außerdem die möglichen Folgen des eigenen Handelns im Blick zu haben. Ein Blick in die Zukunft ist uns nicht möglich. Dank klarer Aufgaben, eindeutiger Aussagen und fixer Vereinbarungen gelingt es uns trotzdem, einen Blick auf die wahrscheinlichen Folgen von Interventionen zu wagen und uns daran zu orientieren. Ausschlaggebend für eine gute Zusammenarbeit ist das Ermöglichen dieser Orientierung auch für die anderen. Dies erfordert Verbindlichkeit und die Disziplin, sich nicht nur an Abmachungen und

85 Simon F.B. 2006.

Regeln zu halten, sondern ihre Verbindlichkeit auch zu garantieren, wenn es schwerfällt. Wenn Vereinbarungen trotz größter Anstrengungen nicht eingehalten werden können, braucht es die Disziplin, dies rechtzeitig zu erkennen (ständige Beobachtung und Überwachung) und vermutete Abweichungen so frühzeitig anzusprechen, dass davon Betroffene die Chance haben, angemessen zu reagieren.

Vereinbaren Sie verbindliche Regeln und überwachen Sie deren Einhaltung – vor allem durch Sie selbst – und kommunizieren Sie unvermeidbare Abweichungen frühzeitig, damit man sich auf Sie und Ihre Aussagen verlassen kann.

Reflexionsbereitschaft

Wie es in der Organisationsberatung um Veränderungen geht, so sind, wie oben beschrieben, wir als Berater oder Führungskräfte ebenfalls ständig mit (Ver-)Änderungen konfrontiert. Um diese Entwicklungen zu meistern, ist es zunächst notwendig, sie überhaupt zu erkennen.

Um Menschen und Organisationen zu verstehen, machen wir uns ein Bild von ihnen, ihren Vorlieben, Motiven und Absichten. Gleichermaßen werden wir betrachtet. Die Interessen von Organisationsmitgliedern, Kollegen und Organisationseinheiten zu kennen hilft uns, adäquates Verhalten zu entwickeln und uns auf sie einzustellen. Adäquate Verhaltensweisen setzen möglichst umfangreiche Kenntnis der eigenen Strukturen voraus. Dies erfordert eine hohe Reflexionsbereitschaft, sich selbst zu kennen und zu erkennen. Eine Quelle für ständige Verbesserungsmöglichkeiten bietet uns also der «blinde Fleck».

Ressourcenorientierung (Können- und Fähigkeitsorientierung)

Die systemische Denkweise orientiert sich an dem, was gelingt, und nicht an dem, was misslingt. Das problematische Verhalten gilt als eine der Möglichkeiten im großen Repertoire aller Verhaltensvarianten.

«Menschen verfügen an jedem Punkt ihrer Entwicklung über eine Vielzahl von Möglichkeiten, sie entschließen sich aber – aus subjektiv respektablen Gründen – vieles von dem, was sie tun könnten, zumindest vorläufig noch nicht (oder nur manchmal) zu tun.»[86]

Auch Organisationen tragen das Potenzial zur positiven Entwicklung in sich. Deshalb lassen sich immer Aspekte finden, die es zu stärken oder auszubauen gilt. Dies können Fähigkeiten, (Kern-)Kompetenzen, Strukturen, Hierarchien, Werte, Leitbilder, strategische Überlegungen, Zielsetzungen, Kontakte, Beziehungen, Produkte, Abläufe usw. sein.

86 von Schlippe/Schweitzer 1996, S. 124 f.

Orientieren Sie sich an dem, was die Mitglieder der Organisation können oder die Organisation kann, fragen Sie, wozu die Organisation aufgrund ihrer Fähigkeiten in der Lage ist, und lösen Sie sich vom Problem-Talk.

Grenzen (be-)achten
Grenzen können auf verschiedene Art gehandhabt werden. Zunächst besteht die Wahl zwischen akzeptieren und mit ihnen umgehen oder sie überschreiten. Letzteres ist meist wenig dienlich und erzeugt sofort Widerstände. Auch der Umgang mit anerkannten Grenzen lässt Spielraum zu. Starr gehandhabte Grenzen, die keine Beweglichkeit zulassen, hemmen auch Entwicklungsmöglichkeiten, da die ganze Kraft entweder auf das Aufrechterhalten der Grenzlinie oder auf ihre Umgehung konzentriert wird. Der Widerstand ist auch hier vorprogrammiert. Grenzen, die zu vage definiert sind, verursachen dagegen Chaos und Verunsicherung. Keiner der Beteiligten kann ein klares Bild über seine Aufgaben und Rollen entwickeln. Grenzen, die zum einen klar gehandhabt und offen ausgesprochen werden, zum anderen aber bei Bedarf durchlässig gemacht werden, schaffen am meisten Funktionalität in der Zusammenarbeit.

Grenzen müssen also nicht unüberwindbar fix gezogen werden. Vielmehr braucht es deutlich kommunizierte Grenzen, z. B. bei Aufgabenverteilungen und Zuständigkeiten. Gleichzeitig ist es wichtig, gewünschte, angekündigte oder erfragte Grenzübertretungen zuzulassen und zu ertragen, sich gegen Übergriffe aber zu wehren. Gleichzeitig erfordert das Übertreten einer durchlässigen Grenze viel Fingerspitzengefühl und die Verantwortung, nicht sofort in den Bereich des anderen einzudringen, nur weil es gerade praktikabel erscheint. Die Achtung von gesetzten Grenzen ermöglicht erst ihre Durchlässigkeit.

Ebenen bewusst wahrnehmen und wechseln
Wir agieren auf unterschiedlichen Ebenen, die je nach Situation auch unterschiedliche Bedeutungen haben. Wichtig ist, ein breites Verständnis für diese Ebenen (z. B. Macht, Inhalt, Beziehung, Zeit) aufzubringen und sich ihrer Präsenz und Wirkungen stets bewusst zu sein. Für den Erfolg von Entwicklungsprozessen ist es z. B. notwendig zu berücksichtigen: Was braucht wie viel Zeit? Wie wird auf Zeitabsprachen regiert? Wann kommt es dabei zu Widerständen? Wer will oder soll wann informiert/integriert werden?

Instrumente, Modelle, Hilfsmittel offen einsetzen

Egal, welche Intervention vorgenommen wird, welche Hypothese die Grundlage der Arbeit ist, sie werden nicht verheimlicht oder gar manipulierend eingesetzt. Wir gehen davon aus, dass jedes Organisationsmitglied die Fähigkeit hat, aus dem Wissen über Instrumente, Modelle und Hilfsmittel etwas Gutes zu machen. Deshalb ist Offenlegung der Hintergründe und Offenheit über die eigene Sicht ein wesentlicher Faktor in der Führungs- und Beratungsarbeit. Wie und wann diese Informationen gegeben werden, kann im Zusammenhang einer Intervention allerdings einen großen Unterschied machen.

Körperbewusstheit
Über körperliches Gleichgewicht erreicht man gleichermaßen Stabilität und Flexibilität. Beides sind in der Organisationsberatung wichtige Fähigkeiten. Das Wissen über eigene Bewegungsmuster, muskuläre Reaktionen oder sonstige Abläufe im Körper hilft Abweichungen zu erkennen und zu nutzen. Da sich geistige Konzentration und körperliche Präsenz gegenseitig bedingen, liefert Aufmerksamkeit für den Körper einen guten Zugang zur Person und Persönlichkeit.

Wer kennt nicht die Wirkung, die die Atmung auf die Stimme und damit zu guter Letzt auf Verhandlungen hat, oder die Wirkung der Körperhaltung auf das Selbstbewusstsein und Auftreten. Auch plötzliche Kopfschmerzen, Verspannungen oder ein «komisches Gefühl in der Magengegend» sind allen bekannt. Bei genau*f*erer Beobachtung kann man feststellen, dass sich diese Reaktionen bei bestimmten Themen einstellen oder bei bestimmten Begegnungen. Wer seine körperlichen Reaktionen auf Umwelteinflüsse kennt, kann sie nutzen, wenn er ihnen in anderen Situationen wieder begegnet.

In Erinnerung an bekannte Auslöser lassen sich ausgezeichnete Arbeitshypothesen konstruieren.

Handlungsorientierung
Um Entwicklungen zu erreichen, ist Aktivität erforderlich. Selbstbestimmtes und motiviertes Anpacken und Umsetzen von Ideen und Handlungsvorschlägen bestimmt ein erfolgreiches Projekt. Ob es nun das Zugehen auf ein Organisationsmitglied, das Ansprechen von Führungsthemen oder die Dokumentation im Projekt ist, ein aktives Handeln mit Kopf (Wissen) Herz (Wollen) und Hand (Können) muss sich jeder zu eigen machen. Außerdem ist eine Förderung der entsprechenden Kompetenz durch regelmäßiges Aufzeigen und Besprechung von Handlungsfeldern im Entwicklungsprojekt hilfreich.

Orientiert an den Werten des Leitbildes für Berater und Führungskräfte, achtet systemisch ausgerichtete Entwicklungsberaterin besonders darauf, dass

- die wesentlichen Veränderungen im Alltag stattfinden.
  Das heißt, sie müssen, z. B zwischen den Sitzungen, eingeübt werden. Daraus folgt, dass Termine für Sitzungen oder Klausuren in der Regel in größeren Abständen vereinbart werden müssen.

- Veränderungen eher an den Beziehungen zwischen Personen oder Organisationseinheiten ansetzen als an den Personen selbst.
  Das schließt jedoch nicht aus, dass es Ziel der systemischen OE ist, auch Veränderungsprozesse bei Einzelpersonen, im Besonderen bei Führungskräften, zu initiieren
- sie eine neutrale Haltung einnimmt.
  Das bedeutet, dass auf längere Sicht weder Einzelpersonen, Einzelinteressen, Einzelmeinungen usw. bevorzugt werden. Die gelebte Grundhaltung ist die des «Sowohl-als auch». Dazu gehört ebenfalls, nicht vertretene Tendenzen in eine Diskussion oder Überlegung mit einzubringen.
- die Fähigkeiten der Klienten im höchstmöglichen Maße genützt und aktiviert werden.
- sie bei aller Bemühung, durch Modelle die Wirkung von Interventionen vorhersehbar zu machen, deren Folgen eben nicht planen, berechnen kann. Weil die Reaktionen der Klienten von deren eigenen Zuständen mitbestimmt werden, ist sie immer auf Überraschendes gefasst.[87]
- sie konsequent auf Lösungen und Ressourcen fokussiert statt auf Probleme und Defizite und damit Energien für die Zukunftsgestaltung der Organisation(seinheit) aktiviert, anstatt sie im Tanz um das Problem zu binden.
- es stets mehr als eine richtige Lösung gibt und dass die Klienten zur Auseinandersetzung mit Lösungsalternativen und deren Konsequenzen anzuregen sind.
  Dies gilt auch für Fachfragen. In der Regel gibt es auch hier mehr als eine richtige Lösung!
- sie flexibel mit der Nähe und Distanz zur Organisation spielt.
  Sie muss einerseits als Teil des Systems angenommen werden und angekoppelt sein, um wirkungsvoll agieren zu können. Andererseits muss sie aber auch die Außenperspektive wahren, um das Geschehen mit ihrem eigenen Anteil reflektieren zu können: Welches Muster ist gerade im Gange? Welche Situation und welche Regeln schaffen wir uns gemeinsam? Wozu trage ich bei?
- sie einzelne Phänomene nicht isoliert betrachtet, sondern in Beziehung zueinander setzt und das Denken in Relationen fördert.
- sie wo immer möglich die Verantwortlichkeit jeder einzelnen Person und die Erweiterung der Handlungsalternativen fördert.

---

87 Beatson hat diese Tatsache folgendermaßen illustriert: Es ist ein Unterschied, ob ich einen Stein oder einen Hund trete.

Dazu gehört, dass sie die Klienten unterstützt bei der Schulung ihrer Fähigkeit, selbst Situationen und Möglichkeiten zu prüfen, Lösungsalternativen auszuwählen und über weitere Schritte zu entscheiden.

***Der Mann, der auf dem Wasser ging*[88]**

Eine Geschichte zum hilfreichen Umgang mit Wissen, Grenzen und Regeln – und diesem Aktionshandbuch

Ein dem Herkömmlichen verbundener Derwisch aus einer strengen frommen Schule wanderte eines Tages am Ufer eines Flusses entlang. Er war vertieft in Gedanken über moralische und gelehrte Probleme, denn das war die Art der Sufischulung, zu der es in der Gemeinschaft, der er angehörte, gekommen war. Er stellte die fromme Bewegtheit des Gemütes mit dem Suchen nach der letzten Wahrheit auf dieselbe Stufe. Plötzlich wurden seine Gedanken von einem lauten Rufen unterbrochen. Jemand rief, und er rief den Derwischruf. Der Derwisch aber dachte bei sich: «So hat das keinen Zweck, denn der Mann spricht die Silben falsch aus. Statt Ya Hu zu intonieren, sagt er U Ya Hu.» Dann wurde ihm klar, dass er als besserer Kenner dieser Übung die Pflicht habe, den unglücklichen Menschen zu korrigieren, der vielleicht nicht richtig angeleitet worden war und daher einfach nur versuchte, sein Bestes zu tun bei der Einstimmung auf das Wesentliche, das hinter den Lauten liegt. So mietete der Derwisch ein Boot und fuhr zu der Insel hinüber, die mitten im Strome lag und von der die Rufe zu kommen schienen. Dort fand er einen mit dem Derwischgewand bekleideten Mann in einer Schilfhütte sitzen. Er wiegte sich im Takt des einweihenden Derwischrufes, den er wieder und wieder ertönen ließ. «Mein Freund», sagte der erste Derwisch, «du sprichst die Worte falsch. Es ist meine Pflicht, dir das zu sagen, denn es ist verdienstlich, Rat zu geben und Rat zu empfangen. Du musst die Worte auf folgende Weise intonieren» – und er zeigte es ihm.
«Ich danke dir», sagte der andere Derwisch demütig. Der erste Derwisch stieg wieder in sein Boot, voller Zufriedenheit, weil er etwas Gutes getan hatte. Immerhin heißt es, dass der Mensch, der die heilige Formel korrekt wiederholt, sogar auf dem Wasser wandeln kann; er hatte das noch nie gesehen, hoffte jedoch noch immer – aus irgendeinem Grunde –, es einmal zuwege bringen zu können. Nun hörte er nichts mehr aus der Schilfhütte, aber er war sicher, dass sein Unterricht gut aufgenommen worden war. Dann aber hörte er ein gestammeltes U Ya – denn der zweite Derwisch rief den Ruf wieder auf die alte Art… Während der erste Derwisch sich hierüber noch Gedanken machte und über die Verderbtheit der Menschheit und die Hartnäckigkeit des Irrtums im Allgemeinen nachsann, bot sich ihm plötzlich ein merkwürdiger Anblick: Der andere Derwisch kam von der Insel zu ihm herübergelaufen – ja, er wandelte auf dem Wasser… Verblüfft ließ er die Ruder sinken. Der zweite Derwisch kam zu ihm heran und rief: «Bruder, es tut mir leid, dir Mühe zu bereiten, aber ich musste herkommen, um dich noch einmal nach dieser Methode zu fragen, damit ich die Worte auf die richtige Weise wiederhole, habe ich doch Schwierigkeiten, es zu behalten.»

88 Shah 1984.

Teil 2
OE-Prozesse in der Praxis

1 Zwischenbilanz

Der Langsamste, der sein Ziel nicht aus den Augen verliert, geht immer noch geschwinder als der, der ohne Ziel umherirrt.

Gotthold Ephraim Lessing (1729–81)

Haben Sie die Erkenntnisse aus dem ersten Teil des Buchs auf ihre Organisation und Situation übertragen, sind Ihnen vermutlich erste Ansatzpunkte für ihren OE-Prozess aufgefallen. Das sind oft Situationen oder Faktoren, die als kritisch erlebt werden und einen gewissen Leidensdruck erzeugen. Oft werden die ersten Anzeichen von Krisen verkannt oder nicht ernst genommen, da sie sich in den Arbeitsalltag nur langsam und allmählich einschleichen:

Ein allmähliches Ansteigen der Reklamationen, die Zunahme krankheitsbedingter Abwesenheit, schwelende Konflikte zwischen Abteilungen, Reibungen bei einem Generationenwechsel in der Führung, sinkende Qualifikationen der Mitarbeiter (fachlich, beruflich und persönlich), rückläufige Erträge, Verunsicherung infolge neuer Technologien, verlangsamte Umsetzung von Ideen, Projekte versanden immer häufiger, Veränderungen in Märkten und in der Wettbewerbssituation usw.

Erst der zunehmende Leidensdruck bewirkt den Wunsch nach einer Veränderung, der entweder Schubkraft durch eine Weg-von-Haltung oder Zugkraft durch eine Hin-zu-Haltung erreicht. Typische Sätze, die auf eine Weg-von-Haltung hinweisen sind «Wir müssen unbedingt weg von…» oder «Das darf uns nie wieder passieren». Die aktuelle Krise wird als so unerträglich erlebt, dass nur noch der Fluchtgedanke zählt. Der übermächtige Drang, in eine andere Konstellation zu gelangen, verhindert bei dieser eher problemorientierten Haltung die Beschäftigung mit dem Bild einer neuen, erwünschten Situation.

Die Folge kann sein:

- eine lähmende Schwere in der Organisation, die jede Veränderung zu blockieren scheint,
- blinder Aktionismus, um möglichst schnell irgendeine Veränderung zu bewirken. Dies führt selten zu einer Verbesserung der Situation, da wir uns nicht die Zeit nehmen, bewusst Werte, Normen, Strukturen, Strategien, Geschäftspraktiken und Führungsstile zu hinterfragen. Stattdessen verdoppeln wir die Blockierung.

Die Hin-zu-Haltung spürt man dagegen in Aussagen wie «Wir wollen hin zu ...» oder «Wir müssen ... erreichen». Sie ist geprägt von der Auseinandersetzung mit Alternativen zur praktizierten Unternehmensrealität. Die Hin-zu-Haltung ermöglicht die Kreation von Visionen, Zielen, Veränderungsideen, die Zugkraft entfalten. Doch auch diese eher ressourcenorientierte Zugkraft kann von blindem Aktionismus gefolgt sein, wenn ohne Reflexion der aktuellen Situation und des aktuellen Tuns einseitig auf das gewünschte Zielbild zugearbeitet wird. Dann ist die Wahrscheinlichkeit groß, statt verändernder Interventionen mehr vom selben zu tun.

Mit dem Wissen um die Entwicklungsphasen einer Organisation, um die Organisationstypen, die Strategien der Veränderung, wird vermutlich deutlich, wohin der eingeschlagene Weg führen kann, und eine Neuorientierung wird möglich.

Auf der Basis der in den Basistexten beschriebenen Prinzipien, Ziele und Ansatzpunkte von OE können Sie nun Ihre Haltung hinsichtlich Möglichkeiten und Grundhaltungen der OE für sich selbst und Ihr OE-Projekt oder Ihre Organisation(seinheit) reflektieren:

Hilfreiche Fragen für eine Zwischenbilanz zum theoretischen Unterbau der OE:
- Worüber brauche ich noch genauere Informationen?
- Was würde mich vertieft interessieren?
- Wo kann ich mir diese Informationen holen?
- Welche Eindrücke von der Organisation habe ich noch nicht überdacht?

Hilfreiche Fragen für eine Zwischenbilanz zu Ihrer Vernetzung im OE-Bereich (manchmal ist es wichtig, mit anderen Menschen über deren OE-Erfahrungen zu sprechen):
- Mit welchem OE-Berater will ich Kontakt aufnehmen?
- Wer ist mir bekannt, der selbst in einem OE-Prozess mitarbeitet?
- Welches Supervisions- oder Ausbildungsangebot bietet mir den hilfreichen Kontakt?

Hilfreiche Fragen für eine Zwischenbilanz zum geplanten Prozess – ganz für sich allein oder in einem beratenden Gespräch:
- Was ist meine ganz persönliche Motivation?
- Bin ich eher «hin zu» oder «von weg» orientiert?
- Mit welchem Gefühl gehe ich an die Sache heran?
- Was ist mein persönlicher Bezug dazu?
- Wieweit will ich mich als Initiator eines Prozesses exponieren?
- Welche Fragen zum theoretischen Unterbau der OE habe ich jetzt noch?

2 Einige Bemerkungen im Voraus

2.1 Über Modelle und deren Grenzen allgemein

Wie die Ausführungen zu den Grundlagen des OE-Prozesses gezeigt haben, ist es ein Wesensmerkmal von OE, dass jeder Prozess einmalig, organisationsspezifisch und nicht kopierbar ist.

Was generell über die Grenzen von Modellen als (verkürztem) Abbild einer komplexeren Wirklichkeit zu sagen ist, muss umso mehr für die Darstellung eines OE-Prozesses gelten:

Modelle, und damit auch die folgenden Beschreibungen, bieten einerseits einen Handlungsrahmen, der das Typische, die Muster herausstreicht. Andererseits werden sie sich aber in konkreten Situationen als unzulänglich, als zu grober Raster erweisen.

Wir haben einen Grenzgang angestrebt zwischen der Darstellung von Typischem (bezogen auf Phasen, Methoden, Elemente usw.) und vereinfachenden Generalisierungen. Letztere könnten eine vielleicht verlockende, aber trügerische Sicherheit bieten.

Erwarten Sie schon deshalb keinen detaillierten, speziell für Sie ausgearbeiteten Reisevorschlag entlang der Landkarte der OE und kein Konzept für einen OE-Prozess in genau Ihrer Organisation. Was Sie jedoch erwarten können, sind Typisierungen und Idealverläufe, die aus fundierten Erfahrungen unserer OE-Reisen entstanden sind.

Denken Sie an die folgende Geschichte,[89] wenn Ihr Rezepte sammelnder Teil sich regt:

> *Ein Maultier, das mit Salz beladen war, musste durch einen Fluss waten. Es fiel hin und blieb einige Augenblicke in der kühlen Flut liegen. Beim Aufstehen fühlte es sich um einen großen Teil seiner Last erleichtert, weil das Salz im Wasser geschmolzen war. Das Maultier merkte sich diesen Vorteil und wandte ihn gleich am folgenden Tage an, als es, mit Schwämmen belastet, wieder durch ebendiesen Fluss ging. Diesmal fiel es absichtlich nieder, sah sich aber arg getäuscht. Die Schwämme hatten nämlich das Wasser angesogen und waren bedeutend schwerer als vorher. Die Last war so groß, dass es erlag. Merke: Ein Mittel taugt nicht für alle Fälle.*

Solche Geschichten können erfahrungsgemäß respektvolle, nützliche und schöne Interventionen sein, wenn Sie Kollegen, Vorgesetzte und mögliche Projektpartner zur Diskussion über derartige Erwartungen anregen wollen.

89 Aus Langmaack/Braune-Krickau 1987, S. 17.

2.2 Zum Phasenmodell der OE

Aus unseren OE-Beratungen und der Auseinandersetzung mit verschiedenen Theorien des Wandels haben wir ein Modell mit sieben (idealtypischen) Phasen entwickelt.

Die konkrete Ausgestaltung der einzelnen Phasen ist sehr variabel. Über Einsatz und Verwendung von Methoden und Arbeitsformen, den Zeiteinsatz, die Beteiligung der Betroffenen entscheiden Sie situationsbezogen und damit ebenfalls variabel. Wesentlich ist, ein Verständnis dafür zu entwickeln, worum es in der jeweiligen Phase geht, was erreicht und beachtet werden soll.

Das Grundprinzip dabei ist, dass jede Phase eine Prozess-Ganzheit ist, das heißt, dass die wesentlichen Prinzipien des OE-Prozesses in jeder einzelnen Phase insgesamt zur Anwendung kommen. Damit erfahren die am OE-Prozess Beteiligten bereits in den ersten Projektphasen OE als Ganzes.

Die Phasen in der idealtypischen Abfolge sind:
- Orientierungsphase
- Phase der Situationsklärung und Zukunftsmodellierung
- Phase der Zielfindung (Entwicklungsfelder und Veränderungsziele)
- Installieren der Steuerungsstruktur
- Informieren des Gesamtsystems
- Bearbeiten der ausgewählten Ziele (in Teilprojekten)
- Absichern des OE-Prozesses

Berater oder Begleiter von OE-Prozessen stehen vor einer zweifachen Herausforderung. Sie müssen sich einerseits auf die jeweils einmalige, bruchstückhafte, verwirrende, bunte, überraschende Situation, wie sie von den Organisationsmitgliedern präsentiert wird, verstehend einlassen, um die die nötige Basis für eine konstruktive Beratungsbeziehung während der folgenden Schritte zu schaffen. Andererseits müssen sie genügend Distanz wahren, um nicht in der Fülle der angebotenen Details und Facetten zu «ertrinken» oder «ins System zu fallen», indem Zuschreibungen und Beschreibungen des Klientensystems übernommen werden. In diesem Fall gerät der Berater in denselben Sog, in dem sich das Klientensystem befindet. Eine andere Blickrichtung einzunehmen wird ihm erschwert, da er auch die Dynamik des Klientensystems übernimmt. Seine Fähigkeit, Alternativen aufzuzeigen und zu neuen Möglichkeiten anzuregen, wird dadurch erheblich beeinträchtigt oder geht gar verloren.

Das Modell unterstützt Sie dabei, den Blick offenzuhalten und zu neuen Möglichkeiten anzuregen,

- indem die Präsentation und Diskussion der Phasen und der zugrunde liegenden Ziele mit den Organisationsmitgliedern Unsicherheit reduzieren kann,
- indem es Ihnen wie eine Art «Kleiderständer» hilft, die Gleichzeitigkeit von Problemen, Wünschen, ersten Lösungsvorschlägen zu ordnen und bei manchem auf eine spätere Phase zu verweisen, ohne dass solche Beiträge auf Nimmerwiedersehen untergehen,
- indem Sie allein oder mit professioneller Begleitung das Geschehen reflektieren:
  - Wo stehen wir im Prozess?
  - Was ist sinnvollerweise der nächste Schritt?
  - Worauf sollten wir noch achten, bevor wir zur nächsten Phase übergehen?
- indem Sie Abweichungen in der Vorgehensweise als erklärungsbedürftig definieren, damit sich Veränderungen im Prozess nicht unreflektiert einschleichen oder ergeben.

Weil wir in unserer Arbeit Organisationen als soziale Systeme betrachten, die Art und Weise unserer Entwicklungsberatung sich an den systemischen Interventionsstrategien orientiert und Veränderungen durch Entwicklung stattfinden sollen, sprechen wir auch vomsystemisch-evolutionären Phasenmodell der OE.

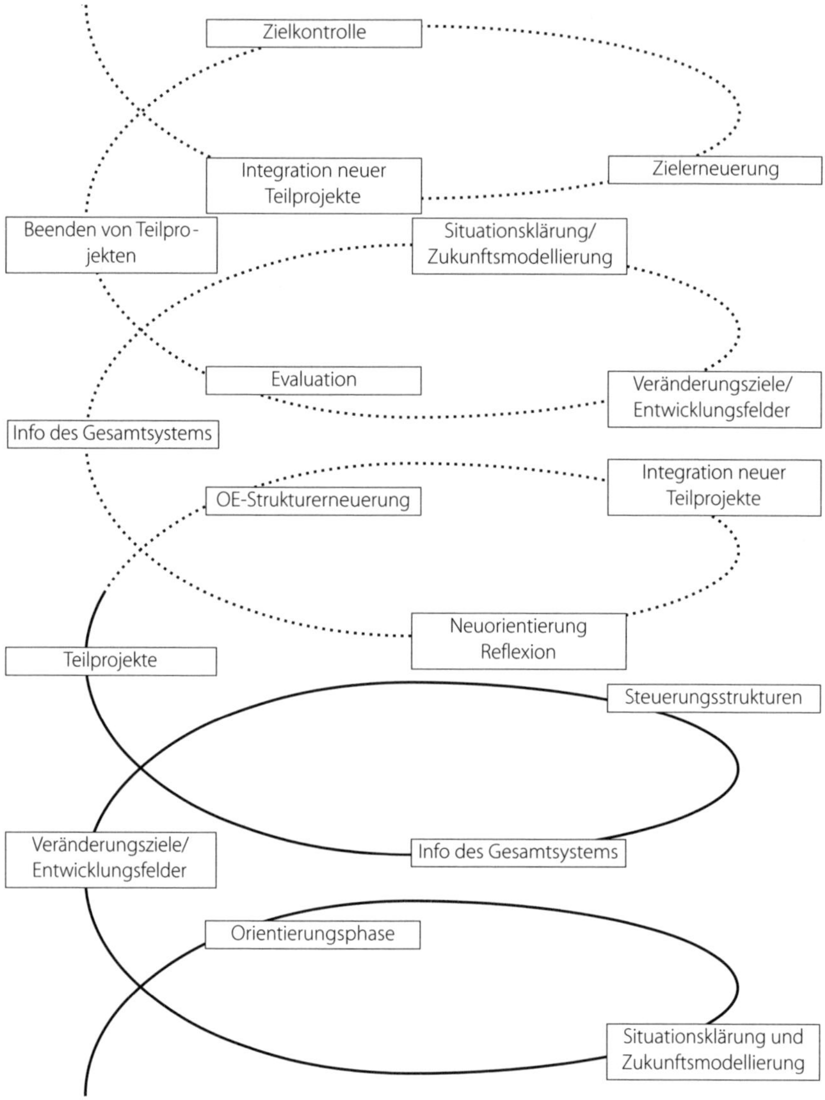

Das Phasenmodell der OE

Idealtypisch durchläuft ein OE-Prozess die Phasen eins bis sechs in dieser Reihenfolge. Das wird symbolisiert durch die dicke Linie in der Abbildung. Die Phasen und ihre idealtypische Abfolge beschreiben wir ab Seite 129 im Überblick. Detailliert gehen wir auf jede Phase im drittten Teil des vorliegenden Aktionshandbuches ein.

Die weitere Gestaltung des Prozesses beruht immer wieder auf den Prinzipien dieser Phasen.

Nachdem beispielsweise einige vereinbarte Veränderungsziele in Teilprojekten und/oder im Rahmen vorhandener Funktionen, bearbeitet worden sind, ist erneut eine Orientierung, Standortbestimmung und Situationsklärung erforderlich, die zu neuen Veränderungszielen und Teilprojekten, zu einer neuerlichen Information des Gesamtsystems und zur Erneuerung der Steuerungsstruktur führen kann.

Welche Schritte jedoch im konkreten Fall in weiterer Folge erforderlich sind, kann weder hier noch zu Beginn eines OE-Prozesses vorausgesagt werden. Die weiteren Schritte bzw. ihre Reihenfolge ergeben sich aus dem jeweiligen Prozessverlauf und sind in unserem Modell daher nur beispielhaft (gestrichelte Linie) angeführt.

Die Helix als Gestaltungssymbol:
Wir haben als Darstellungsform die spiralförmige Helix gewählt. Einmal, weil die Spirale ein wesentliches formales Gestaltungsprinzip in der Natur ist, im Bau von Pflanzen und Schneckenhäusern ebenso wie in galaktischen Spiralnebeln oder im Tornado. Zum anderen, weil sie als Symbol für ein dynamisches, evolutionäres Weltbild steht. Die Helix steht aber auch zur Verdeutlichung, dass der OE-Prozess nicht linear verläuft, sondern sich in aufsteigenden Bahnen weiterentwickelt. So ist zum Beispiel eine Situationsklärung im weiteren Verlauf des Prozesses nicht dasselbe wie beim ersten Mal zu Beginn des Prozesses.

Durch die Erfahrungen der Beteiligten im Laufe des Prozesses im Umgang miteinander und mit den Veränderungsthemen findet die nächste Situationsklärung auf einem höheren Niveau statt. Sie baut auf den mittlerweile gewonnenen Informationen und weiterentwickelten Fähigkeiten zur Diagnose, zur Bearbeitung kritischer Themen oder zur Reflexion auf. Es kommt also im Prozess zu Phasenwiederholungen, aber nicht zur Rückkehr zu einer Phase.

Sind in der dritten Phase relevante Veränderungsziele für den OE-Prozess vereinbart, gliedert sich die Bearbeitung der einzelnen Themen wiederum in eine vertiefte Orientierung, Situationsklärung usw. Das OE-Modell ist rekursiv, das heißt, jedes Teilthema oder -projekt spiegelt die Struktur des Gesamtprozesses wider.

2.3 Zum Faktor Zeit in einem OE-Prozess

Jede Entwicklung hat ihre Eigen-Zeit. Was im ersten Moment wie ein Gemeinplatz klingt, ist von großer Bedeutung für OE. Jede Organisation hat ihr spezifisches Tempo für Veränderungen und Entwicklungen. In den ersten Schritten des OE-Prozesses zeigen sich die allgemeinen Regeln, die Veränderungsbereitschaft und -geschwindigkeit der jeweiligen Organisation: Das Projekt kann zügig-forsch oder zaghaft-zögernd in Angriff genommen werden. Der Berater wird sich sowohl auf das Tempo der Organisation einschwingen als auch zur Reflexion darüber anregen, indem er die Zeit selbst zum Thema macht. Es gibt in der systemisch-evolutionären OE keine «richtigen» Zeitrahmen, sondern nur «passende», für die konkrete Organisation geeignete und mögliche.

Prüfenswert ist in jedem Fall die Hypothese, dass die vorhandene oder nicht vorhandene Zeit für den OE-Prozess ein wichtiger Hinweis darauf sein kann,

- ob im Moment bedeutsame Themen behandelt werden,
- ob die Beteiligten innerlich dabei und davon überzeugt sind, dass etwas wichtiges Neues entstehen kann,
- ob das Veränderungstempo der vergangenen Monate eher zu hoch war oder ob das Thema der folgenden Sitzung, für die sich kein Termin findet, zu diesem Zeitpunkt oder in der gestellten Weise zu «heiß» oder bedrohlich ist usw.

Als Abschluss dieser Bemerkungen eine Art Reisebericht eines OE-Beraters: «OE ist in der Praxis eine höchst abenteuerliche Angelegenheit. Da geht man an ein Problem heran, das sich zunächst weder klar definieren noch in all seinen Verästelungen übersehen, geschweige denn in seinen Kausalzusammenhängen verstehen lässt. Man arbeitet in die Zeit hinein, ohne zu wissen, was dabei herauskommen wird, mit Menschen, die so etwas noch nie gemacht haben – und mit nichts in der Hand als einigen Prinzipien des Vorgehens und gewissen Spielregeln für die Zusammenarbeit.»[90]

Wir hoffen, dass Ihre Abenteuerlust gegenüber dem Wunsch nach streng strukturierten Abläufen überwiegt, und laden Sie ein zum lohnenden Abenteuer OE!

---

90 Lauterburg 1980, S. 9 f.

3 Das Phasenmodell der OE im Überblick

3.1 Orientierungsphase

Wichtigste Ziele:
- selbst eine Vorstellung von OE und Neugier auf OE bekommen (möglicherweise durch dieses Aktionshandbuch)
- sich als Berater oder Begleiter im System «ortskundig» machen
- die betroffenen Organisationsmitglieder für notwendige Veränderungen sensibilisieren
- klären, auf welche Einheit der Organisation sich der Prozess vorerst beziehen soll
- erste Überlegungen und Klärungen mit den Beteiligten darüber, wie, mit wem, wohin der OE-Prozess gehen könnte
- klare Vereinbarungen und Entscheidungen über den Start, weitere Schritte und wichtige Rahmenbedingungen – Kontrakt
- den geplanten Prozess mit den betroffenen Menschen diskutieren
- OE als Prozess von Anfang an erlebbar machen

Elemente:
- Erstkontakt/Erstgespräch
- Hypothesen bilden
- Kontextklärung
- Konzept
- Entscheidung über Beratereinsatz und Auswahl externer Berater

3.2 Phase der Situationsklärung und Zukunftsmodellierung

Wichtigste Ziele:
- die Mitarbeiter jener Einheit, auf die sich der OE-Prozess bezieht (das Klientensystem), zur Auseinandersetzung mit den unterschiedlichen Bildern der Ist-Situation anregen und ein ganzheitliches gemeinsames Verständnis der Ist-Situation entwickeln
- Zukunftsbilder (Visionen) erarbeiten und Hoffnung und Energie für den Prozess wecken
- erste Veränderungsziele formulieren
- erste Maßnahmen für individuelle und gruppenbezogene Ziele vereinbaren
- durch die Art der Bearbeitung die Erfahrung von prozessorientiertem Arbeiten vermitteln

Elemente:
- Selbstdiagnose
- Situationsklärung

3.3 Phase der Zielfindung (-auswahl und -entscheidung)

Wichtigste Ziele:
- Veränderungsziele formulieren, konkretisieren und gewichten
- das formale Management der einbezogenen Organisation(seinheit) entscheidet über jene Entwicklungsschwerpunkte, die im weiteren Prozess mit Priorität bearbeitet werden sollen
- der OE-Prozess soll also bis zur nächsten Standortbestimmung eine Richtung (Themen für Teilprojekte) bekommen

Elemente:
- Zieldefinition oder -auswahl durch das formale Management
- Psychologischer Kontrakt mit dem formalen Management
- Vereinbarungen über Informations- und Entscheidungsstrukturen

3.4 Installieren der Steuerungsstruktur

Wichtigste Ziele:
- den OE-Prozess strukturell und personell in der Organisation verankern: mittels internem Projektleiter und – bei umfangreicheren Projekten – mittels einer Entwicklungsgruppe, die eine Koordinationsfunktion wahrnimmt
- die Aufgaben des Projektleiters und der Entwicklungsgruppe sowie deren Beziehungen zum formalen Management klären
- alle laufenden Projekte in den OE-Prozess integrieren

Elemente:
- Projektform und Projektleiter
- Entwicklungsgruppe
- Routinesitzungen

Die Struktur des OE-Prozesses soll die Struktur der Organisation ergänzen *(nicht ersetzen)!*

3.5 Information des Gesamtsystems

Wichtigste Ziele:
- Transparenz über die Vorgeschichte, laufende Aktivitäten und zukünftige Ausrichtung und das weitere Vorgehen des OE-Prozesses bei möglichst vielen Mitgliedern des Systems herstellen
- die Diskussion und Auseinandersetzung damit fördern, Anregungen aufnehmen
- zu Überlegungen anregen, wer in welcher Weise bei welchen Zielen mitarbeiten möchte oder soll

Elemente:
- Kick-off-Veranstaltung
- Punktuelle oder regelmäßige Informationsveranstaltungen

3.6 Bearbeiten der ausgewählten Ziele (in Teilprojekten)

Wichtigste Ziele:
- adäquate Formen und Wege der Bearbeitung entwickeln (wer, was, wie, in welchem Zeitraum, welcher Art soll das Ergebnis sein?)
- manche Themen sind innerhalb der bestehenden Funktionen umzusetzen, andere erfordern eine Projektstruktur
- in der Bearbeitung einzelner Themen soll im Kleinen die Struktur des Gesamtprozesses aufgegriffen werden

Elemente:
- Verankerung in der Projektstruktur
- Systemisch-evolutionäre Phasen

3.7 Absichern des OE-Prozesses

Wichtigste Ziele:
- durch Standortbestimmungen absichern, dass der OE-Prozess helixförmig weiterverläuft und rechtzeitig Erneuerungen und Anpassungen bezüglich Themen, Strukturen, Beteiligte stattfinden
- Integration auftretender aktueller Themen
- (Zwischen-)Kontrolle und Auswertung des Prozesses

- Supervision der Projektleitung und der Entwicklungsgruppe und Supervision bzw. Einzelberatung für prozessbegleitende Führungskräfte
- Unterstützung individueller Entwicklungsprozesse, speziell von Führungskräften

Elemente:
- Review zur Erneuerung und Aktualisierung
- Supervision

4 OE bedeutet «intervenieren» in Organisationen

4.1 Beratungssysteme als Interventionsebene im OE-Prozess

Systemische Organisationsberatung soll das (Klienten-)System dabei unterstützen, eine angemessene Problemsicht und Problemhandhabung zu entwickeln. Der Berater bringt eine andere Sicht ein und hat den Vorteil, die Wirklichkeitskonstruktion der Organisation vor dem Hintergrund anderer Vorstellungen zu betrachten. Er irritiert mit seinen Vorstellungen also die Selbstbeschreibung der Organisation. Mit allen seinen Handlungen, die er bewusst und kompetent zur Beeinflussung der Arbeit und zur Förderung des Lernens der Organisationsmitglieder unternimmt, macht der Entwicklungsberater eine Intervention. Eine Intervention ist damit immer eine Unterbrechung, ein Dazwischenkommen («intervenire» = dazwischentreten) und eine potenzielle Störung.

Veränderungen kann der Entwicklungsberater auf verschiedenen Ebenen und im Zusammenspiel mit unterschiedlichen Systemen erreichen. Mit der gezielten Frage nach der Abgrenzung der Aufgaben und Kompetenzen von bestimmten Funktionen in der Organisation will der Berater möglicherweise eine Reflexion über Rollenklarheit anregen. Formuliert er diese Frage gegenüber dem internen Projektleiter, wird dieser vermutlich zunächst den Fall überdenken, dabei seine Sensibilität für Rollenkonflikte stärken und zu guter Letzt eine Funktionsanalyse in der Organisation anregen. Zwei von drei Systemen, die sich im Beratungskontext bewegen, erfahren eine Irritation.

Wir unterscheiden drei Systeme, die am Beratungsprozess beteiligt sind:
- Das Klientensystem, das sich beraten lässt: die Organisation, Organisationseinheit oder das Team.
- Das Beratersystem, das die Beratung durchführt: das Beratungsunternehmen oder die interne OE/PE-Abteilung, die für die Beratung engagiert wurden.
- Das Beratungssystem, das entsteht bzw. eingerichtet wird durch die Zusam-

menarbeit der beiden anderen Systeme. Erst wenn diese «Schnittmenge» etabliert ist, kann Beratung tatsächlich wirksam geschehen. Zum Beratungssystem gehören sowohl die tatsächlich in der Organisation tätig werdenden Berater (im Unterschied zu den Kollegen im Hintergrund oder ihren Supervisoren) und jene Organisationsmitglieder, die direkt im Beratungsgeschehen beteiligt sind (im Gegensatz zu den Organisationsmitgliedern, die nur indirekt die Wirkung der Beratung spüren). Das ist immer nur eine bestimmte Auswahl der Organisationsmitglieder, die je nach Beratungsphase unterschiedlich sein kann. In der Orientierungsphase sind sicher andere Personen relevant als in der Bearbeitung von Teilprojekten. Im Beratungssystem soll durch Interaktion und Kommunikation Veränderung im Klientensystem angestoßen werden. Dazu dürfen und sollen in das Beratungssystem z. B. neue Regeln, Strukturen, Abläufe eingebracht werden, die dem Klientensystem bisher ungewohnt oder sogar unbekannt sind. Es wird ein Erlebnisraum geschaffen, wie es anders funktionieren kann.

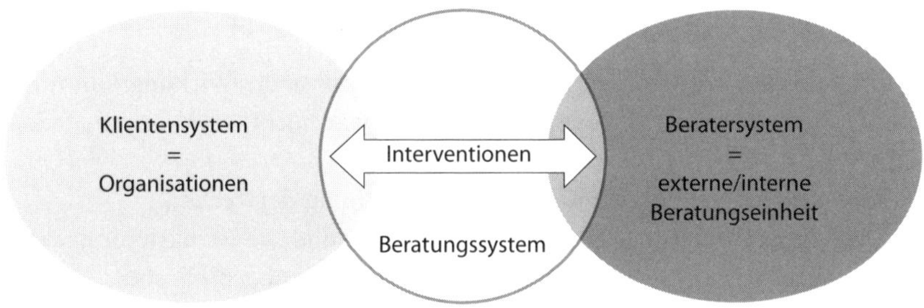

Das Beratungssystem als Interventionsebene

Außer der kompetenten, Einmischung des Beraters kann jedes Mitglied des Beratungssystems durch eine bewusste Handlung intervenieren. Schon die unmissverständliche Äußerung, dass der Prozess zu viel Zeit kostet, einzelne Schritte nicht verstanden werden oder die schlichte Absage eines Gesprächstermins kann eine Intervention sein.

Auf die kritische Anmerkung der Zeitverschwendung wird der Berater vielleicht sein Design noch einmal überdenken und seine Hypothesen, Modelle oder nur einzelne Aufwendungen kritisch hinterfragen. Um sich eine Außensicht einzuholen, wird er möglicherweise mit Kollegen, die nicht direkt im Projekt mitarbeiten, das Design besprechen. Das Ergebnis dieser Überlegungen mag eine Veränderung des Projektablaufs sein, der vielleicht keine Minderung des Zeitaufwands, aber eine Umverteilung der Zeitinvestitionen und Energien bringt.

Eine Intervention kennzeichnet sich durch:
- Zielorientierung
- eine bewusste, beschreibbare und beobachtbare Handlung
- das Eingreifen in ein Geschehen zu einem bestimmten Zeitpunkt
- Impulse geben, aus denen das Klientensystem das macht, was es kann
- Planung der Interventionswirkung auf der Basis von Hypothesen über die vorliegende Situation (auch wenn diese Wirkung selten wie geplant eintreten wird)
- Ausrichtung auf ein überprüfbares Ergebnis

Im Beratungssystem sind zwei verschiedene, jeweils offen zu deklarierende Zielsetzungen einer Intervention möglich:
- Aufrechterhaltung des Beratungssystems, um die notwendige Struktur für wirksame Beratung zu schaffen und zu erhalten, oder
- Bearbeitung der inhaltlichen Probleme des Klientensystems

Beachten sie bei der Planung Ihrer Intervention, dass die Wirkung von unterschiedlichen Faktoren abhängig ist, die Sie zwar nicht beeinflussen, jedoch bedenken können:
- **Bewusstheit:** ziel-, ergebnisorientiert; Benennung der Technik
- **Einstellung & Haltung:** wertschätzend/entwertend; konstruktiv/destruktiv
- **Verhaltensweisen:** verbal/nonverbal, körperlich; beobachtbar; beschreibbar; trainierbar
- **Situation:** Funktionsverteilung; Ebenen; Rollen; Status, Geschlechterverteilung, Anzahl der Personen
- **Beziehungsgeschehen:** Sympathien/Antipathien/Koalitionen

Fragen zur Selbstdiagnose

Vergleichen Sie einige noch «frische» Arbeitssituationen: Worin haben Ihre Interventionen hauptsächlich bestanden?

Welche Prinzipien und Absichten haben Sie in Ihrem Dazwischentreten (bzw. Zurückhalten) geleitet?

In welchen beruflichen Situationen hätten Sie gerne ein breiteres Spektrum an Verhaltensmöglichkeiten als jetzt zur Verfügung? (Was wäre dann anders? Woran würden Sie/die Betroffenen erkennen, dass Ihre Intervention hilfreich war?)

Von welchen Situationen lassen Sie sich beruflich ängstigen, verunsichern, belasten, und welche bewährten Überlebensstrategien aktivieren Sie dann? Was verhindern Sie dabei?

Wie würden Ihre Teilnehmer oder Klienten Ihr Verhalten beschreiben? Mit welcher Empfehlung «reicht» man Sie weiter?

Was wollen Sie mit Ihrer Arbeit ermöglichen?

Woran entscheiden Sie für sich, wieweit Ihr Handeln hilfreich, förderlich war?

4.2 Interventionsarchitektur, -design, -methode und -techniken

Für die Planung und Reflexion von Interventionen ist das Wissen über den Rahmen, in dem die Intervention abläuft, hilfreich. Interventionen sind auf vier verschiedenen Ebenen gestaltbar:

- Interventionsarchitektur
- Interventionsdesign
- Interventionsmethode
- Interventionstechnik

Auf allen Gestaltungsebenen basieren die Interventionen auf Hypothesen. Dabei wird auf alle drei Systeme im Beratungsprozess geachtet, und Auffälligkeiten, Unterschiede und sonstige Wahrnehmungen werden als Auslöser für Hypothesen genutzt.

Interventionsarchitektur

Die Interventionsarchitektur ist die höchste Gestaltungsebene für Interventionen. Auf dieser Ebene werden die Entscheidungen über die Grundstruktur und die Zeitabstände des weiteren Vorgehens getroffen. Es entsteht ein Grobplan, der die Rahmen definiert, die im Weiteren den Freiraum für Entwicklung schaffen.

Die zentrale Frage lautet: Was soll stattfinden?

Die Interventionsarchitektur schafft jene Strukturen, die die Kommunikation ermöglichen, auf der die Interventionen basieren. Sie müssen so kreiert werden, dass ein Ermöglichungsraum geschaffen wird, in dem Blockaden verhindert werden. Dem Klientensystem soll durch ungewohnte Elemente in einer festen Struktur die Möglichkeit gegeben werden, die Muster ihrer Wirklichkeitskonstruktion zu durchbrechen und dadurch Neues zu wagen. Der Entwicklungsberater fügt zu diesem Zweck soziale, zeitliche, räumliche und inhaltliche Gestaltungselemente zu einem Gesamtentwurf wie ein Architekt den Plan eines Hauses. Er ermöglicht so Unterschiede, neue Sichtweisen und schafft Perspektiven.

- In der sozialen Dimension geht es um die beteiligten Personen. Werden nur Führungskräfte involviert, auch einzelne Schlüsselpersonen oder sogar alle Organisationsmitglieder? Ist eine heterogene oder homogene Zusammensetzung z. B. der Steuerungsgruppe sinnvoll? Empfiehlt sich die Arbeit in der Großgruppe oder in Kleingruppen oder Paaren?
- In der inhaltlichen Dimension ordnet der Entwicklungsberater feststehende und unterschwellige Inhalte, so wie ein Architekt Fundament und Keller definiert. Dazu muss das in der Organisation anstehende – offensichtliche und latente – Thema erkannt werden. Vielleicht fehlt eine klare Vision oder Rollen sind nicht klar zugewiesen oder Verantwortung wird delegiert. Welche sachlichen Impulse sollten gegeben werden, welches Wissen ist zu vermitteln. Hilfreich können Inputs über Ablauf- und Aufbauorganisation, Führungsinstrumente oder strategische Planungsinstrumente sein.
- In der zeitlichen Dimension gilt es beispielsweise, notwendige organisationsinterne Bearbeitungs- oder Ruhezeiten zu erkennen, die auch den Transfer von Impulsen in den Alltag gestatten und Veränderung ermöglichen. Es werden die Abfolge und der Rhythmus einzelner Strukturelemente festgelegt wie beim Hausbau die Anzahl und Verteilung der Räume im Haus. Mindestens ein klarer Start- und ein Endzeitpunkt sollten definiert sein. Branchen- oder unternehmensspezifische Hochphasen im Jahreszyklus und Planungstermine müssen berücksichtigt werden.
- In der räumlichen Dimension wird festgelegt, wo eine konstante Arbeit möglich ist. Hier kann es sinnvoll sein, bewusst aus der Organisation hinauszugehen, um durch ungestörtes Arbeiten und Abstand auch mehr gedanklichen Freiraum zu schaffen. Ebenso zielführend kann es sein, bewusst in den Räumen der Organisation zu bleiben und die eigene Infrastruktur zu nutzen, um z. B. die Arbeit an einer Entwicklung intern sichtbar zu machen. Auch das räumliche Setting hinsichtlich Sitzordnung, Raumgröße, Lichteinfall und

Helligkeit, Outdoormöglichkeit usw. spielt – spätestens beim Interventionsdesign – eine erhebliche Rolle.

Der so entstandene Gesamtplan wird mit dem Klienten (Bauherrn) abgestimmt und dient als Basis für das Design der Intervention (Innenraumgestaltung). Anders als beim Hausbau üblich kann sich die Interventionsarchitektur in Abstimmung mit dem Klienten jederzeit verändern, wenn Entwicklungen im Prozess dies anraten.

Eine Auswahl wichtiger interventionsarchitektonischer Elemente:

- Contracting zur Klärung der Zielvorstellungen in Abstimmung mit den Möglichkeiten und erforderlichen internen Leistungen sowie Definition von Erfolgskriterien.
- Rollenklärung im Projekt zwischen Organisationsmitgliedern und Beraterstaff, interner und externer Projektleitung, Auftraggeber und Berater.
- Steuergruppe, die Neues anstößt, Geschehenes reflektiert, Fragen aufnimmt und einer Klärung zuführt, Entscheidungen zum Vorgehen trifft, Stimmungen in der Organisation auffängt und anspricht, den Prozess monitort, Handlungsfelder erkennt und Subprojekte initiiert.
- Subprojekte zur Bearbeitung einzelner Projektschritte oder neuer Handlungsfelder, die im Prozess auftauchen.
- Diskussionsplattformen für Organisationsmitglieder zur Information und Reflexion des Geschehens gewährleisten die Bodenhaftung des Projekts.
- Resonanzgruppe, in der alle in der Organisation vorhandenen Strömungen und Meinung vertreten sind (Soundingboard). Durch seine Beratung erhält der Entwicklungsberater neue Eindrücke und Feedback aus der Organisation (was klingt durch?) und kann organisationsinternes Wissen geschickt nutzen. Die Mitglieder erhalten durch ihre besondere Rolle im Prozess mehr oder schnellere Informationen, außerdem übernehmen sie Multiplikatorenfunktion.
- Informationssammlung, z. B. durch Gruppen- und Einzelinterviews oder Tiefeninterviews, Dokumentenanalyse.
- Diagnose und Hypothesenbildung.
- Rückspiegelungsworkshop zur Offenlegung der Arbeitshypothesen, Aufbau von Vertrauen und Anschlussfähigkeit.
- Kick-off-Veranstaltung, um die Beteiligten über Hintergründe, Ziele und Vorgehensweise zu informieren, sie abzuholen und so zu Betroffenen zu machen.
- Workshops mit bestimmten Personengruppen (Fachabteilungen, Multiplikatoren, ausscheidenden bzw. neu eintretenden Mitarbeitern usw.).

- Plattform zum Austausch für und mit Schlüsselpersonen hat ähnliche Effekte wie die Etablierung eines Soundingboards, allerdings mit geringerer Verbindlichkeit und Konstanz.
- Arbeit mit der Geschäftsleitung, um deren Vorbildfunktion zu nutzen und ihre persönliche und emotionale Einbindung zu sichern.
- Fach- oder projektorientierte Einzelberatung z. B. für interne Berater, Führungskräfte, Multiplikatoren zur Beschleunigung des Gesamtprozesses.
- Persönlichkeits- oder prozessorientiertes Coaching z. B. für Projektverantwortliche, Auftraggeber, Schlüsselpersonen zur Entlastung und Unterstützung des Einzelnen sowie zum Aufbau organisationsinterner Ressourcen.
- Beraterqualifikation für interne Berater und Multiplikatoren zur Förderung der Selbstverantwortung, Selbststeuerung vor allem in der Phase der Umsetzung und Weiterführung.
- Moderierte Sitzungen oder Workshops in Organisationseinheiten, um neue Erkenntnisse im Arbeitsalltag angeleitet auszuprobieren und einzuüben.
- Regelmäßige Koordination und Reflexion der Projektarbeit im Beraterteam, bei zwei und mehr beteiligten Beratern. Königswieser und Exner sprechen hier von «Staffarbeit».[91]
- Monitoring zur Überwachung des Beratungserfolgs, z. B. durch Interviews, Fragebögen, Stimmungsbilder auf der Basis von im Contracting definierten Erfolgskriterien.
- Abschlussveranstaltung, um den Beratungsprozess offiziell abzuschließen und weitere Aktivitäten klar an die Organisation zu übergeben.

Interventionsdesign

Der nächste Schritt zur Ausgestaltung des OE-Projektes ist – wie beim Hausbau die Arbeit des Innenarchitekten – die detaillierte Gestaltung der Arbeitstreffen, Workshops, Plattformen und Reflexionen usw. Je kürzer der Beratungsprozess und je kürzer das einzelne Element, umso detaillierter muss das Design ausfallen. So bricht man die Interventionskette kaskadisch auf handliche Zeitblöcke herunter.

Auf dem Weg zur Feinplanung lautet zentrale Frage: Wie wird das WAS der Interventionsarchitektur innerhalb des durch sie vorgegebenen Rahmens ausgestaltet?

Die vier oben aufgeführten Dimensionen finden sich wieder bei der Ausgestaltung der einzelnen interventionsarchitektonischen Elemente.

---

91 Königswieser/Exner 2004, S. 51 ff.

- In der sozialen Dimension geht es jetzt um die zahlenmäßige Zusammensetzung der Arbeitsgruppen innerhalb des Elements. Stellen Sie sich die Frage, wie viele Personen das Thema in selbständiger Arbeit bewältigen können. Teilen Sie Ihre Gesamtgruppe z. B. in einem Workshop in Kleingruppen auf, müssen Sie zuvor überlegen, welche Größe angemessen und mathematisch möglich ist. Für die Größe der Untergruppen ist zwischen 3 und der Größe der Gesamtgruppe dividiert durch 2 sowie Einzelnen und Paaren alles denkbar – je nach Zielsetzung und Inhalt. Bei Arbeiten im Plenum und großen Untergruppen sollten Sie vorab Überlegungen zu gruppendynamischen Effekten anstellen und das Verhalten der Gruppe im Prozess genau beobachten. Grundsätzlich gilt, je kleiner die Arbeitseinheit, umso intimer die Zusammenarbeit und umso tiefer gehende persönliche Reflexionen sind möglich.
- In der inhaltlichen Dimension gilt es zu entscheiden, ob die Beteiligten ausreichend Fachwissen mitbringen oder Know-how generiert werden muss. Im zweiten Fall folgt darauf die nächste Entscheidung, ob Wissen durch Impulse des Beraters vorgegeben oder gemeinsam erarbeitet werden soll. Außerdem muss die sachliche Tiefe eines Arbeitsprozesses laufend kontrolliert und ggf. verändert werden. Zum Beispiel können Sie durch Fragen oder einen kurzen Input das Thema öffnen bzw. verengen. Letzteres ist dann notwendig, wenn Sie Verunsicherung bemerken, sich Diskussionen verzetteln oder einzelne Beteiligte nicht mehr folgen können. Den Blick aufzumachen hilft, wenn keine Neuerungen entstehen oder die Wirklichkeitskonstruktion starr bleibt. Dies ist meist dann der Fall, wenn immer wiederkehrende Muster nicht durchbrochen werden. Hier helfen ungewohnte Situationen oder Methoden, die vom eigentlichen Thema zunächst abzulenken scheinen.
- In der zeitlichen Dimension stellt sich die Frage nach der Wirkung und Notwendigkeit von Pausen, Pausenhäufigkeit und -länge. In der Pause läuft ein großer Teil des Entwicklungsprozesses automatisch und ungelenkt ab. Dieses unkontrollierte und unstrukturierte «Arbeiten» kann durch abgestufte Pausenzeiten (eher lang als kurz, regelmäßig) gefördert werden. Wichtig ist auch, die Gewohnheiten der Beteiligten hinsichtlich Arbeitsunterbrechungen zu kennen (z. B. Raucherpausen) und entweder bewusst damit zu brechen oder sie gezielt zu nutzen.
- In der räumlichen Dimension wird das räumliche Setting für jedes einzelne interventionsarchitektonische Element und ggf. für kurze Zeitblöcke festgelegt. Bestuhlung, Sitzordnung, Raumgröße, Lichteinfall und Helligkeit, Ausstattung mit Arbeitsmitteln, Nebenräume, Pausenbereich, Outdoormöglichkeiten usw. wollen gut überlegt sein. Jedes dieser Mittel dient z. B dazu, Unterschiede und Gemeinsamkeiten hervorzuheben. Blockaden ab- oder aufzubauen, Wichtigkeit zu demonstrieren oder Kreativität anzuregen.

Interventionsmethoden

Die nächste Überlegung gilt der Interventionsmethode und damit der Frage: Welches Know-how und welche Überzeugung werden im Rahmen der Designvorstellungen genutzt oder eingesetzt? Was leitet mein Tun?

Interventionsmethoden sind auf einen bestimmten Zweck ausgerichtete Vorgehensweisen, die die geistige Grundlage für planmäßiges, folgerichtiges Vorgehen liefern und denen Modelle zugrunde liegen. Die Methode schafft den mentalen und instrumentellen Rahmen, innerhalb dessen das zentrale Thema gut bearbeitet werden kann. Auf die Analogie des Hausbaus übertragen, befinden wir uns bereits bei der Ausgestaltung der einzelnen Räume, bei der Herstellung der Möbel. Es werden die zum Raumkonzept (Design) passenden Materialien, z. B. Korbgeflecht, Glas, Eisen, Leder bis zur Holzart ausgewählt.

Bei der Umsetzung der Interventionsmethoden geht es um das konkrete Beraterverhalten, und es werden Interventionstechniken eingesetzt. Aus der kreativen Kombination von Interventionsmethoden mit der tatsächlichen Umsetzung können neue Instrumentarien gefunden werden, denn in der Wahl der Interventionstechnik ist der Anwender einer Methode weitestgehend frei. Jeder Berater muss seinen eigenen Stil und seinen eigenen Weg finden, um authentische Interventionen setzen und erfinden zu können.

Interventionsmethoden können sich auf die unterschiedlichsten Themen beziehen und aus den verschiedensten Bereichen stammen. Betriebswirtschaftliche Hintergründe sind ebenso zu finden wie therapeutische Konzepte oder pädagogische Ansätze, wie die folgenden Beispiele beweisen: Reflecting Team, Appreciative Inquiry, Rollenverhandeln nach Harrison, SWOT-Analyse, die Funktionenanalyse oder die Harvard-Methode für Verhandlungen, bioenergetische Übungen, Atemtherapie, das Klären von Rollen. Als Interventionsmethode in Frage kommen aber auch die Mediation, Unternehmenstheater, die Kraftfeld-Analyse nach Lewin oder die Delphi-Methode zur Informationssammlung, Genogrammarbeit als Klarstellung von Beziehungen im System.

Interventionstechnik

Auf der Ebene des konkreten Beraterverhaltens gelangt man zur Interventionstechnik. Unabhängig von der gewählten Beratungsmethode, kommt es darauf an, was und wie genau der Berater tut, wie er sich auf seine Klienten bezieht und sich als Berater verhält. Es geht nun darum, wie er sich gibt, kommuniziert und welche Gesprächsführungs- beziehungsweise Beratungstechniken er einsetzt.

Die zentrale Frage für den Berater lautet jetzt: Wie gehe ich mit der Organisation und den Organisationsmitgliedern um, und was heißt das für die Umsetzung meiner gewählten Methoden.

Am Beispiel der Interventionsmethode Organisationsaufstellungen heißt das: Nach der Entscheidung für eine Aufstellung als Analyse- und Interventionsmethode in einem OE-Projekt muss immer noch entschieden werden, mit welcher Technik, z. B. nach Matthias Varga von Kibed oder Gunthard Weber, gearbeitet wird.

Im Bild des Hausbaus sind wir nun am Punkt der Umsetzung des Raumkonzeptes angelangt: Werden – wenn im Vorfeld die Entscheidung für eine Holzausstattung gefallen ist – gedrehte, gedrechselte oder aus Spanplatten gepresste Möbel aufgestellt?

Die meisten Interventionstechniken sind aus der Gesprächspsychotherapie bekannt und thematisch sehr vielseitig einsetzbar. Grundsätzlich bestehen die folgenden unterschiedlichen Handlungsalternativen:[92]

1. Reagieren durch ...
   - Aussagenmachen
   - Fragenstellen
   - Zuhören
2. Nicht reagieren und bewusstes Ignorieren

Einige Beispiele für Interventionstechniken, wie sie sich auf verschiedene Themen beziehen können (aber auch in anderen Themenbezügen einsetzbar sind)

Strukturbezogen

- Rahmenbedingungen, Regeln und Strukturen festlegen oder vereinbaren:
  Zeitstrukturen, Themen, Aufgaben, Aufträge, Anweisungen, Zielsetzungen, Problemstellungen
- Funktionsverteilung klären:
  durch Vereinbarung, Verhandlung, Festlegung, Verleihung oder Erwerbung
- Bewusstmachen der formalen und informellen Struktur:
  Machtpositionen, Entscheidungswege, Informationszugang
- Arbeitsweisen abstimmen:
  strukturiertes/unstrukturiertes Arbeiten

Prozessbezogen

- Situationsanalyse:
  Aussagen, Informationen, Stellungnahmen und Standpunkte darüber, wie eine Situation beobachtet und erlebt wird

92 Binder 2004, S. 4.

- Prozessbeschreibung:
  Aussagen, Information, Stellungnahmen und Standpunkte dazu, wie Abläufe wahrgenommen werden
- Metakommunikation:
  Aussagen über bestimmte Aspekte eines Kommunikationsprozesses oder über situationsübergreifende Kommunikationsstile

Personenbezogen
- Aussprechen von persönlichen Zielen, Forderungen, Bitten, Wünschen, Bedürfnissen, Interessen, Gruppenzielen, Organisationszielen
- Feedback:
  beschreibend, verständlich, möglichst konkret und aktuell, als persönliche Stellungnahme
- Anweisungen erteilen, Aufgaben stellen, Aufträge erteilen, Instruktionen geben, Befehle erteilen
- Zirkuläres Fragen
- Unterstützen:
  Haltungen stärken, Folgen aufzeigen, Alternativen ermöglichen
- Verbalisieren (Spiegeln der emotionalen Aussagen des Gegenübers)
- direktes, persönliches Ansprechen, Anreden einer Person:
  - anstelle von: «man», «wir»
  - anstelle absoluter Feststellungen «wie», «nie», «keiner», «immer» …
  - anstelle von «hätte» und «könnte», «wäre» und «würde» …
- Handlungsaufforderungen

Themenbezogen
- Informationsfragen
- Impulse geben:
  Anregungen, Erfahrungen, Wissen weitergeben
- Konkretisieren und konkretisieren lassen:
  gilt für eigene und fremde Aussagen
- Ansprechen und Aufzeigen von Ebenen:
  - Auseinanderhalten der Leistungs-/Sach-/Ziel-/Auftragsebene
  - der Bedürfnis-/Gefühls-/Beziehungsebene
  - der Körperebene
  - der Vergangenheits-/Gegenwarts-/Zukunftsebene
  - der Ebene der Realität und der Fantasie
- Paraphrasieren (inhaltsgemäßes Spiegeln der Aussagen des Gegenübers)

- Paradoxe Intervention, um kreative Alternativen zu ermöglichen durch:
  - positive Konnotation
  - Reframing
  - positive Symptombewertung
  - paradoxe Verschreibung

Auswertungsbezogen
- Funktionen beschreiben:
  konkrete Tätigkeiten, die zu einer bestimmten Funktion gehören, darstellen
- Ansprechen von Abweichungen
  Ansprechen und Aufzeigen von persönlichen Normen und Regeln, die für allgemein gültig erklärt werden
- Ansprechen von Exponentenäußerungen
- Auffordern zu Reflexion und Interpretation
- bildhafte Sprache, Vergleiche und analoge Medien:
  Systemdarstellung mit Holzfiguren, Collage, Skulpturen …
- Die Wirklichkeitskonstruktion verändern durch:
  - Reformulieren
  - Umformulieren
  - Reframing (einen neuen Rahmen schaffen für das, was genannt wurde)
- Symptome bewerten
- Widersprüchliche Paradoxien ansprechen

Einige hilfreiche Fragen zur Planung einer Intervention:
Wie lauten meine Hypothesen?

Was ist jetzt für wen als Thema wichtig und warum?

Wer braucht jetzt welche Struktur und warum?

Was will ich konkret ermöglichen/vermitteln und warum?

Wie will ich vorgehen und warum?

Welche Absichten verbinde ich damit und warum?

Wie passt das in den bisherigen Prozess? Woran knüpfe ich konkret an?

Wie wohl fühle ich mich mit der Intervention?

4.3 Metaphern – Geschichten aus einer (anderen) Welt

Metaphern finden wir überall, sobald kommuniziert wird – so auch im Prozess der Beratung und Organisationsentwicklung.

Metaphern sind bildliche Übertragungen abstrakter Begriffe auf einen konkreten vergleichbaren Begriff. Das Bildliche ist also die Besonderheit der Metapher. Der Begriff setzt sich aus dem Wortstamm «Meta» (Umwandlung und Wechsel) und «pher» (tragen) zusammen. Die Metapher ist Träger einer Umwandlung, eben ein Bild.

Mit Sprache bilden wir im Rahmen der Kommunikation eine soziale Wirklichkeit. Dabei bedienen wir uns der Werkzeuge unserer Erkenntnis und unseres Handelns, insbesondere für abstrakte Wirklichkeitskonstruktionen. Metaphern prägen über ihre analogisierende Funktion unser Denken und Handeln. Das hängt damit zusammen, dass sie anschaulich auf Aspekte der sinnlich wahrnehmbaren physikalischen Welt Bezug nehmen. Auf der Grundlage sinnlicher Erfahrungen übertragen Metaphern diese Erfahrungen auch auf abstrakte, der Erfahrung nicht ohne Weiteres zugängliche Zusammenhänge und Aspekte. Kognitive, theoretische Zusammenhänge werden durch metaphorische Ausdrücke lebensnah und «fassbar».

Metaphern sind dabei alles andere als logisch.

Der «Fuß des Berges» hat keine Zehen und eine «Prüfung auf Herz und Nieren» setzt keinen operativen Eingriff voraus. Über Metaphern gelangen das Vieldeutige, Unberechenbare, das Verspielte, Spekulative und Paradoxe in die Sprache. Diese Perspektivvielfalt macht Metaphern interessant für den Bereich der Beratung und Organisationsentwicklung. Dabei finden Metaphern in den unterschiedlichen Beratungsphasen Verwendung.

In Geschichten, Praxisbeispielen und Interventionen werden nachfolgend einige «wesentliche» Aspekte der Metaphern für die Beratungsarbeit verdeutlicht.

Die Gestaltungsformen der Metaphern
Die Metapher begegnet uns in unterschiedlichen Gestaltungsformen.

- **Einzelne Worte und Bedeutungen**
  Wenn wir uns etwas «vorstellen» können, wir etwas «begreifen», uns die Dinge «klar» sind, dann haben wir Beispiele vor Augen. Die Zusammenarbeit im Team als «einen Käfig voller Narren» oder «das Wunder von Bern» zu definieren gibt deutliche Hinweise für das Selbstverständnis einer Arbeitsgruppe.
- **Satzmetaphern/Redewendungen/Sprichwörter**
  Etwas hat «Hand und Fuß» oder «es geht drunter und drüber». Diese Wendungen sind fest im Sprachrepertoire verankert und für den Klienten automatisiert. Die spezifische Wahl ist ein «Indiz» für die Landkarte des Klienten.
- **Text-Metaphern**
  Geschichten, Parabeln, Gleichnisse – sie beinhalten eine Vielzahl von Deutungs- und Transfermöglichkeiten.

Die Verringerung der Komplexität
Ein Beispiel für die Reduzierung der Komplexität durch Metaphern ist in dem Buch *Sprache der Familientherapie* (von H. Stierlin u. a.)[93] zu finden.
«Eine Folge von Ursachen und Wirkungen, die zur Ausgangsursache zurückführt und diese bestätigt oder verändert. Dasselbe gilt für die Prozesse des Argumentierens und des logischen Schließens. Das einfachste technische Modell der Zirkularität ist der sogenannte Regelkreis. Das begriffliche Gegenstück die Gradlinigkeit oder Linearität. Zirkuläre Prozesse, bei denen zahlreiche Elemente eines Systems sich in ihrem Verhalten auf komplizierte Art und Weise gegenseitig bedingen, sind das Hauptinteressensgebiet der Kybernetik und der Komplexitätstheorie. Ein Großteil der Phänomene unserer Welt lässt sich nur erklären, wenn man die Wechselwirkungen verschiedener Variablen erfasst. Das gilt vor allem für evolutive Prozesse, Prozesse der Aufrechterhaltung und des Gewinns von Stabilität und Homöostase, der Entwicklung und Veränderung von Systemstrukturen. Die sich in diesem Zusammenhang ergebenden Fragen versucht die Kybernetik ganz allgemein für Systeme, unabhängig von deren materieller Beschaffenheit zu beantworten. Sie sind auch für die Familientherapie von vorrangigem Interesse.»

---

93 vgl. von Stierlin u.a. 2004.

In einer Geschichte von P. Watzlawick[94] wird Zirkulariät auf eine metaphorische Weise beschrieben:

> *«In der kolumbianischen Stadt Cartagena wurde jeden Mittag ein Kanonenschuss von einer den Hafen überlagernden Festung abgefeuert. Und das war das Zeitzeichen, nach dem sich alle Leute in Cartagena die Uhren stellten. Ein Reisender stammt aus dem Ausland und stellt fest, dass dieser Kanonenschuss immer 20 Minuten zu spät ist. Da er nichts Besseres zu tun hat, geht er hinauf in die Festung und fragt den Kommandanten, woher er die Zeit nehme. Und der sagt stolz, da es sich um eine so wichtige Sache handele, schicke er jeden Tag einen seiner Soldaten hinunter in das Stadtzentrum, wo in der Auslage des einzigen Uhrenhändlers ein besonders genaues nautisches Zeitgerät steht. Der Soldat vergleicht seine Uhr mit der, und das ist dann die Zeit, nach der sie den Schuss auslösen. Der Reisende geht jetzt herunter und spricht mit dem Uhrmacher und fragt, woher nimmt der die genaue Zeit, die seine Uhr anzeigt? Und der sagt ihm stolz, da es sich um so etwas Wichtiges handele, vergleiche er jeden Tag den Kanonenschuss, der von der Festung zu hören ist, mit seiner Uhr und seit 3 Jahren hat sich nicht 1 Minute Differenz ergeben.»*

Metaphern sind einleuchtend – und vielleicht deshalb bleiben sie uns im Gedächtnis und in der Erinnerung.

Metaphern – Ausschnitte einer (anderen) Wirklichkeit

Die Leistung von Metaphern für die Konzeptualisierung von Sprache und Kommunikation ist anhand der sogenannten Conduit-Metapher herausgearbeitet worden. Mit dieser Metapher wird Kommunikation veranschaulicht als Transport von Inhalten und Bedeutungen. Conduit steht dabei für «Rohrleitung und Kanal».

Über etwas Unanschauliches wie Kommunikation wird so geredet, als ob wir es mit Dingen (Behältern, Röhren) zu tun hätten.

Die «Verdinglichung» bildet eine erste Grundlage dieses Metaphersystems. Und jede Metapher bevorzugt eine besondere Perspektive, unter der der Gegenstand gesehen wird. Bestimmte Aspekte werden ins Licht gerückt, andere werden dagegen ausgeblendet. Sehr schnell kommt der Zuhörer zu der Überzeugung, den komplexen Zusammenhang verstanden zu haben. Dabei werden wesentliche Aspekte im «toten Winkel» nicht wahrgenommen. (z. B. Wechselwirksamkeit, Beziehungsaspekte, nonverbale Formen der Kommunikation).

Da Metaphern eben nur so weit wirken, wie wir uns etwas vorstellen können, kommt es zu Fehlinterpretationen. Somit stehen Metaphern immer in der Gefahr zu trivialisieren. Für den Umgang als Berater mit Metaphern gilt daher der modifizierte Hinweis: «Flirte mit einer Metapher, heirate sie aber nicht.»

94 Watzlawick 2004.

Metaphern erreichen unser Gefühl

Metaphern sprechen unser Gefühl an und unterstützen die Kontaktaufnahme.

Die im Beratungsprozess geäußerten Metaphern («das fünfte Rad am Wagen», «Hamster im Laufrad» usw.) sind Andockstationen für die Gefühls- und Erlebniswelt der Klienten und bilden ein unendliches Repertoire zur Bildung von Annahmen und zur Vertiefung des Verständnisses.

Metaphern – Lehrgeschichten und Lösungsmodelle

Metaphern in Form von Geschichten, Mythen, Legenden haben die Menschheit immer schon begleitet. Von den europäischen Volksmärchen bis hin zu den Sufi-Geschichten oder den nordamerikanischen Indianerlegenden. Wir finden Metaphern, die unsere Erfahrungen in der Welt widerspiegeln. Metaphern dienen in diesem Sinne der Entwicklung und Reifung: Geschichten vom Erwachsenwerden, von der Liebe, von Trauer und Tod. Metaphern sind Bewältigungsstrategien.

Gleichnisse, Fabeln, Märchen handeln von wirklichen und erdachten Gestalten, Göttern, Menschen, Tieren und Fantasiewesen. Die Aufmerksamkeit wird gebunden durch dem Zuhörer wohlbekannte Situationen, Erlebnisse und Erfahrungen.

Die Aufmerksamkeit wird gerichtet auf Lebensumstände und damit zusammenhängende Probleme und auf die besondere Art, diese Situationen zu bewältigen. Insofern werden Geschichten in Form von Gleichnissen, Fabeln und Märchen zu Bewältigungsstrategien und Lösungsmodellen.

Dem Zuhörer werden neue Alternativen und Zusammenhänge eröffnet, mit schwierigen Situationen umzugehen. Geschichten stellen in diesem Sinne auch eine Möglichkeit dar, Lern- und Beratungsprozesse kreativ zu unterstützen.

Der fantasievolle Charakter einer Geschichte ist attraktiver als die Logik der Zusammenhänge. Die Erkenntnisse, die aus der Metapher gewonnen werden, sind Resultate der eigenen Suche. Das erleichtert deren Transfer in die eigene Lebenswirklichkeit. Geschichten sind Modelle. Sie bieten Interpretationen an, ohne den Zuhörer festzulegen. Metaphern in diesem Sinne sind eine indirekte Form von Beratung.

Die Wirksamkeit von Metaphern liegt darin, dass sie sich nicht direkt auf den Zuhörer beziehen, die jeweiligen Probleme nicht direkt benennen oder beschreiben. Der Zuhörer hat vielmehr die Freiheit, sich mit den dargestellten Gestalten, Beziehungen, Erkenntnissen, Schwierigkeiten, Entwicklungen, Lösungen zu identifizieren – oder diese anzupassen, die Information auf Ähnlichkeiten hin zu überprüfen, einen individuellen Sinn zu geben oder zu dem Gehörten auf Distanz zu bleiben. In jedem Fall erzeugt die Metapher eine Suche nach dem Sinn des Berichteten auf dem Hintergrund der eigenen Erfahrung. Geschichten wirken im Gegensatz zu Ratschlägen wie Katalysatoren. Der Zuhörer entnimmt der Geschichte (auf der Suche nach Sinn), was in seiner Welt zusammenpasst. Eigene Denkprozesse werden kreativ in Gang gesetzt.

Metaphern als nützliche Umwege

Metaphern sind Teil der Arbeitsweise von M. Erickson.[95] Erickson kommunizierte oft in Metaphern. Er sprach über ein Thema und bezog sich indirekt auf ein ganz anderes Thema. Erickson bevorzugte eine indirekte, metaphorische Vorgehensweise, die es den Zuhörenden gestattete, ihre eigenen Interpretationen vorzunehmen.
Unvergessen bleibt die Arbeit Ericksons mit einem konservativen Paar, das sexuelle Probleme hatte. Er konnte ihnen wieder zu einem befriedigenden Sexualleben verhelfen, ohne ein einziges Mal über Sex zu sprechen. Erickson redete nur übers Essen.

> *«Zunächst machte er ihnen deutlich, wie wichtig die Wahl eines geeigneten Ortes und eine geschmackvolle Tischdekoration für das romantische Dinner zu zweit sei. Dann erzählte er von der appetitanregenden Wirkung raffinierter Vorspeisen, nach deren lustvollem aber noch nicht sättigendem Genuss eine kleine Pause ratsam erscheint, die die Erwartung auf mehr noch etwas steigern kann. Daraufhin ist es an der Zeit, auf den Höhepunkt der Gaumenfreuden zuzusteuern, wobei auf die unterschiedlichen Geschmäcker Rücksicht genommen werden kann, indem die Speisen jeweils anders gewürzt werden können. Der eine liebt es eher scharf, der andere etwas milder. Schließlich sollte man nach dem Hauptgang nicht gleich wieder zur Arbeit hasten oder sich zur Nachtruhe begeben, sondern sich noch die Zeit nehmen, den kleinen süßen Nachtisch auf der Zunge zergehen zu lassen – mit einem zufriedenen und anerkennenden Blick auf den anderen, der seinen Teil zum gemeinsamen Erlebnis beigetragen hat.»*[96]

Berücksichtigung der Metaphern in Beratungskonzepten

Der narrative Ansatz

Der narrative Beratungsansatz geht davon aus, dass der Mensch in dem Bemühen, seinem Leben einen Sinn zu geben, vor die Aufgabe gestellt ist, seine Wahrnehmung von Ereignissen in eine zeitliche Reihenfolge zu bringen, so dass er einen Bericht über sich und seine Umwelt erhält.

Dabei wird grundsätzlich unterschieden zwischen einer logisch-wissenschaftlichen und einer erzählenden Denkweise. Die logisch-wissenschaftliche Betrachtungsweise berücksichtigt nachprüfbare Systeme und Verfahren. Dagegen fokussiert die erzählende Denkweise auf die gelebten Erfahrungen des Menschen, wobei die Verknüpfungen dieser Erfahrungen Sinn und Bedeutung geben.

---

95 Erickson, M. zitiert in: Pelzer K. 2005.

96 ebenda.

Die erzählende Denkweise
- trägt der persönlichen Erfahrung Rechnung,
- eröffnet Perspektiven,
- fördert Zweideutigkeit, Vielseitigkeit und den Gebrauch einer alltäglichen, poetischen und bildhaften Sprache, um Erfahrungen einzubetten,
- fördert eine reflexive, neugierige, sinnstiftende Haltung,
- vermittelt die Haltung, Autor des eigenen Lebens und seiner Beziehungen zu sein,
- anerkennt, dass an den Lebensgeschichten Koproduzenten beteiligt sind.

Der soziale Konstruktivismus ist Grundlage des narrativen Denkens. Ideen, Bilder, und Erinnerungen sind etwas, das durch sozialen Austausch hervorgebracht wird. Sprache ist das Medium dieses Prozesses. Sie ist dabei Produkt wie gleichsam auch Produzent sozialer Wirklichkeit. In der Beratung werden deshalb Metaphern, Erzählungen und Geschichten relevant.

Analyse der Erzählweise:
- Wer sind die Schlüsselpersonen in der Erzählung?
- Welches sind die Schlüsselszenen? Was steht zu Beginn, was am Ende?
- Welche Themen stehen im Vordergrund, welche im Hintergrund, was ist Nebensache?
- Welches ist die Orts- und Zeitperspektive?
- Aus welcher Erzählperspektive erzählt der Erzähler?
- Was wird zentral thematisiert?

Mögliche Interventionen:
- Anderen Personen eine Hauptrolle geben
- Mit der Zeitperspektive spielen
- Kontext (z. B. die Ortsbestimmung) ändern
- Erzählperspektive ändern
- Neue Bedeutungen und Sichtweisen einbringen
- Nebensächliches betonen und zur Hauptsache machen

In Anlehnung an Heinz von Foerster, der das Prinzip der Erweiterung der Handlungsmöglichkeiten geprägt hat, könnten wir formulieren: «Erzähle stets so, dass du die Wahl der Möglichkeiten erweiterst.»

Weitere Beispiele für die Nutzung von Metaphern in der Beratungspraxis

Die intuitive Wahl einer Metapher als kreativer Prozess
Eine Arbeitsgruppe/ein Team erhält die Aufgabe, intuitiv eine Metapher für ihre Zusammenarbeit zu finden.

Vorgehensweise und unterstützende Fragen auf der Ebene der Metapher:
- Welche Metapher charakterisiert unsere aktuelle Zusammenarbeit? (z.B. technisches System, Automobil, Familie usw.)
- Aus welchen Eigenschaften und Merkmalen besteht die gewählte Metapher?
- Wie funktioniert das System? Welche Formen und Strukturen gibt es?
- Worin liegt der Nutzen? Wozu ist das System da?
- Über welche Stärken und Potenziale verfügt es?
- Wie lassen sich die Grenzen des Systems beschreiben?
- Welche Umweltbedingungen und äußeren Faktoren sind zu berücksichtigen?
- Wer übernimmt welche Funktion im System? Welche Rollen gibt es?
- Worin zeigen sich Probleme und Dysfunktionen? Wie wirken diese sich aus?
- Wann tauchen die Probleme auf? Wem zeigen sie sich?
- Wann und wie oft ist das Problem nicht aufgetreten? Was war dann anders?
- Welche Lösungen und Alternativen gibt es auf der Ebene der Metapher?
- Wie lassen sich die auf der Metapherebene gezeigten Entwicklungen, Veränderungen auf unsere Gruppen- und Teamebene übertragen?
- Welche Schritte leiten wir daraus ab?

Die Bearbeitung auf der Ebene der Metapher ermöglicht eine distanzierte Betrachtungsweise, relevante Themen können konturenreich benannt und umschrieben werden. Kreative Lösungsfindungsprozesse können auf der Ebene der Metapher gestartet und danach auf die reale Ebene transferiert werden.

Die definierte Metapher als strukturierter Rahmen
Eine Arbeitsgruppe/ein Team erhält eine ausgewählte Metapher (z.B. Haus) zur Klärung ihrer Zusammenarbeit:

Ein Team nimmt im Rahmen der Diagnose und Standortbestimmung eine Analyse, Ermittlung, Datensammlung unter Nutzung der Analogie «Haus» vor.

Die gemeinsame Arbeit am «Team-Building» ermöglicht eine Bearbeitung und Klärung der derzeitigen Situation. Dabei können die verschiedenen Bereiche und Abschnitte eines Hauses auf die jeweilige Arbeits- und Teamsituation übertragen werden. Der Zugang zu einzelnen Themen wird erleichtert.

Einige Beispiele für den Transfer

Ebene der Architektur	Ebene der Gruppe/des Teams
Dachgeschoss	Ort der Visionen
Rumpelkammer	Ort für Konflikte, Vergessenes, Verdrängtes
Badezimmer	Ort für Pflege, Qualitätssicherung
Treppen	Übergänge, Schnittstellen
Erdgeschoss	Aufgaben, operatives Tun
Fundament	Werte, Menschenbild, Leitbild
Blitzableiter	Umgang mit Konflikten
Dachhaut	Schutz und Grenze
Versorgungsleitungen	Energiezufluss, Energieabgang
Küche, Wohnzimmer	Ort für Beziehungen, Kontakte, Kommunikation
Umgebung	Umwelt, Markt, Konkurrenz
Häuserfassade	Image

Vorgehensweise und unterstützende Fragen:
Zu Beginn notieren sich die Teilnehmenden Gedanken zu den verschiedenen Aspekten.

- Wie erlebe ich die jeweiligen Bereiche, Räume?
  (z.B. Wo ist der «Raum» für Visionen? Wie pflegen wir die Qualität unserer Arbeit? Was ist in unserer «Rumpelkammer» verborgen? Wie sichern wir unseren Energiezufluss? Was sind unsere «Energiefresser»?)
- Welcher Gesamteindruck entsteht mit Blick auf das «Team-Building»?
- Wodurch ist dies im Wesentlichen bestimmt?
- Wie wirkt sich dies aus? Womit hängt dies zusammen? Was steckt dahinter? Was sind mögliche Ursachen?

Diese Einschätzungen werden ausgetauscht und vertieft. Das Ziel ist die Wahrnehmung der unterschiedlichen Bilder und Eindrücke. Die Mitarbeitenden erstellen dazu ein gemeinsames Bild. Die relevanten Aspekte werden in eine bildhafte Hausarchitektur übertragen.

Das Team formuliert in einem weiteren Schritt attraktive Veränderungsziele, Lern- und Handlungsfelder unter Berücksichtigung des Nutzens für das Team sowie der absehbaren bzw. möglichen Risiken.

- In welchen Räumen/Bereichen gibt es Baustellen?
- Wie lässt sich der Handlungsbedarf beschreiben?
- Welche Ziele gilt es zu verfolgen?
- Welche Probleme erkennen wir?
- Wie sichern wir die Qualität unserer Arbeit?

Im weiteren Verlauf werden die Themen, Inhalte, mögliche Bearbeitungsweisen konkretisiert sowie einzusetzende Ressourcen geklärt und notwendige Absprachen getrofen:

- Wo setzen wir den Hebel an? Was hat die größte Wirkung?
- Wie kann das angestrebte Ziel realisiert werden?
- Welche Aufgaben gilt es wie zu organisieren?
- Welche Absprachen und Regelwerke sind notwendig?
- Wie organisieren wir unsere Zusammenarbeit?
- Wer ist wie darüber zu informieren?
- Sind finanzielle oder personelle Ressourcen zur Realisierung nötig?
- In welchem Verhältnis stehen Aufwand und Nutzen?
- Ist mit Widerstand zu rechnen? Wie kann damit umgegangen werden?
- Wie sieht das Vorgehen im Einzelnen aus?
- Wer ist verantwortlich? Wie findet eine Überprüfung statt?

Die Arbeit mit der vorgegebenen Metapher ermöglicht bei der Arbeit in Kleingruppen eine vergleichbare Grundstruktur. Die Zusammenfassung der Ergebnisse aus den Kleingruppen wird nach Dringlichkeit und Wirkung bewertet.

Sprache, Wahl der Begriffe, Bilder, Satzbildung sind Werkzeuge unserer Beratung. Metaphern sind immer schon ein ausdrucksvoller Aspekt unserer Sprache, es gilt, ihn wahrzunehmen, zu verstehen und für die eigene Beratungsarbeit zu nutzen. In diesem Sinne mit Sprache umgehen heißt: spielend, kreativ, ästhetisch, unvoreingenommen, zweideutig, witzig, neugierig sich in der «Sprachlandschaft» bewegen.

«Texte stillen den Hunger nach Sinn, indem sie unvereinbare Begriffe in Beziehung setzen. Worte sind Speisen des Geistes, die durch den Mund aufgenommen und verdaut werden. Als Bildspender kann die Metapher nicht nur Komplexität reduzieren, sie kann gleichzeitig ein Assoziationsreservoir von Ideen öffnen und sinnstiftende Bezüge zu bestehenden Erfahrungen herstellen.»[97]

---

97 Fischer 2004.

4.4 Rituale in der OE

Ein Ritual (von lateinisch: ritualis) ist eine nach festen Regeln durchgeführte Handlung mit hohem Symbolgehalt. Sie spricht nach Catherine Herriger[98] die Bezugsebene der Kommunikation an und dient als «Verpackung» für unbewusste Botschaften im Beziehungsbereich. Dabei handelt es sich um eine mit Worten schwer beschreibbare, unbewusste Brücke zwischen Menschen, etwas Magisches, einen Funken, eine intuitive Bezugnahme. Durch gezieltes Entwickeln bestimmter Rituale besteht die Möglichkeit, nicht nur im Einzelfall Positives auszulösen, sondern ganze Beziehungssysteme zu verändern und verbessern.[99]

Unser Leben wird ständig begleitet von Konventionen und Ritualen: In fast allen Kulturen und Religionen gibt es Rituale zu wesentlichen Entwicklungsphasen und Übergängen des Lebens: Initiationsrituale zur Einführung in die Gemeinschaft (Taufe, Konfirmation, Firmung), Übergangsrituale zum Abschied von der Kindheit und Eintritt ins Erwachsenwerden, zur Begründung einer Lebensgemeinschaft oder zum Abschied (Begräbnis). Sie durchbrechen die immer gleichen Abläufe des Alltags und ermöglichen eine wertschätzende Verankerung des Augenblicks.

Auch unser Alltag ist von kleinen Ritualen geprägt: Begrüßungsrituale, der Pausenkaffee mit den Kollegen, die Weihnachtsfeier, der gemeinsame Kegelabend, der Betriebsausflug. Diese Rituale geben Halt und Sicherheit. Besonders in Zeiten starker Veränderung in Unternehmen sorgen solche Rituale für Stabilität. Wir beobachten manchmal, dass Führungskräfte bei großen Veränderungsprozessen dem Grundsatz folgen wollen: «Alles muss sich ändern». Unter diesem Motto fallen dann zum Beispiel auch langjährig gepflegte Rituale wie die Weihnachtsfeier oder der Betriebsausflug einem allgemeinen Sparprogramm zum Opfer. Das Kappen derartiger Rituale erzeugt bei den Mitarbeitern oft mehr Unmut und Kopfschütteln als ein neues Arbeitszeitmodell oder ein straffes Kostenreduktionsprogramm. Als Organisationsberater achten wir darauf, dass mit derartigen Ritualen achtsam umgegangen wird, da sie oft gerade das Minimum an Stabilität bringen, welches als Ausgleich zu weitreichenden Veränderungen notwendig ist.

In OE-Projekten selbst können wir Rituale sehr gut zur Untermauerung und Verankerung von Entwicklungsprozessen einbauen.

---

98 Herriger 1993, S. 23.
99 ebd., S. 46.

Ein Beispiel:
In einem Familienbetrieb wurde die Geschäftsführung von den Senioren an die Tochter und deren Mann übergeben. Noch ein Jahr nach der vertraglichen Regelung wandten sich viele Mitarbeiter mit ihren Fragen und Anliegen noch immer an die «alten Chefs», und auch die Senioren hatten Mühe, die Verantwortung an die junge Generation abzugeben. In der Vorbereitung eines Workshops für alle Führungskräfte bat ich die Eltern, der Tochter und dem Schwiegersohn einen Gegenstand als Symbol für die Übergabe der Geschäftsführung mitzugeben. Im Workshop inszenierten wir dann ein «Übergaberitual»: Mit sehr persönlichen Worten übergaben die beiden Senioren in einer für alle berührenden Art dem jungen Geschäftsführerpaar – passend zu deren Entwicklungsfeldern – Gegenstände: die Mutter ihrer Tochter selbst gesponnene Wolle (mit der Empfehlung: Achte auf die Netzwerke und Beziehungen im Unternehmen) und der Vater dem Schwiegersohn eine kleine Rute (mit dem Hinweis, ruhig auch einmal ein «strenger und konsequenter Chef» zu sein). Natürlich war es danach auch notwendig, die Rollen, Aufgaben und Kompetenzen der neuen Geschäftführung klar zu besprechen und festzuhalten. Trotzdem erklärten viele Mitarbeiter nach dem Workshop, dass ihnen das Übergaberitual «unter die Haut ging» und dass sie die Bedeutung dieser Veränderung erst zu diesem Zeitpunkt voll erfasst hätten.

Wir können bei der Gestaltung von Ritualen sehr kreativ sein. Wir können vorhandene Symbole, Konventionen der Organisation aufgreifen. Dazu ein paar Ideen:

Eröffnungsrituale
Kick-off-Veranstaltung, Projektstart, Informations-Workshop, wie immer wir es bezeichnen: Die meisten OE-Projekte beginnen mit einer – rituellen – Startveranstaltung, auf der auch symbolisch die Prinzipien und Arbeitsweisen vermittelt werden (siehe auch 4.3. Metaphern). Doch auch einzelne Workshops können mit Ritualen beginnen: So kann ein Projektgruppenmeeting z. B. immer mit einer Stimmungsabfrage, Bewegungsübungen, einem gemeinsamen Tanz, einem Blick auf das Ergebnisprotokoll der letzten Sitzung oder einem Kurzbericht über ein positives Erlebnis in den einzelnen Projekten beginnen. Derart rituelle Starts erleichtern das «Ankommen» und geben sofort wieder ein Gefühl von Vertrautheit in einem gewohnten Kreis.

Abschlussrituale
Die feierliche Verleihung von Urkunden nach dem Führungskräfte-Entwicklungsprogramm durch die Unternehmensführung, das Durchschneiden eines Bauabsperrbandes, die Verabschiedung eines Kollegen, ein Abschiedsbrief usw.

sind rituelle Abschlüsse. Auch in Projektgruppen ist es hilfreich, ritualisierte Gesprächsformen für Austausch und zur Selbstreflexion einzuführen. Diese können eine Brücke zum Start der Veranstaltung bilden und die Veranstaltung abrunden (z. B. wieder ein Abschluss im Kreis, ein gemeinsames Bild, ein Dialog, das schriftliche Festhalten und signieren von Ergebnissen).

Übergangsrituale
Die sichtbare Übergabe eines symbolischen Gegenstandes beim Wechsel von Verantwortung (s. o.) ist ein sehr wirksames Übergaberitual. Das können auch Schlüssel oder Gegenstände aus der Geschichte des Unternehmens sein.

Trauerrituale
Bei Abschieden von geliebten Menschen kennen wir das Ritual einer Trauerminute. Ein Kollege hat Trauerarbeit einmal als «Kompostarbeit» bezeichnet, da Schmerz, offener Ärger in etwas Fruchtbares umgewandelt werden. Auch beim Rückblick auf eine prägende Persönlichkeit der Organisation(z. B. den Pionier) können «Gedenkminuten» hilfreich sein, wenn sie das Unternehmen verlassen hat und die Mitarbeiter mit diesem Abschied Schwierigkeiten haben (wenn sie z. B. der «alten Zeit nachhängen» , Ärger wegen eines plötzlichen, unerwarteten Ausscheidens haben, Erinnerungen an diese Person die Gruppe spalten ...). Wo kein guter Abschied möglich war, werden oft über Jahre Spuren hinterlassen. Da der Rückblick auf solche Personen oft von sehr gemischten Gefühlen geprägt ist, kann man zur Einführung folgende Fragen stellen:
- Wofür möchte ich der Person danken?
- Was ist sie mir schuldig geblieben?
- Was möchte ich ihr mit auf den Weg geben?
- Wie möchte ich mich verabschieden?

Dabei geht es um eine achtsame Würdigung. Diese persönlichen Gedanken müssen nicht ausgesprochen werden. Hier besteht eher die Gefahr des «Zerredens» eines Rituals, das für sich selbst wirkt. Eher ist dann eine Reflexion darüber sinnvoll, wie es den Einzelnen mit diesem Abschiedsritual gegangen ist.

Abschiede werden oft mit Abschiedsgeschenken und Abschiedsfeiern ritualisiert. Man kann aber auch Abschiede von nicht mehr nützlichen Regeln rituell gestalten, indem man diese auf Moderationskarten festhält und diese dann nochmals vorliest und verbrennt. Gibt es in der Nähe eine Brücke über einen Bach oder Fluss, so können auch kleine «Boote» gebaut und ins Wasser gesetzt werden. Auch Gasluftballons – gefüllt oder beschriftet – oder Steine helfen beim «Loslassen».

Bei Gruppen, die gedanklich stark an ihren Problemen hängen und sich damit den Blick für Lösungen blockieren, kann man auch kurzerhand einen Mülleimer auf die Pinwand malen (oder den Mülleimer des Seminarraums in die Mitte stellen) und beschriftete Moderationskarten (mit formulierten Problemen, Sorgen, Ärger) hineinwerfen lassen: Etwas aufwändiger, aber einprägsam ist das Einwerfen der Moderationskarten in einen kleinen Aktenvernichter. (Dazu verwenden die Teilnehmenden immer die Formulierung: «Ich werfe … weg»). Auch ein «Verbrennungsritual» im Kaminfeuer oder an einem Lagerfeuer kann als Ritual für einen Abschied hilfreich sein.

Orte als Rituale
Wenn eine gewisse Form des Lernens und Gemeinsamentwickelns regelmäßig stattfindet, so ist es sinnvoll, diese Ereignisse auch an gewisse Orte zu binden. So ist es hat es sich zum Beispiel bewährt, mehrteilige Führungskräfteprogramme oder einen Strategieentwicklungsprozess immer am gleichen Veranstaltungsort durchzuführen. Der Ort wird dann oft mit der dort erlebten Atmosphäre und schon erreichten positiven Ergebnissen verbunden. Jede weitere Veranstaltung bildet dann eine positive Verankerung und ein Gefühl von «heimkommen».

Kommunikationsformen als Rituale
OE-Projekte können durch ritualisierte Formen der Kommunikation (ein wöchentlicher oder monatlicher Informationsbrief der Geschäftsleitung an alle Mitarbeiter, ein monatliches Informationstreffen für Mitarbeiter, an dem auch Sorgen und Bedenken thematisiert werden usw.) positiv unterstützt werden. Die Gewissheit, dass man regelmäßig über die anstehenden Veränderungen informiert wird, gibt Halt und Sicherheit in Zeiten des Umbruchs. Was auch immer Sie für ein Ritual in den Prozess einbauen: Wichtig ist, dass das Ritual sowohl für die Organisation als auch für den Berater stimmig ist. Wenn sich der Berater damit wohlfühlt, wird er das Ritual auch passend präsentieren. Hat man Bedenken, ob das Ritual von der Gruppe angenommen wird, überträgt sich diese Unsicherheit auch auf die Teilnehmer. Wir haben auch festgestellt, dass es immer auch Gruppenmitglieder gibt, die beim Einbau von derartigen Ritualen irritiert sind. Wir bieten daher Rituale als Möglichkeit an, erklären die Bedeutung und den Sinn der Vorgangsweise, laden zum Mitmachen ein, akzeptieren aber auch, wenn jemand sich nicht auf derartige Prozesse einlassen will.

5 Kontakt – Konflikt – Konkurrenz

Den folgenden Text erhielt ich von Dr. Waldefried Pechtl. In seiner ganz eigenen Erfassung und Beschreibung wesentlicher Phänomene hält er sich nicht an Schreibkonventionen. Statt einer wissenschaftlichen Abhandlung der Themen lädt er Leserinnen ein, die Beziehungsphänomene Kontakt – Konflikt – Konkurrenz zu erfassen, auf die eigene Erfahrung und Anwendung hin zu durchdenken, und gibt letztlich methodische Hilfen für die bewusste Verwendung im Alltag – auch im Interventionsalltag von Beraterinnen und von Führungskräften. (wh)

Kontakt – Konflikt – Konkurrenz
drei Wörter,
    drei Begriffe,
        drei Themen
und dennoch stehen sie zueinander in Beziehung.

Im Zusammenleben und in der Beratung kommt man an diesen Themen ohne Auseinandersetzung nicht weiter. Kaum sind sie verschwunden, tauchen sie in andern Kostümen wieder auf und machen auf sich aufmerksam.

Von der ursprünglichen Bedeutung der lateinischen Wörter sind sie nicht besonders auffällig:

Conflicto:
Niederschlagen, zerrütten
Zu kämpfen haben
Ins Gedränge kommen
Hart betroffen werden

Contactus:
Berührung
Ansteckung
Verderblicher Einfluss

Concurro:
Zusammenlaufen
Von allen Seiten herbei eilen
Zusammentreffen
Zusammenfallen

Von ihren Auswirkungen in therapeutischen, beratenden Settings und Gruppenprozessen sind sie unübersehbar, weil die Kommunikation und Zusammenarbeit davon abhängig ist. Natürlich sind es nicht die Begriffe, die wichtig sind, sondern, wie die Personen, die Teilnehmer die Wertigkeit in den Handlungen begreifen.

Ein kultivierter Umgang mit diesen drei Ks erleichtert sicherlich das Zusammenleben.

5.1 Kontakt

Als ich vor kurzem von einem Kollegen gefragt wurde, wo derzeit die Schwerpunkte der Arbeit liegen, fiel mir das Thema «Kontakt» ein. Viele Störungen, die in Arbeitsprozessen, in der Kommunikation oder in Partnerschaften auftreten, sind nicht bösartig, sondern eine gutartige Form von Kontakt-Unfähigkeit. Beide geben, und keiner nimmt. Einer redet und redet und andere haben sich längst für das Weghören entschlossen. Der Videoclip gibt keine Chance, etwas in Ruhe zu betrachten. Macht ist wichtiger als abgesprochene Zielsetzungen. Man könnte endlos weiterfahren in der Aufzählung und sich im Kontaktlosen verlieren.

Ich erlaube mir eine maßvolle Übertreibung um nicht ganz den Kontakt mit dem Leser zu verlieren:

> *Kontakt ist eines der größten Vorhaben für die Menschheit*
> *um als Mensch weiter zu existieren.*

Voraussetzung für Kontakt

Voraussetzung für Kontakt

Kontakt an sich setzt einiges voraus.

1. Ich muss mich selbst spüren, fühlen und in der Lage sein mich berühren zu lassen.
2. Ich muss Aktivität und Pausen bewusst beherrschen (Töne ohne Pause sind Lärm und werden nicht Musik).
3. Ich muss wahrnehmen und beobachten lernen um Wesentliches zu erkennen.
4. Ich brauche eine gewisse Verwurzeltheit, eine Heimat und eine eigene Zentriertheit, um wirklich aufmerksam zu sein.
5. Ich muss Lügen und (Selbst)-Täuschung aufgeben.
6. Ich muss den taktilen Sinn üben und berührt sein dürfen.
7. Ich brauche als Grundhaltung die wertschätzende Akzeptanz, um mich, dich und die Sache beachten zu können.

Eine Person kann zur Persönlichkeit reifen, wenn sie selbstbewusst, autonom und gemäß ihren Fähigkeiten handelt. Kontakt kann zum Rhythmus werden, wenn er nur noch Takt ist, sich im Taktvollen verselbständigt.

Wir können über den Takt (Kontakt) zum Rhythmus (Beziehung) finden, und wenn wir den Rhythmus verloren haben, über den Takt wieder anfangen ihn zu erreichen.

Die Grundvoraussetzung für Partnerschaften, Teams
und beigeordnete Kommunikation ist Kontakt.

Enger gefasst heißt dies auch, dass die Voraussetzung für unsere Arbeit der Kontakt ist.

Leitung, Beratung und Verhandlung ohne Kontakt ist Vergeudung der Leistung und auch nicht zweckmäßig. Das funktionale Tun braucht primär den Kontakt, weil nur durch das In-Kontakt-Sein Beziehung entstehen kann.

Wir verwenden unheimlich viele Zeiten um sachlich-inhaltlich, problemorientiert und störungsprogrammiert zu arbeiten,

statt zuerst in Kontakt zu treten
den Kontakt zu pflegen und zu halten

und dann erst an die Bearbeitung schwieriger Anliegen zu gehen. Wir können alles vergessen über Motivation, Konfliktbewältigung, Organisationsstrukturen und jegliche Form von Strategie, wenn die Kontakte ausgehöhlt sind.

Die Kontaktlosigkeit ist die laue Brühe, wo Störungen, Verwirrungen, Frustrationen und Energiefresser aufgekocht werden und eine Sogwirkung alles trüb werden lässt.

Kontakt führt zur Beziehung

Beziehungen

Beziehungen ermöglichen ein ausgewogenes Geben und Nehmen, ein Austauschen und das Schenken. Das Ich erweitert sich, dehnt sich aus und berührt das Du, und in der freien Wahl des Zusammentreffens werden sie zum Wir.

Wir sind in Beziehungen gewachsen, gereift und dieser Prozess des Werdens bleibt offen. Durch das Beziehen voneinander überschreiten wir eine Begrenztheit als Individuum und werden zur Person, vielleicht zur Persönlichkeit. In den unterschiedlichen Formationen des sozialen Daseins liegen unzählige Möglichkeiten uns selbst zu verwirklichen, im Sinne einer selbstbewussten, sinnfreudigen Lebensgestaltung. Als Einzelperson gehen wir in Gruppen, Organisationen und andere Gemeinschaften und erleben uns dort im Kontakt mit Mitmenschen. In diesen Kontakten und den folgenden Handlungen zeigen sich die Beziehungen, das Leben der Werte, die Sinnfindung, letztlich unser Dasein.

Je bewusster wir uns wahrnehmen auf den verschiedenen Ebenen des Daseins, umso erhöhter ist die Kontaktfähigkeit und umso wahrscheinlicher die Befriedigung der Bedürfnisse.

Einfache Wahrnehmungsebenen, die gleichzeitig erlebt werden und dennoch bewusst zu trennen sind, helfen uns zu einer Ganzheit hinzuschauen und mit ihr in Kontakt zu sein:

1. Atmung
2. Körperlichkeit
3. Bewegtheit (Emotion)
4. Beweglichkeit (Motion, Tun)
5. Geistigkeit (Denken)
6. Wesentliches
7. Ruhe, Friede (Lächeln)

Kontaktfähigkeit

Kontakt hat eine Seins-qualität, und je mehr wir in Kontakt sind und nicht haben, umso mehr finden wir einen Seins-rhythmus unseres Lebens.

Es ist leicht aufgeschrieben, dass der Kontakt gewisse Voraussetzungen braucht, wir als Menschen allerdings Zeit und Muße aufwenden müssen dorthin zu gelangen:

1. *Vorbereitet – sein*
2. *Da – sein*
3. *Aufmerksam – sein*

Die Qualität des Kontaktes hat mit diesen Prinzipien des Zusammenseins etwas zu tun und wird sich durch die Beachtung einfach ausdehnen, gedeihen und entwickeln.

Die Kontaktfähigkeit hat drei Felder, die gepflegt und kultiviert sein müssen.

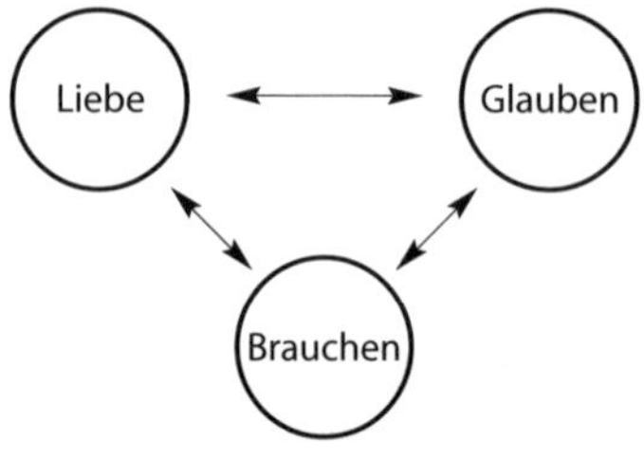

Ich liebe.
Ich glaube du liebst mich.
Ich brauche dich.
Du brauchst mich.

Scheinbar einfache Sätze, die unserem Dasein beziehungsmäßig eine Tiefe geben. Lieben genügt nicht, sondern es bedarf den Glauben an die Liebe oder an das Geliebt-Werden. Im Brauchen zeigt sich, ob aus der Liebe und dem Glauben, als umfassendes Feld der Bedürfnisse, Handlungen entspringen, wo im Kontakt es spürbar oder sichtbar wird, dass Beziehung besteht.

Der liebevolle Umgang mit anderen, die Kraft des Glaubens an das Gute und die Fähigkeiten und das Einander-Brauchen sind Wachstumswiesen der Beziehungen, wo Wohlbefinden und Erfolge die Blüten oder Früchte sind.

Kontaktfähigkeit ist eine Eigenschaft, die mit einer bewussten Lebensphilosophie zu tun hat, sich auf die Gefühle einlässt und Chancen nutzt, sich selbst bedingungslos hinzugeben.

Kontakt hat als ethischen Grundsatz das «Für»:
Für jemanden
Für etwas.

Er ist nicht kämpferisch in Gegnerschaften zuhause, sondern dabei Verbündete zu finden, was nicht heißt, dass Abgrenzungen nicht zulässig sind.

Kontaktfähigkeit ist ein

® *Einlassen*
® *das Pflegen und Halten des Kontaktes*
® *das Auslassen, Loslassen können.*

aber auch:

Arbeit und Kontakt

Ohne Kontakt ist die Arbeit und sind die Arbeitsbeziehungen Schwerarbeit, wenn nicht sogar Sisyphusarbeit. Kontaktlosigkeit ist eine Form des Widerstandes, der schwer aufzeigbar und auflösbar ist. Es lohnt sich, wenn Anzeichen für Kontaktlosigkeit zu erkennen sind, zu verweilen, zu reflektieren und eventuell neu zu starten.

Empfehlenswert ist immer die eigene Person als Beteiligten, Betroffenen und Mitwirkenden zu sehen und die anderen ohne moralische Bewertung zu beachten, nicht zu beschuldigen und sie zu nehmen, wie sie sind.

Kontaktbereitsein in der Arbeit setzt eine Vorbereitung voraus.

In der Vorbereitungsphase sind kurz zusammengefasst drei Fragen zu beantworten:

1. Was will ich erreichen?
2. Was will ich/wünsche ich von den anderen Beteiligten?
3. Wie geht es mir gefühlsmäßig?

Erfordernisse, um mit einem guten Gefühl an die Arbeit zu gehen, sind:

- Das Sachliche, Inhaltliche zusammenzutragen und Schwerpunkte zu bilden.
- Sich über die eigene Einstellung (Grundhaltung) klar zu sein.
- Informationen über Zeit, Ort und Personen frühzeitig zu eruieren und zu vereinbaren.
- Das Design und Konzept als Komposition durchzuspielen.

Falls es Bedingungen zulassen, ist es günstig:

- Bei der Raumgestaltung mitzuwirken.
- Sich bei informellen Treffen sichtbar und erkennbar zu machen.
- Interesse zu gewinnen.

Nehmen wir die Kontaktaufnahme, um gut arbeiten zu können, als Prozessgeschehen wahr, dann sollten folgende Phasen bewusst beachtet werden:

1. Vorbereitung:
- Inhalt
- Gefühl, Einstellung
- Zielsetzung
- Konzept
- Interesse an den anderen

2. Szenische Vorbereitung:
- Raumgestaltung
- Erstes Zusammentreffen
- Rahmenstruktur

3. In Kontakt treten:
- Begrüßen
- Absprache über Zeit, Raum, Struktur

4. In Kontakt bleiben:
- Prozess

5. Abschluss:
- Ergebnis-Sicherung
- Abschied

Kontakt-Hilfen

Gehen Sie in eine Fußgängerzone und beobachten, wie viele Personen stumpf, überdrüssig, hektisch, gequält und fahl dahintreiben. Selten ist jemand dabei, der mit wachen, funkelnden Augen sich im Menschenstrom bewegt.

> *Gehen Sie mit wachen Augen, lächeln Sie, wenn Sie Schönes erleben und wissen Sie von Ihrer Kraft der Ausstrahlung.*

Eine Aufforderung, die ganz banal und einfach erscheint, aber vielleicht ist sie ei e der größten Kontakthilfen. Leben, das Leben genießen und das Schöne beachten, das Gute spüren, diese Faktoren helfen noch andere Hilfen für den wohltuenden Kontakt zu finden.

1. Körperübungen

> *Bewusst atmen.*
> *Über die Atmung den Körper spüren.*

Vor wichtigen Sitzungen mache ich gerne einige Körperübungen, in jedem Falle beachte ich die Atmung, nehme mir Zeit, in meinem Dasein ins Zentrum zu gelangen. Bei Seminaren, Klausurtagungen biete ich Körperübungen als Einstieg an, weil ich die Erfahrung gemacht habe, dass die Kontaktfähigkeit enorm zunimmt und die folgenden Arbeitsphasen leichter durchzuführen sind. Die körperliche Ebene ist eine natürliche Plattform, um von dort in andere Bereiche der Aufmerksamkeit, des Bewusstseins zu gelangen. Zugleich wird über die Körperübungen ein «Energetisieren» wahrgenommen, das hilfreich ist, sich in etwas Neue, und wenn es nur eine Beziehung ist, einzulassen. Bei Körperübungen gibt es konkrete Handlungsabläufe, die mitvollziehbar sind, gemeinsam. Ein Modell, dass gemeinsames Handeln, Entscheiden möglich ist.

2. Notizen

Durch Notizen in der Vorbereitung, Durchführung und Nachbereitung bekommen Gesprächsverläufe, Arbeiten und Kontakte eine rhythmische Struktur, wo das Nicht-Sagende verschwindet. In Notizen sind wir angehalten, Stellungnahmen abzugeben.

Kontakthilfen sind eigene Stellungnahmen
zu sich
zu den anderen
zur Sache.

Nur wenn ich mich eindeutig einer Situation oder einer Person stelle (Stellungnahme), zeige ich mich als ernst zu nehmender Partner, der über den Kontakt hinaus wertvoll und entschieden ist.
Zugleich sind Notizen eine Dokumentation, die uns hilft, leichter in Bezug auf Gewesenes (Ergebnisprotokoll) zu kommen, oder über die Vorbereitung sich traut, neue Felder zu betreten.

4. Geschichte
Das Erzählen von Geschichten ist eine gute Möglichkeit indirekt Wichtiges beizutragen. Die Stimme macht uns kenntlicher als der beste inhaltliche Text. Die Auswahl gibt dem Anderen Auskunft, wie wir uns darstellen wollen. Die Art des Zuhörens lässt uns aufhorchen, wie und was ankommt. Und das Erstaunliche ist nicht die Geschichte, sondern was der Zuhörer davon hören will.

5. Smalltalk
Früher habe ich den Smalltalk verschmäht, vermieden und mich lieber in Schweigen gehüllt. Heute weiß ich, dass das Smalltalk-Gespräch zu Beginn eines Zusammenseins eine hohe Kunstfertigkeit sein kann, wenn es gut durchdacht und überlegt ist.
Es ist eine Kontakthilfe, die geübt gehört. Themen dafür gibt es genug: Reisen, Anreise, Golf, Tennis, Konzert, Weine und Essen, Bücher, Politik, Gesundheiten und Überraschungen usw.

6. Besinnung
Eine besinnliche Zeit sich nehmen, sinnieren und meditieren gibt uns oft den nötigen Abstand, uns auf andere einzulassen.

Meditationszeiten erhöhen natürlich unsere Spannung. Meditative Körperübungen fördern unsere Beweglichkeit.

Es ist nützlich aus dem Allein-Sein zu erforschen, zu wem und wohin es mich zieht. Deshalb wollen so viele dem Alleinsein entkommen und führen den Dauermonolog mit der eigenen Einsamkeit.

Zur Besinnung kommen heißt aus dem Nichts oder Erleben heraus die Werte und Wesentlichkeiten zu erforschen, dem einen Sinn zu geben und sich dann auf den Weg machen, die Erfüllung zu leben.

Die schönste Kontakt-Hilfe ist die Stille.

Die Stille ist der Schlüssel in andere Bewusstheitsbereiche, Wahrnehmungsfelder und Wirklichkeiten. In der Stille treffen wir vielleicht die Ruhe und den Frieden oder die Leidenschaft und Sehnsucht. Durch die Stille finden wir vielleicht dorthin, wo wir sein wollen, Kontakt brauchen.

Selbsterfahrungslernen
Eine der wichtigsten Voraussetzungen und Anliegen im Selbsterfahrungslernen ist der Kontakt. Ich möchte nur darauf hinweisen, dass das Lernen in analogen Feldern ohne Kontakt Verschwendung ist.

Kritisch vermerkt sei, dass eben programmiertes Lernen oft zu wenig Wert auf den Kontakt legt und es daher nicht verwunderlich ist, dass frustrierte Teilnehmer oder Wissenssäcke das Ergebnis sind.

5.2 Konflikt

Gäbe es keine Konflikte mehr, müssten wir uns rasch zusammensetzen, um sie neu zu schaffen oder zu erfinden. Ohne Konflikte wären wir wahllos, verantwortungslos und willenlos. Unser Leben wäre klar, determiniert und programmiert. Wir wären festgelegt auf eine Wirklichkeit, und der Tod wäre die einzige Überraschung im Leben.

Grundsätzlich:

Wir haben und brauchen Konflikte.
Konflikte sind Diener der Entwicklung.
Über Konflikte kommen wir zu eigenen Entscheidungen.

Definition des Konfliktbegriffs
Der Begriff Konflikt ist bereits eine Konstruktion, die vorgenommen wurde um ein gewisses Geschehen zu beschreiben. Wir sprechen erst dann von Konflikten wenn

Wahlmöglichkeiten bestehen.
Entscheidungen möglich sind.
Handlungsvarianten vorliegen.

Konflikte sind ein Widerstreit zwischen verschiedenen Trieben, Wünschen, Bedürfnissen, Forderungen oder Zielen von einer (intrapersonell) oder mehreren (interpersonell) Personen.

Ein Satz Heinz von Foersters hat mich immer wieder angehalten nachzudenken, und gerade in der Reflexion der Konflikte ist er ein feiner Hinweis für Offensein zu Wahlmöglichkeiten. Er sagt:

> *Handle stets so, dass die Anzahl der Wahlmöglichkeiten steigt.*

Die Erhöhung der Wahlmöglichkeit führt zweifellos zur Verdichtung des Konfliktes, mit der freien Wahl einer Entscheidung, die zur Handlung wird. Es ist eine Aufforderung sich in Konflikte einzulassen, sich damit auseinander zu setzen und als zusätzlich Erfahrener weiter zu gehen.

Aufbau des Konflikts und die Folgen

Der einfachste Aufbau eines Konfliktes sind zwei Wünsche oder Forderungen, die unvereinbar sind, aufgrund einer Vorbedingung.

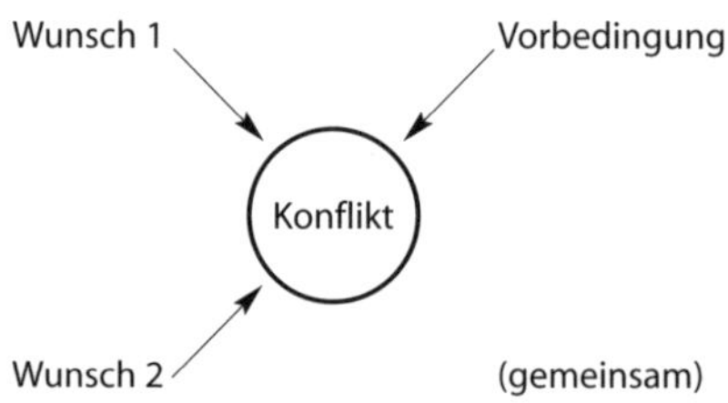

Aufbau und Folgen eines Konfliktes

Beispiel: Clinton und Jelzin wollen gemeinsam ins Kino gehen, am 1.1.2000 um 20:00. Clinton (Wunsch 1) will einen Sexfilm sehen. Jelzin (Wunsch 2) will den Finanzreport anschauen. Sie verlassen sich auf ihre Machtbefugnisse und diskutieren über den Konflikt endlos.

Nehmen wir den Konfliktverlauf dazu, ergeben sich zwei Varianten, die wiederholbar sind.

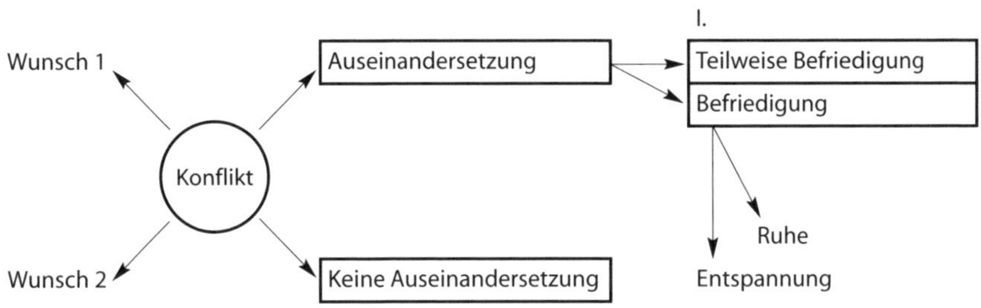

Aufbau und Folgen eines Konfliktes

In der Variante I erfolgt eine Auseinandersetzung, die zu einer Befriedigung oder teilweisen Befriedigung führt. Danach tritt eine Entspannung ein.

In der Variante II findet die Auseinandersetzung nicht statt, so dass der Konflikt erhalten bleibt und weder Wunsch 1 oder 2 befriedigt werden können. Die Spannung bleibt aufrecht und wird häufig durch andere Aktivitäten oder Ausreden sublimiert.

Beide Varianten sind wiederholbar, befriedigend oder unzufriedenstellend.

Bearbeiten und bewältigen von Konflikten

> *Konflikte sind nicht allgemein bearbeitbar.*

Es ist unmöglich Konflikte mit allgemeinen Strategien zu bearbeiten und zu bewältigen. Es gibt jedoch Strategien konkret beschriebene Konflikte mit den beteiligten Personen aufzuarbeiten.

Bei der Konfliktbearbeitung muss mit Schwierigkeiten gerechnet werden und es lohnt sich über die Hindernisse zu kommen: Dabei ist auf folgendes zu achten:

> 1. *Erkennen der verschiedenen, sich widersprechenden Wünsche, Ziele, Interessen usw.*

Bei der Konfliktbearbeitung kann das Erkennen geleistet werden, aber die noch größere Schwierigkeit ist, dass keine Akzeptanz von anderen Wünschen, Interessen usw. vorhanden ist und letztlich der Konflikt nicht wahrgenommen wird. Einer, der auf den Zehen des anderen steht, kann leicht sagen, er hätte keinen Konflikt, auch wenn er am Konflikt maßgeblich beteiligt ist.

2. Einschätzen des Konfliktgeschehens

Beim Einschätzen von Konflikten kann man sich auf Erfahrungen stützen, ein Rest bleibt immer einer Fehleinschätzung offen. Es sind drei Konfliktgeschehnisse zu unterscheiden:

a. Der Konflikt muss bearbeitet und gelöst werden, damit ein Fortkommen gewährleistet wird.
b. Der Konflikt ist unlösbar, und jeder Energieaufwand ist Vergeudung.
c. Mit dem Konflikt leben, ohne sich darauf einzulassen.

Die genaue Einschätzung hilft, sich nicht unnötig auf Unnötiges und Unmögliches einzulassen.

3. Bereitschaft zu einer (vielleicht mühevollen) Auseinandersetzung

Es genügt nicht nur zu sagen, hier liegt ein Konflikt vor, sondern es geht dabei um das Eruieren der unterschiedlichen Wünsche, Forderungen und Stellungnahmen. Für die folgende Auseinandersetzung um den Konflikt zu bearbeiten, braucht es die Bereitschaft der beteiligten Parteien.

Durch unsere Überlebenserfahrungen sind wir meisterlich beim Manipulieren. Um der konkreten Auseinandersetzung zu entgehen, benützen wir gerne Vorstellungs- und Handlungsmuster, die sich scheinbar auf den Konflikt beziehen, letztlich aber in der Bewältigung des Konfliktes zum Versagen führen.

4. Konfliktabwehr

Grob zusammengefasst kann man drei Arten der Konfliktabwehr unterscheiden oder immer wieder leidvoll erfahren:

- Ausweiten oder Generalisieren
- Verschieben oder Verzerren
- Vermeiden oder Löschen

Zusammenfassend kann gesagt werden, und dies war die erste Aussage, dass Konflikte nicht allgemein bearbeitet werden können. Konflikte haben mit Personen und Situationen einen Vertrag abgeschlossen, der nur mit den beteiligten Personen auflösbar ist. Unbeteiligte als Zuhörer oder Berater zu bitten, den Konflikt vor ihnen darstellen zu können, ist eine Hilfe für die Bearbeitung. Für die Vorgangsweise der Bearbeitung empfiehlt es sich folgende Schritte durchzuführen:

- Kontakt – finden
- Situationsanalyse mit der genauen Beschreibung der beteiligten Personen, deren Anliegen usw.
- Die unterschiedlichen Wünsche und Forderungen und die Kennzeichen des Konfliktes
- Häufigkeit und Bedeutung
- Rahmenstruktur für die Bearbeitung vereinbaren

Konfliktmodelle
Bei den Konfliktmodellen sind drei gängige leicht zu skizzieren und zu beschreiben: Sie sind alltäglich und sollten gleichwertig ohne moralische Bewertung nebeneinander Platz haben. Wir kämpfen, flüchten und lösen, um gleich in der nächsten Konfliktphase ohnmächtig von vorne zu beginnen. Wir vergessen das eigentliche Anliegen und legen den Akzent auf den Kampf oder die Flucht, ganz selten auf die Los-Lösung vom Konflikt.

Die Konfliktmodelle
- KAMPF
- FLUCHT
- BEWÄLTIGUNG (Los-Lösung)

sind durch die Bereitschaft zur Auseinandersetzung und Übereinstimmung gekennzeichnet.

Modelle	**Bereitschaft zur Auseinandersetzung zur Übereinstimmung**	
Kampf	Auseinandersetzung Übereinstimmung	*unvermeidbar* *unmöglich*
Flucht	Auseinandersetzung Übereinstimmung	*vermeidbar* *unmöglich*
Bewältigung (Loslösung)	Auseinandersetzung Übereinstimmung	*unvermeidbar* *möglich*

Als kleine Randbemerkung für die zahlreichen Problem- und Konfliktlöser: Es geht bei der Lösung nicht primär um Maßnahmen, sondern um das Vermögen sich selbst vom Konflikt zu lösen um wieder handlungs- und entscheidungsfähig zu werden.

Konflikt und Innovation

Nachdem die grundsätzliche Aussage getan wurde:

«Konflikte sind Diener der Entwicklung»

möchte ich gerne einen Regelkreis für Innovation in Erinnerung rufen. Ich denke, durch diesen Kreislauf zur Entwicklung wird auch erkenntlich, wieso Entscheidungen als Vorspann den Konflikt haben.

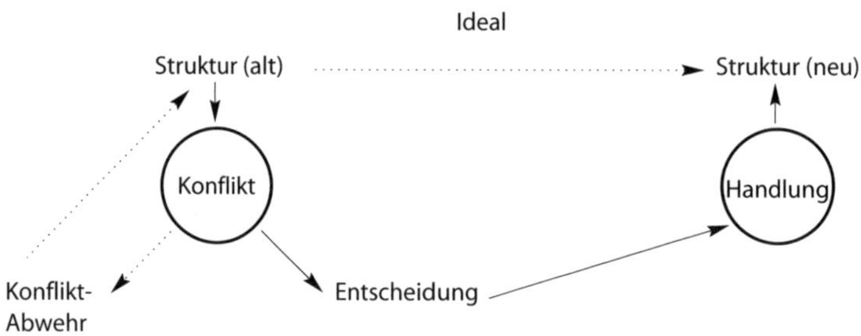

Innovation

Nur der bloße Gedanke an einen Strukturwandel beherbergt bereits den Konflikt. Es wird abgewägt, eingeschätzt, Wahlmöglichkeiten gesucht bis letztlich eine Entscheidung getroffen wird, die zur Handlung führt, die nicht mehr dem alten Strukturmuster Rechnung trägt. Bei der Konfliktabwehr bleibt die alte Struktur aufrecht, etwas morscher, spannender, aber beständig.

Das Sich-Einlassen auf Konflikte führt natürlich und geradlinig zu Entscheidungen, früher oder später. Die meisten Konflikt-Lösungen, die befriedigend sind, gehen auf eindeutige Entscheidungen zurück, die Handlungsfähigkeit zur Folge haben.

So sind die Auseinandersetzungen mit Konflikten ein Bewusstseinsgrad, der der Entwicklung dienlich ist, weil er Neues riskiert.

Empfehlungen bei der Konfliktbearbeitung

Die Nichtauseinandersetzung mit Konflikten bindet Energien. Bei der Bearbeitung geht es nicht um die Beseitigung der Konflikte, sondern um das Nutzen des Konfliktpotentials für Wesentliches oder auch für die Ruhe nach den Konfliktsituationen.

In der Folge nochmals einige Überlegungen, die bei der Konfliktbewältigung hilfreich sein können oder beim Leben mit Konflikten brauchbar sind:

1. Kontakt finden
2. Konfliktbewusstsein
3. Konflikte erkennen, akzeptieren
4. Distanz schaffen und beteiligt, betroffen bleiben
5. Unterschiedliche Wirklichkeiten gelten lassen
6. Ebenen des Konfliktgeschehens beachten
7. Einlassen auf die Auseinandersetzung
8. Übereinstimmung lokalisieren
9. Wertschätzende Akzeptanz pflegen
10. Bitten, ohne Sparhaltung
11. Lernen

Es gab eine Katze, sie nannte sich Konflikt. Es gab einen Hund, der sich Konflikt nannte. Als sie sich vorstellten, hielten sie dies nicht für möglich – es passte nicht in ihre Vorstellungen. Sie nannten sich Konflikt und hatten den Konflikt. Irgendwann einmal, als sie hungrig wurden, hatten sie vom Konflikt genug und gingen fressen. Er wie ein Hund und sie wie eine Katze. Dieser Unsinn musste sein, sonst hätte ich mich Konflikt nennen müssen.

5.3 Konkurrenz

Ein ergänzendes Thema zu den beiden anderen Schwerpunkten ist die Konkurrenz. In diesem Triumvirat wird sie oft missverstanden und nur negativ angesehen. Sie kommen alle drei aus einer Familie (Kon) und sind unweigerlich miteinander in enger, fast verwandtschaftlicher Beziehung.

Lassen wir einmal das Thema laufen, und laufen wir miteinander, so sind wir in Konkurrenz. Die natürliche Konkurrenz ist an sich ein Miteinander, ein partnerschaftlicher Umgang, der sehr wohl auch den Wettbewerb zulässt.

Konkurrenz wird häufig gesagt und Kontrakonkurrenz gemeint.

Es ist günstig, hier wirklich Unterscheidungen zu treffen, zwischen

1. *Konkurrenz*
2. *Rivalität*
3. *Gegnerschaft*
4. *Partnerschaft*

Konkurrenz korrespondiert mit Partnerschaft, während Rivalität in der Nähe der Gegnerschaft liegt. Anders ausgedrückt, werden Konkurrenz und Partnerschaften eher entwicklungsfördernd, energiespendend und wohltuend erlebt, hingegen wird die Rivalität als stagnierend, lähmend, kämpferisch um des Kampfes willen und Energien fressend empfunden.

Gesunde Konkurrenz

Ich erzähle immer wieder gerne, dass ich sehr gute Freunde habe und damit glücklich bin. Meist füge ich hinzu – und keiner davon ist bequem; sie sind angenehm, aber von ihren Stellungnahmen unbequem. Es herrscht zwischen uns eine gesunde Konkurrenz, aber auch viel wohltuende, liebevolle Anerkennung.

Eine gesunde Konkurrenz sind wörtlich Mitläufer, Partner und es darf auch ein herausfordernder Wettbewerb dabei sein. Es gibt zahlreiche Beispiele, wie eine gesunde Konkurrenz Persönlichkeiten herausfordert und fördert. Auch in der Wirtschaft zeigt sich, wie positiv eine faire Konkurrenzsituation für beide Seiten nutzbringend sein kann, da auch der Kunde daraus Profit zieht. Konkurrenz schafft eine Konfliktsituation, deren Bewältigung durch die Phasen der Auseinandersetzung, der Entscheidungen und Gestaltungen fruchtbar sein können.

Konkurrenz oder Rivalität haben hingegen eine Reihe von Charakteristika, die den Beteiligten Schwierigkeiten bereiten sollen. Häufig wird im Ausleben der Rivalitäten das ursprüngliche Anliegen vergessen und es geht nur noch darum, dem anderen eine Niederlage zuzufügen. Impulse werden paralysiert, Kräfte aufgehoben und Auseinandersetzungen in kämpferische Transaktionen verwandelt.

Abwehrformen

Rivalität und Gegnerschaften sind maßgebliche Abwehrformen gegen eine gesunde Konkurrenz. Zugleich werden hier mit Sicherheit anstehende Konflikte nicht ausgetragen, sondern eher die Akzeptanz begraben. Die Konfliktbereitschaft dient nur der Kampfansage und zur Erweckung von unguten Gefühlen.

In der Folge sind einige Aufzählungen und Beschreibungen von Abwehrformen gegen das Partnerschaftliche oder auch gegen die «gesunde Konkurrenz»:

1. Kampf um des Kampfes willen
2. Macht um der Macht willen
3. Schuldverschreibungen
4. Besserwisserei
5. Sich lustig machen auf Kosten anderer
6. Penetrante Selbstdarstellungen (nur ich bin wichtig)
7. Nichtbeachtungen

8. Entwertungen
9. Rationalisierung
10. Verleugnung von Gefühlen
11. Eingeschnappt-sein
12. Detektivisches Aushorchen und Nachfragen
13. Immer nach der gleichen Person sich zu Wort melden
14. usw.

Bei den Abwehrformen ist nicht darauf zu achten, wie und wo andere in diese Rivalitätsfallen gehen, sondern es ist ratsam, seine eigenen Handlungen und Einstellungen unter dieser Brille zu reflektieren.

Aufbau und Nutzen
Um eine Konkurrenzsituation zu schaffen und zu nutzen, empfiehlt es sich, eine Reihenfolge zu beachten:

1. Im Kontakt-sein mit den Konkurrenten
2. Ihn und sein Anliegen akzeptieren, d. h. ihn anhören, anschauen …
3. Das eigene Anliegen vorbringen
4. Eine ausreichende Selbstdarstellung anbieten
5. Die Vorgangsweise der Auseinandersetzung deklarieren
6. Evtl. Regeln vereinbaren

Idealtypische Fragestellung:
Wie können beide gewinnen?

Konkurrenzsituationen sind häufig auf andere Themen, Ebenen oder Personen verschoben. Es braucht ein gutes Gespür, einerseits sich nicht täuschen zu lassen, aber auch nicht vorschnell etwas hinein zu denken, was anderes angeboten wird. Hilfreich ist es für mich primär dem Gesagten zu glauben und zu den offiziellen Informationen und Handlungen Stellung zu nehmen. In den wenigsten Fällen wird bewusst gelogen oder getäuscht, sondern es sind verschiedene Auffassungen von Wirklichkeiten. Innerlich allerdings spüre ich nach, ob eine Stimmigkeit auf den verschiedenen Ebenen vorhanden ist. Bei Unstimmigkeit reflektiere ich erst meine eigene situative Befindlichkeit, bevor ich die Aufmerksamkeit erneut auf die Anliegen der anderen richte. Oft genügt dieses Bewusstsein, um mit den mehrdimensionalen Transaktionen klarzukommen.

Teil 3
Die konkrete Gestaltung des OE-Prozesses

1 Orientierungsphase

Für das Gelingen von Entwicklungsprozessen in Organisationen sind vier Parameter von zentraler Bedeutung. Der Entwicklungsbedarf, die Entwicklungsbereitschaft, die Entwicklungsfähigkeit und die Entwicklungsziele.

Jeder dieser vier Einflussfaktoren bestimmt von sich aus maßgeblich den OE-Prozess. Andererseits beeinflussen sich diese Parameter gegenseitig sehr stark.

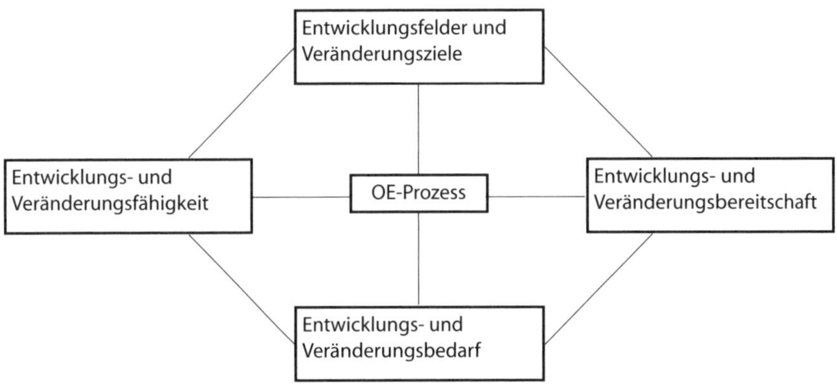

Einflussfaktoren in OE-Prozessen

Der Entwicklungs- und Veränderungsbedarf einer Organisation

In einem Umfeld mit starken und immer schnelleren Veränderungen besteht für nahezu jede Organisation ein permanenter Entwicklungsbedarf.

Dieser wird jedoch nicht ausschließlich von außen, vom Markt, den Mitbewerbern, den neuen Technologien erzwungen, sondern resultiert proaktiv auch aus dem Zukunftsbildern und Visionen der Menschen innerhalb der Organisation.

Dass dieser Entwicklungsbedarf von den einzelnen Mitgliedern einer Organisation unterschiedlich gesehen wird, ist in der Regel die Ausgangssituation von OE-Prozessen. Wie diese unterschiedlichen Sichtweisen als wertvolle Ressource genutzt werden können und ein Sich-Einlassen auf unterschiedliche Wirklichkeiten gefördert wird, ist eine Herausforderung im gesamten OE-Prozess, aber ganz besonders in der Orientierungsphase.

Die Entwicklungs- und Veränderungsbereitschaft
Darunter verstehen wir die Grundhaltungen und Einstellungen der betroffenen und am OE-Prozess beteiligten Menschen.

Die bisherigen Erfahrungen mit Veränderungs- und Entwicklungsprozessen spielen dabei eine maßgebliche Rolle. Wenn in diesem System Veränderungen immer nur unter Druck und aus Zwangssituationen erfolgt sind, neigen die involvierten Menschen zu einer starken Problemorientierung. Je mehr es gelingt beziehungsweise in der Vergangenheit gelungen ist, Entwicklungsprozesse ohne Krisen und Leidensdruck zu gestalten, desto stärker ist die Lösungsorientierung und die Bereitschaft der Menschen für die aktive Mitarbeit in Entwicklungsprozessen.

Neben den Erfahrungen beeinflussen die anderen drei Parameter maßgeblich die Entwicklungsbereitschaft.

Wer definiert den Entwicklungsbedarf? Wer alles kann diesen Bedarf verstehen und ihn mittragen? Welche Entwicklungsziele sind damit verknüpft? Was ist für wen der Gewinn?

Und nicht zuletzt, trauen sich die Betroffenen eine derartige Veränderung zu? Sehen sie sich in der Lage, den Entwicklungsprozess zu gestalten?

Die Entwicklungs- und Veränderungsfähigkeit
Darunter verstehen wir das Wissen und Können der einzelnen Organisationsmitglieder, aber auch der gesamten Organisation, Entwicklungsprozesse zu gestalten. Diese Fähigkeit steht in enger Verbindung mit den schon angesprochenen Erfahrungen. Je mehr eine Organisation in der Vergangenheit mit Veränderung und Entwicklung gefordert war, umso höher ist die Kompetenz im Umgang damit. Allerdings nur dann, wenn die Entwicklungsprozesse durch entsprechende Mitgestaltung der Führungskräfte und Mitarbeiter erfolgt sind.

Hier zeigt sich der Nachteil von Veränderungsstrategien, die ausschließlich durch Positionsmacht oder Experten erfolgen. Denn dann besteht zwar die Fähigkeit, mit geänderten Rahmenbedingungen umzugehen, nicht jedoch die Fähigkeit, Veränderungs- und Entwicklungsprozesse selbst konstruktiv zu gestalten.

Die Entwicklungsfelder und Veränderungsziele
Die Entwicklungsziele des OE-Prozesses werden in der Phase der Situationsklärung und Zukunftsmodellierung gemeinsam erarbeitet und vom formalen Management priorisiert und definitiv entschieden. Aber bereits am Beginn des Entwicklungsprozesses in der Orientierungsphase spielen die oft unterschiedlich gesehenen Veränderungs- und Entwicklungsziele eine bedeutsame Rolle.

Sind die Ziele von einem Weg-von, dem Loswerden von Problemen oder von einem Hin-zu, einem attraktiven Zukunftsbild geprägt?

Gibt es Übereinstimmungen oder gegensätzliche Vorstellungen bezüglich der Zukunft?

Geht es bei den Entwicklungszielen um eine ganzheitliche Weiterentwicklung der Organisation oder um einen isolierten Teilaspekt. Ist diese abgegrenzte Betrachtung und Bearbeitung zulässig oder gibt es erfolgskritische Verknüpfungen, die es einzubeziehen gilt?

Im Rahmen der Orientierungsphase muss es gelingen, diese wenn auch unterschiedlichen Zielsysteme der Organisationsmitglieder transparent zu machen und ein Commitment für die gemeinsame Erarbeitung der Entwicklungsziele herzustellen.

1.1 Erstkontakt und Erstgespräch

Für einen internen oder externen Entwicklungsberater beginnt der OE-Prozess mit dem ersten Kontakt mit einer Person aus dem Klientensystem.

Wir schenken dem Beginn eines Prozesses große Aufmerksamkeit, weil er bereits wichtige Informationen enthält:

- *Wer nimmt Kontakt auf? Welche Funktion hat er in der Organisation? Warum gerade er?*

Es macht einen Unterschied und regt zu Vermutungen über die Dringlichkeit und Bedeutung der geplanten Veränderung an, ob der Kontakt über das Sekretariat oder durch einen Sachbearbeiter hergestellt wird, durch einen Geschäftsführer oder Bereichsleiter.

Wurde bereits intern über den Entwicklungsbedarf, Entwicklungsziele und mögliche Vorgehensweisen diskutiert? Wie wird die Ausgangssituation vom Managementteam gesehen?

- *Wer weiß von diesem Erstkontakt?*

- *Wird es als leicht oder schwierig eingeschätzt, wichtige andere Personen der Organisation oder des betroffenen Bereichs für ein ausführlicheres Orientierungsgespräch zu gewinnen? Wie erklärt sich mein Gesprächspartner das, wie hängt dies mit dem vorgebrachten Anliegen zusammen?*
- *Wie geht es mir als Berater im Kontakt mit meinem Gesprächspartner?*

Der erste Eindruck und das damit verbundene Gefühl sind es wert, bewusst wahrgenommen und festgehalten zu werden. Schon bei der ersten Hypothesenbildung gut darauf achten, was bestimmte Bilder mit mir selbst beziehungsweise mit meinen Mustern zu tun haben.

- *Was erhofft sich der Gesprächspartner vermutlich von meiner Begleitung/Beratung? Was soll mein Part sein? Woran macht mein Gesprächspartner fest, dass er eine professionelle Beratung bekommt?*

Dieser Punkt ist insofern wichtig, als dabei die Vorstellungen des Klientensystems über Beratung und den OE-Prozess besonders deutlich zutage tritt. Dabei werden die bisherigen Erfahrungen mit Beratung, erste Hinweise über die Entwicklungsbereitschaft und die Entwicklungsfähigkeit des Klientensystems besprechbar.

- *Wird das Anliegen als äußerst dringend dargestellt («besser gestern starten als heute») oder ist es eher eine vage Anfrage, eine erste Orientierung?*

Wenn der Gesprächspartner den Berater zeitlich sehr drängt, kann dies ein Hinweis darauf sein, dass der Berater Feuerwehr spielen soll. (Passt das zu meinem Beratungsverständnis? Soll und will ich möglicherweise Dinge übernehmen, die jemand im Rahmen seiner Führungsfunktion angehen sollte?)

1.2 Hypothesen bilden

Aufgrund solcher Fragen, der Antworten darauf und Vermutungen werden erste, *vorläufige* Hypothesen zur Situation gebildet, die im weiteren Verlauf zu überprüfen sind.

Hypothesen im Sinne von Annahmen oder Erklärungen, worum es in einer bestimmten Situation geht oder wie verschiedene Phänomene zusammenhängen und zu erklären sind, hat jeder von uns ständig. Aufgabe des Beraters ist es, sich solche Hypothesen bewusst zu machen und zu überprüfen, ob sie ausreichend passend und nützlich (nicht «richtig»!) sind.

Hypothesen haben auf diese Weise organisierende Kraft. Sie ermöglichen es, die Vielfalt an Eindrücken und Informationen zu ordnen und miteinander in Beziehung zu setzen. Es ist hilfreich, als Berater mit Hypothesen flexibel umzugehen – die Regel «mehrere Hypothesen sind besser als eine» zielt darauf ab, mehrere verschiedene Annahmen zu formulieren, da dies der Gefahr vorbeugt, eine einzige von mehreren möglichen Erklärungen einseitig zu favorisieren. In diesem Zusammenhang gibt es einen Leitsatz: Man darf seine Hypothesen lieben, aber man sollte sie nicht heiraten.

Nützliche Hypothesen sind in der Regel ressourcen- statt problemorientiert und eröffnen dadurch Auswege aus einer Situation und fördern die Akzeptanz des Entwicklungsbedarfs und die Möglichkeiten und Fähigkeiten zur Entwicklung selbst.

Hypothesen des Beraters werden nicht in jedem Fall gegenüber den Klienten offengelegt, denn sie haben vor allem Ordnungs- und Distanzierungsfunktion für den Berater – er «fällt nicht so leicht ins System», das heißt, er kann eine eigenständige Sicht und Außenperspektive gegenüber den Erklärungsangeboten der Betroffenen bewahren. Dem zugrunde liegt die Erfahrung, dass gerade die Art und Weise, wie eine als problematisch erlebte Situation von den Betroffenen und anderen Beteiligten beschrieben und erklärt wird, selbst Teil des Problems sein kann.

Hypothesen führen zu Fragen seitens des Beraters, und die erhaltenen Antworten bestätigen oder widerlegen eine Hypothese. «Im Anfang ist alles enthalten …», ist eine nützliche Beratungsregel, Wachsamkeit und Neugier lohnen sich gerade bei den ersten Schritten.

Wir befürworten, dass am Erst- bzw. Orientierungsgespräch mehrere Personen teilnehmen, weil so in der Zusammensetzung und Dynamik des Gesprächs bereits ein Mikrobild des zu beratenden Systems entstehen kann. Oftmals sind mehrere Orientierungsgespräche mit verschiedenen Beteiligten notwendig.

Diese Gespräche haben zwei gleichrangige (!) Ziele: sich als Berater eine erste Orientierung zu verschaffen und bei den Betroffenen selbst durch entsprechende Fragen eine Orientierung und Auseinandersetzung in Gang zu bringen.

Berater betrachten diese Phase oftmals einseitig als nur für die eigene Informationsbeschaffung notwendig – mit der Wirkung, dass ihnen solche Gespräche, natürlich ohne Verrechnung und ohne große Erwartungshaltung bezüglich möglicher Impulse, gewährt werden. In unserer Beratungsarbeit sind Orientierungsgespräche bereits Beratungssituationen und als solche Möglichkeiten für Interventionen im Klientensystem.

1.3 Sich ortskundig machen – Kontextklärung

Möglicherweise sind interne PE/OE-Berater aufgrund ihrer Organisationszugehörigkeit noch stärker als externe Berater in der Gefahr, dass sie zu Beginn einer Beratung meinen, das «Gelände» zu kennen, was dann zu erstaunlichen Überraschungen führen kann. Zudem gehen Führungskräfte und Mitarbeiter im System oft davon aus, dass die anderen die Situation gleich oder ähnlich sehen und sowieso Bescheid wissen.

Einige hilfreiche Fragen zur Kontextklärung:[100]

- *Warum kommen Sie gerade zu mir (zu unserer Abteilung/Organisation)?*

Darin liegen Informationen, welche Bilder und Erwartungen der Gesprächspartner über meine mögliche Funktion im OE-Prozess hat («Sie sind mir vom Kollegen X empfohlen worden, weil Sie bei denen eine Neuverteilung der Aufgaben so zügig vorangetrieben haben», «Ihre Arbeitsweise vor vier Jahren im Zusammenhang mit Thema X hat ermöglicht, dass einige Konflikte auf den Tisch kamen» usw.).

- *Wer hatte die Idee, sich beraten zu lassen?*
- *Wie haben die anderen Beteiligten darauf reagiert?*
- *Was wurde gegebenenfalls bisher bereits versucht, um das Problem zu lösen?*
- *Wie erklären Sie sich, dass das nicht funktioniert hat?*
- *Was müsste ich als Berater tun, um ähnliche Erfahrungen zu machen/um ebenfalls zu scheitern?*

Zu wissen, was sich bereits als nicht hilfreich oder zielführend erwiesen hat, kann Beratungen erheblich verkürzen, die Fragen regen die Beteiligten zum nachgreifenden Verständnis bisheriger Bemühungen an und zum Fokussieren auf neue Ideen. «Mach etwas anderes!» – diese Beraterregel plädiert dafür, nicht mehr von dem, was bisher schon nicht funktioniert hat, zu tun und die Erfahrungen des Klientensystems zu nützen.

- *Finden gleichzeitig andere Beratungen statt?*
- *Welche Erfahrungen haben Sie in der Vergangenheit mit (internen/externen) Beratern gemacht?*
- *Warum gerade jetzt?*
- *Was würde passieren, wenn man jetzt nichts unternimmt?*
- *Wie lange wird/soll die Beratung nach Ihren Vorstellungen dauern? Wie intensiv soll sie sein?*

---

100 Diese stammen wie eine Vielzahl weiterer nützlicher Informationen und Anregungen aus dem Erfahrungsschatz systemischer Beratung, die uns Gunthard Weber in einer Weiterbildungsreihe vermittelt hat und die sich in unserer OE-Beratungspraxis als äußerst wirksam erwiesen haben.

Darin liegen in der Regel Informationen, wie stabil oder labil die derzeitige Situation eingeschätzt wird und welche weitere Entwicklung erwartet wird. Die Vorstellungen bezüglich Zeit und Intensität der Beratung verweisen darauf, ob die nötige Veränderung als eher begrenzte oder komplexe Sache angesehen wird und wie schnell Lösungen erwartet werden.

- *Was soll das Ergebnis der Beratung sein? Was soll am Ende erreicht sein, und woran wird erkennbar sein, dass das Ziel erreicht ist?*
- *Wer sieht dies vermutlich ähnlich? Wer anders?*
- *Was wäre ein gutes/schlechtes Ergebnis?*
- *Was soll keinesfalls passieren?*
- *Was sind mögliche Auswirkungen eines erfolgreichen/nicht erfolgreichen OE-Prozesses (und woran wird dieser Erfolg gemessen)?*

Unklare Ziele bzw. Ziele und Vorstellungen, die gegenseitig nicht abgeklärt wurden, sind die sichersten Voraussetzungen für einen mühevollen und letztlich alle Beteiligten frustrierenden OE-Prozess. Umso wichtiger ist es dann, das Erarbeiten von gemeinsamen Zielen als ersten Schritt des Entwicklungsprozesses selbst zu definieren.

- *Welche Bedeutung haben möglicherweise persönliche Merkmale des Beraters (Alter, Geschlecht usw.)?*

Wenn Sie als Beraterin annehmen, könnten sich Ihr Alter, die Tatsache, dass Sie die einzige Frau in einer Männerrunde sind, Ihre berufliche Ausbildung, Ihr Engagement in einer gewerkschaftlichen Frage usw. nachteilig auf die Beratungsbeziehung auswirken, ist es vorteilhaft, dies aktiv anzusprechen (wobei wie bei allen anderen Fragen der Ton die Musik macht und dieselbe Frage lösend oder provozierend, beziehungsfördernd oder langweilend wirken kann, wenn sie ohne Kontakt – stur nach «check list» – gestellt wird).

- *Was soll ich in meiner Funktion als Berater (OE-Begleiter) tun/nicht tun? Haben alle Beteiligten ähnliche Erwartungen an die Beratung, oder gibt es Unterschiede?*
- *Was verstehen Sie unter einem OE-Prozess, und welche Vorstellungen haben Sie über nützliche Schritte?*

Es empfiehlt sich, nicht unhinterfragt von einem gemeinsamen Verständnis auszugehen, sondern neugierig auf die Hinweise und Aussagen des Klienten zu sein

(«Also keinesfalls sollen Sie uns mit Modellen und Rezepten kommen, wie etwas zu tun sei. Wir brauchen jemanden, der den Überblick hält und der uns auch mal mit kritischen Fragen und Beobachtungen konfrontiert. Und wenn mir als Vorgesetztem mal der Gaul durchgeht, sollen Sie mich einbremsen.»).

- *Auf wen (welche Personen, welche Organisationseinheit) soll sich der OE-Prozess beziehen?*
- *Wer gehört zum Thema/Problem (und zur Lösung!) dazu? In welcher Form?*
- *Wer würde sich aufgrund dieser Namensliste wundern, dass er nicht dabei ist?*

Diese Fragen fördern eine sinnvolle Systemabgrenzung, die den Kreis der Beteiligten weder zu eng noch zu weit zieht – beides wirkt sich nachteilig auf den OE-Prozess aus: Sind wichtige Personen oder Teilsysteme nicht dabei, fehlt unter Umständen die Akzeptanz oder die inhaltliche Bearbeitung wird behindert, sind zu viele involviert, entsteht eine nicht handhabbare Komplexität. Wichtige Regel hierzu ist es, auf vielfältige Rollen und Funktionen zu achten: Menschen können beteiligt werden als Informationsgeber, als Entscheider, als jemand, der an der Umsetzung der Ergebnisse mitwirken muss, als jemand, der regelmäßig über den aktuellen Stand informiert werden muss, als Projektmitglied usw.

- *Wie heißt das derzeitige Problem/die derzeitige Aufgabe für die Beteiligten?*
- *Wie erklären sich die Beteiligten das Problem/die derzeitige Situation?*
- *Was soll in jedem Fall gesichert, beibehalten werden?*

Als Berater achten wir im Sinne der Neutralität darauf, nicht einseitig zum Promotor von Veränderungstendenzen im System zu werden. Gerade, wo viel in Bewegung kommt oder viel Verunsicherung vorhanden ist, gilt es, die bewahrende Seite zu stärken. These: Geht der Berater einseitig mit den Veränderungskräften, müssen andere die stabilisierende Seite vertreten (und stehen dann womöglich als «Bremser» im Weg).

1.4 Erarbeiten des Vorgehens – Konzepterstellung

Egal, ob Sie als externer oder interner Berater arbeiten: Wir empfehlen, an dieser Stelle ein schriftliches Konzept für die Vorgehensweise im OE-Prozess zu verfassen und mit dem Klientensystem zu besprechen. Dieses Konzept hat mehrere Funktionen:

- Es schafft Transparenz darüber, was bisher «angekommen» ist.
- Es sichert nochmals das gegenseitige Verständnis ab.

- Es zeigt weitere Schritte und wichtige Rahmenbedingungen auf.
- Es stellt durch seinen Inhalt und Aufbau bereits eine Intervention dar, indem z. B. Themen wie Ausgangslage, Zeitbedarf, Arbeitsformen und Beteiligung des Klientensystems usw. beschrieben werden.
- Es bildet die Grundlage für einen «Beratungskontrakt» im Sinne einer tragfähigen, verbindlichen Vereinbarung.

Inhalte eines Konzepts für einen OE-Prozess:

1. *Beschreibung der Ausgangssituation*
   Hier wird die Ausgangssituation beschrieben, wie sie vom Auftraggeber und dem Berater gesehen wird. So gesehen, ist es die Sichtweise, auf die sich das Beratungssystem (bestehend aus Teilen des Klientensystems und Teilen des Beratersystems) verständigt haben. Sie beinhaltet bereits konkreten Entwicklungsbedarf und gleichzeitig auch Ressourcen des Systems für Entwicklung. Achten Sie dabei auf eine neutrale Darstellung ohne Schuldzuweisungen. Verwenden Sie bei Bedarf positive Umdeutungen statt der wörtlichen Wiedergabe von Schilderungen der Betroffenen. Zum Beispiel statt: «Es kommt immer wieder zu Streitereien, weil die Kollegen der Abteilung X glauben, sie müssten sich in unsere Arbeit einmischen», kann man festhalten: «Durch unklare Aufgabenverteilung zwischen den Abteilungen kommt es immer wieder zu Spannungen und Konfliktsituationen.» Dabei ist es vor allem wichtig, dass Sie als Berater Inhalt und Personen möglichst neutral darstellen und nicht schon in der Schilderung der Ausgangslage Partei ergreifen.
2. *Grobe Zielsetzung, thematischer Rahmen*
   Obwohl die definitiven Entwicklungs- und Veränderungsziele erst im Rahmen des OE-Prozesses festgelegt werden, sind die Metaziele bzw. der thematische Rahmen für die geplante Entwicklung schon festgelegt. Positive, konkret fassbare Ziele geben Hoffnung und wecken Veränderungsenergie. Sie sollen so formuliert sein, als ob man sie schon erreicht hätte (siehe auch: Teil 3 Kap. 2.6, Verarbeitung von Veränderungszielen und Entwicklungsfeldern). Beispiel für eine Zieldefinition: Aufgaben und Kompetenzen der Abteilungen X und Y sind klar vereinbart.
3. *Systemabgrenzung*
   Wer ist betroffen und wer ist als Berater vorgesehen?
   Bezogen auf die Metaziele und die verschiedenen Teilsysteme der Organisation erfolgt hier eine erste Festlegung, welche Führungskräfte und Mitarbeiter aus welchen Bereichen in die weiteren Schritte der Orientierungs- und Zielklärungsphase involviert sind.

Wichtig dabei ist, auf die vielfältigen Rollen und Funktionen zu achten.
- Wie sind die Führungskräfte als Entscheider involviert?
- Wer sind die wichtigen Informationsgeber, eventuell konkrete Interview–partner?
- Wer sollte bei der Zielklärungsphase in den geplanten Workshops unbedingt mitarbeiten?
- Wer sind wichtige Menschen für die Ausarbeitung konkreter Ziel- und Maßnahmenprogramme für die Realisierung?
- Wer sollte simultan bzw. nach einzelnen Phasen des OE-Prozesses über das bisherige Geschehen und die Ergebnisse umfassend informiert werden?

4. *Geplante Schritte in Orientierungsphase und Situationsklärung*
   - Welche einzelnen Maßnahmen sind geplant?
   - Wer ist bei welchem Schritt wie beteiligt?
   - Welcher Zeitrahmen ist für die einzelnen Schritte vorgesehen?
   - Wo sollen die einzelnen Maßnahmen stattfinden (im Betrieb oder an einem Ort außerhalb, z. B. eine Klausur in einem Hotel?)
5. *Mögliche weitere Schritte nach der Orientierungsphase und Situationsklärung*
   Zum Zeitpunkt der Konzepterstellung sind diese Schritte meist noch ziemlich offen. Um das Ausmaß des geplanten Prozesses überschaubar zu machen, ist es sinnvoll, vorerst nur eine Vereinbarung über die Durchführung und Reflexion der Orientierungsphase und Situationsklärung zu treffen. Inwieweit Begleitung durch einen Berater danach notwendig sein wird, hängt stark davon ab, welche Veränderungsthemen sich im Prozess ergeben. Viele Themen können im System selbst durch die Betroffenen erarbeitet werden. Schlagen Sie für den weiteren Prozess eine Minimalstruktur vor, die sicherstellt, dass der OE-Prozess nach der Situationsklärung nicht «versandet», sondern getragen und fortgesetzt wird.
   Methoden, Arbeitsweise, Prinzipien:
   Eine explizite Darstellung der eingesetzten Methoden und der Arbeitsweise in den einzelnen Prozessschritten nützt dem gegenseitigen Arbeitsverständnis und schafft Freiräume für Methodenvielfalt. Eine konkrete Beschreibung der Werte und Prinzipien, die im OE-Prozess eingehalten werden, liefert einen sicheren normativen Rahmen für die gemeinsame Arbeit.
6. *Rahmenbedingungen*
   Dazu zählen der Zeitrahmen für das Projekt und der geschätzte Zeitaufwand des Beraters, der entweder intern verrechnet wird oder als Honorar an externe Berater zu kalkulieren ist. Bei Honorarvereinbarungen nach Zeitaufwand empfiehlt es sich, zur Klarheit für das Klientensystem einen Maximalaufwand festzulegen.

In den Rahmenbedingungen ist auch festzuhalten, welche interne Unterstützung für das Projekt notwendig ist (z. B. Organisation von Workshops, Hotelreservierungen, Kopierdienst von Workshop-Protokollen usw.). Auch das Prinzip der Vertraulichkeit im Umgang mit Informationen sollte für externe Berater festgehalten werden.

7. *Projektübersicht*
   Sie sollte einen Überblick über die Maßnahmen geben. Wir empfehlen zur besseren Veranschaulichung eine grafische Darstellung.

1.5 Externe Beratung im OE-Prozess

Führungskräfte, HR-Verantwortliche und interne OE-Berater stehen nach den ersten Eindrücken und Kontakten oft vor der Frage, ob sie einen externen Berater beiziehen sollen. In diesem Kapitel möchten wir genauer darauf eingehen, wann externe Beratung Sinn macht, nach welchen Kriterien man Berater für die Begleitung eines OE-Prozesses auswählen sollte und wie Sie externe Begleiter so einführen können, dass diese Zusammenarbeit fruchtbar wird.

1.5.1 Vorteile externer Berater

Das gewichtigste Argument für externe Entwicklungsberater stellt unserer Ansicht nach ihre Unabhängigkeit und Distanz, ihr Standort außerhalb der Organisation dar. Berater, die mit den Vertretern des Klientensystems in enger Beziehung stehen (z. B. Freundschaft mit einem Vertreter der Geschäftsleitung, Verwandte) sollten eine Begleitung wegen Befangenheit ablehnen.

Externe Berater sind unbefangen von Vorgeschichte(n) und eingespielten Sichtweisen und Erklärungen. Sie haben die Freiheit, «naive» Fragen zu stellen, Dinge erstmals zu sehen und zu hören, kritische Anregungen zu geben und unbequeme Interventionen zu machen. Im Idealfall sind sie frei von unsichtbaren Bindungen, von Loyalitäten und Dienstvertrag. Das setzt allerdings eine gewisse Unabhängigkeit von diesem Auftrag voraus, oder, um G. Weber zu zitieren: «Für einen Berater ist es eine wichtige Qualitätssicherung, eine Warteliste zu haben.»

Für externe Berater (in Kooperation mit internen) kann im Weiteren sprechen:

- Berater, die in unterschiedlichen Organisationen gearbeitet haben, verfügen oft über breite Erfahrung in unterschiedlichsten Themenstellungen (für interne Organisationsentwickler bewährt es sich, immer wieder einmal ein Projekt außerhalb ihrer Organisation zu machen).
- «Der Prophet im eigenen Lande gilt wenig», heißt es in einem Sprichwort. Externe Berater erhalten daher leichter die nötige «power» (sie stehen außerhalb der Hierarchie).

- Sie können vielfältigere Einflussmöglichkeiten nützen, da sie außerhalb des Systems stehen.
- Sie werden von allen Seiten als ausreichend neutral akzeptiert und können tragfähige, unbelastete Beratungsbeziehungen aufbauen.
- Sie werden nicht als Teil des Problems angesehen.

1.5.2 Wann macht externe Beratung Sinn?

Das Beiziehen eines externen Beraters kann demnach (auch bei interner Beratungskompetenz) nützlich sein:

- zu Beginn des Prozesses, bis er in der Phase der Themenbearbeitung «ins Laufen gekommen» ist,
- wenn intern nicht genug «power» vorhanden ist, um den Prozess einzuleiten,
- wenn mit konfliktträchtigen Themen zu rechnen ist oder die Basis der Zusammenarbeit erst entwickelt werden muss,
- bei tief greifenden, konsequenzenreichen Themen (z. B. Umstrukturierung),
- wenn dies für den internen Berater bewusst eine Möglichkeit sein soll, «on the job» aus der Zusammenarbeit zu lernen.

Der externe Berater stellt prinzipiell keinen Ersatz für die interne Projektleitung dar, der OE-Prozess soll nach unserer Erfahrung in jedem Fall strukturell und personell in Form eines Projektleiters in der Organisation verankert sein. Die Zusammenarbeit mit einem externen Partner stellt daher immer Teamarbeit in variabler Aufgabenteilung dar. Wir regen den internen Berater oder auch Projektleiter grundsätzlich dazu an, all jene Schritte in Abstimmung und mit Unterstützung des externen Beraters selbst durchzuführen, für die er sich kompetent fühlt. Die Glaubwürdigkeit der gelebten OE-Prinzipien seitens des externen Beraters zeigt sich gerade auch an der Qualität seiner Beziehung mit dem internen.

Sievers schreibt:

> *«Eine solche Teamarbeit setzt natürlich auf Seiten beider Berater eher eine positive Grundeinstellung zur Teamarbeit voraus als eine solche Konkurrenzhaltung, wie sie oft dadurch hervorgerufen wird, dass ein externer Berater in den Einflussbereich gebracht wird, der bislang allein von einem internen Berater eingenommen wurde. Eine solche Zusammenarbeit erfordert regelmäßige Planungssitzungen, häufige Kommunikation, um auf den neuesten Stand zu kommen, und besondere Anstrengung, ein Team zu bilden und sich als solches zu legitimieren. Der Versuch, eine solche Kooperation geheim zu halten, muss sich für jede Beratung hemmend auswirken und ist für gewöhnlich verhängnisvoll. Offene Teamarbeit wird nicht nur mehr Ressourcen zum Tragen bringen, sondern darüber hinaus noch das Potential für eine kontinuierliche Weiterführung innerhalb des Klientsystems steigern.»*[101]

101 Sievers 1977, S. 111 ff.

1.5.3 Kriterien für die Auswahl externer Beraterinnen

Wichtige Qualitätsanforderungen sowohl für interne wie für externe Beraterinnen sind:

- Kompetenz für eine entwicklungsorientierte Prozessgestaltung.
- ein vielfältiges Interventions- und Methodenrepertoire.
- Fähigkeiten und Haltungen für einen Entwicklungsprozess: wertschätzende Haltung, Rollenbewusstsein und Flexibilität, Disziplin, Zielorientiertheit, Reflexionsbereitschaft, aktives Zuhören, Aufgeschlossenheit.
- Einbindung in ein Beraternetzwerk, das die Möglichkeit bietet, bei Bedarf Kollegen in den Prozess beizuziehen, falls das durch den Umfang oder die Themenstellung im Verlauf des Prozesses notwendig wird.
- Kontinuierliche Supervision als «Qualitätskontrolle» ermöglicht der Beraterin, mit professioneller Unterstützung auf das Geschehen und ihre Rolle in diesem Geschehen zu blicken.

Auf der operativen Ebene sind mit der externen Beraterin Fragen und Möglichkeiten der Projektleitung zu klären (z. B. Zeiteinsatz, möglicher Start, Honorar, Dokumentation, Verfügbarkeit für nicht Planbares usw.), die strategische Richtung des Prozesses und die konkreten Schritte sind festzulegen (auf der Grundlage des Konzepts).

Auf der normativen Ebene gilt es zu prüfen, inwiefern das Beratungsverständnis und Wertesystem der Beraterin als hilfreich und passend erscheint

1.6 Organisationen in Bewegung bringen

Grundsätzlich stellt sich für Berater und interne Projektleiter immer wieder die Frage: Wie können wir in unserem System etwas bewegen. Das Verhalten des internen Projektleiters bzw. der Berater spielt dabei eine wichtige Rolle. Ihre Interventionen und Fragen können Bewegung in die Organisation bringen.

1.6.1 «Bewegendes Beraterverhalten»

- Beginnen Sie damit, sich selbst zu bewegen! Bewegung bewegt – Menschen und Organisationen. Sorgen Sie auch bei Sitzungen für einen Wechsel des Standpunktes, für eine räumliche Veränderung, für Bewegung in der Gruppe. Gehen Sie auf Personen und Gruppen zu (nicht nur körperlich).
- Grenzen Sie das System sorgfältig ab und definieren Sie die für das Projekt relevante Umwelt: Wer alles gehört dazu? Wer gehört nicht dazu?
- Legen Sie bereits Geklärtes oder von der Führung Entschiedenes, wie zum Beispiel Rahmenbedingungen, von Anfang an offen.

- Vereinbaren Sie klare Spielregeln für die Zusammenarbeit und sprechen Sie Ihre Vorgehensweise mit den Betroffenen ab. Workshops sind kein «Überraschungspaket».
- Machen Sie Ihre eigene Sichtweise der Situation, ihre Absichten, ihre Vorstellungen transparent. Machen Sie ruhig auch persönliche Aussagen und zeigen Sie Ihre Ansichten. Sie fördern damit die Offenheit der Gruppe.
- Fordern Sie auch zu Stellungnahmen auf – wenn die Gruppe noch nicht so weit ist, offen Stellung zu beziehen, probieren Sie es mit Bewegung (Aufstellen auf einer Skala, in Gruppen «Pro» und «Kontra» zusammenstellen lassen usw.). Machen Sie daraus das Bewegende, das Neue, Ungewohnte erlebbar. Sorgen Sie eher für Transparenz als für Schonung und ermöglichen Sie den Einzelnen, aus der anonymen Masse, der Organisation herauszutreten und anzusprechen, was ihm oder ihr wichtig ist.
- Seien Sie neugierig: sich informieren und fragen hilft auch dem Klientensystem, die eigenen Annahmen, Regeln, Methoden zu reflektieren.
- Stellen Sie Zeit, Raum und Energie für den Prozess zur Verfügung und ermöglichen Sie der Gruppe ein Erleben der Prinzipien und Grundsätze von Veränderungsprozessen: ansprechen – erlebbar machen – diskutieren – reflektieren. Lassen Sie dabei Unsicherheiten zu und begrüßen sie diese als Zeichen dafür, dass sich etwas bewegt.
- Verbünden Sie sich mit den konstruktiven Kräften im Klientensystem und stärken Sie deren Position. Sie sorgen für Bewegung und Entwicklung.

1.6.2 Mit Fragen Unruhe erzeugen

Unruhe verstehen wir in hier natürlich nicht im Sinne von Verwirrung oder Chaos. Vielmehr geht es um das Gegenteil von Ruhe, nach dem Sprichwort: «Wer sich verändern will, muss den Zustand der Ruhe verlassen.»

Aufgabe des Beraters ist es, in diesem Zusammenhang den Zustand der Ruhe zu stören, indem er zur Reflexion der gegenwärtigen Situation und zur Auseinandersetzung mit der aktuellen Wirklichkeitskonstruktion sowie zur Bildung verschiedener Möglichkeitskonstruktionen anregt. Fragen liefern einen guten Schlüssel für dieses «Unruhestiften». Sie können bei der Problemklärung und Konkretisierung helfen, Richtung geben, zur Betrachtung aus einer Beobachterperspektive und zur Reflexion einladen, konfrontieren usw. Die Art, Fragen zu formulieren, ist allerdings eine Kunst, die geübt sein will. Besonders die systemische (Familien-)Therapie und Beratung hat diese Kunst weit entwickelt und liefert eine Vielzahl hilfreicher Fragestellungen.[102]

---

102 Zu Fragen und den unterschiedlichen Hintergrundtheorien siehe auch Grochowiak/Heiligtag 2002.

Der Berater stellt sich und seine Meinung beim Fragen zurück. Sein Ziel ist es, Unterschiede herauszuarbeiten und zu vertiefen, Sichtweisen und Perspektiven herauszuarbeiten und neue Alternativen zu eröffnen. Vorschnelle Entscheidungen, z. B. Entscheidungsfragen, die mit Ja oder Nein zu beantworten sind, helfen dabei nicht. Empfehlungen und Hinweise des Beraters auf sogenanntes Best Practice sind ebenso wenig dienlich.

Die erste Regel lautet daher: *fragen statt sagen*

Damit die gestiftete Unruhe nicht in Verwirrung, Chaos, Angst und damit Widerstand umschlägt, dürfen Fragen nicht zum Verhör werden. Vielmehr müssen sie Vertrauen aufbauen und damit Öffnung ermöglichen. Der Fragende muss dazu die Wirklichkeit des Befragten erfassen, in seinen Fragen aufgreifen. Dazu verhilft die zweite Regel.

Die zweite Regel lautet: *ankoppeln, verkoppeln und rückkoppeln*

Der Fragende versucht zunächst durch Klärung dessen, worum es wirklich geht, an der Wirklichkeit des Befragten anzukoppeln. Indem er den Befragten akzeptiert, sich über Antworten nicht wundert, sondern neugierig auf das andere bleibt und fragt, verkoppelt er sich mit dem Befragten. Regelmäßige Rückkoppelungen zwischen Fragen – Zuhören – Rückfragen – Zuhören sichern zuletzt die Verständigung und das Verstehen, worum es geht.

Damit dies gut gelingt, ist die Haltung eines neugierigen Besuchers, der erstmals einen fremden Planeten besucht, hilfreich:

Die Überzeugung «Sieh da! Jedes Ding ist anders» verspricht, über nichts und niemanden zu urteilen oder Aussagen zu bezweifeln, sondern neugierig und verständnisvoll zu bleiben und auch fremde Logiken zu ergründen.

Die Haltung «Ich besuche einen fremden Planeten, aber ich wundere mich nicht, wenn dort auch Menschen existieren» verheißt, dass etwas da ist, alles möglich ist und sicher etwas dabei herauskommt.

Der Grundsatz «Wenn ich einen neuen Landstrich erkunden will, wundere ich mich nicht, wenn dort merkwürdige Dinge oder Lebewesen auftauchen» predigt Geduld und Zurückhaltung, um nicht mit vorschnellen Lösungen und vermeintlichem Besserwissen neue Möglichkeiten zu verschrecken.

Die Einstellung «Auf diesem Planeten bin ich fremd, und ich kenne weder Risiken noch Gefahren» verführt dazu, sich bewusst zu überlegen ob man Risiken, wie z. B. Respektlosigkeit neuer Ideen gegenüber alten Gedanken, eingehen will.

Die dritte Regel beim Fragestellen lautet: *Fragen sind nicht unschuldig*

Fragen verändern die kommunikative Situation. Sie können Lösungen kreieren oder behindern. Sie können Vertrauen schaffen oder zerstören. Fragen können Freiräume schaffen oder bedrängen und belästigen. Sie können manipulieren und verführen, indem sie die Antwort oder einen Teil davon vorwegnehmen. Damit Fragen dem Gesamtprozess dienen, ist eine vorsichtige Auswahl der geeigneten Fragen notwendig.

Grundsätzlich sind Fragen geeignet, wenn sie:
- klar und unmissverständlich sind,
- die Antwortbereitschaft fördern,
- den Gesprächsgegenstand vertiefen,
- die Kommunikation fördern,
- empathisch und verständnisvoll sind,
- Interesse zeigen,
- zum richtigen Zeitpunkt gestellt werden.

Da Fragen mehrere Bücher füllen könnten, wollen wir in den folgenden Tabellen nur einen kurzen Überblick über geeignete und ungeeignete Frageformen geben:

Geeignete und in der passenden Situation hilfreiche Fragen

Fragenart	Charakteristik	Bedeutung
Externalisie-rungs-Fragen	Unterscheidung zwischen Symptom und Symptomträger durch Verdinglichung des Symptoms: statt «unser Chaos» von «das Chaos» sprechen	Systemische Reflexion wird möglich, Veränderung von Glaubenssätzen und Aktivierung von Selbstregulationskräften
Geschlossene Fragen	Entscheidungsfragen, mit Ja oder Nein zu beantworten	Rascher Informationsgewinn ohne Ausufern, aber Gefahr pseudopräziser Antworten
Hypothetische Fragen	Fragen die sachlich-objektiv nicht beantwortbar sind: «Wie hätte es sich auch anders entwickeln können bzw. wie könnte es sich künftig anders entwickeln?» oder deren Prämissen nicht zutreffen: «Angenommen, Sie könnten frei von Bestehendem Ihren Bereich/Ihre Organisation neu gestalten, was würden Sie anders machen und was wäre Ihnen wichtig?»	Erweiterung der Perspektiven, Alternativen und Möglichkeiten kreieren
Interpretations-Fragen	Verstehendes Wiederholen: «Wollen Sie damit sagen, dass ...?»	Schlussfolgerung, Verständnis klären, Rückkoppelung
Isolations-Fragen	Isolation von Themen mit besonderer Bedeutung: «Welches davon ist das wichtigste Problem?»	Überblick schaffen, Klärung des Kontexts und Auftrags
Katalog-Fragen	Auswahl alternativer Beschreibungen «Was wählen Sie aus A, B, C ...?»	Entscheidungen unterstützen, Konkretisierung
Konfronta-tions-Fragen	Entgegenhalten früherer Aussagen, Hinweis auf Widersprüche: «Haben Sie gesagt, ...?	Aufmerksamkeit erzeugen und Auflösen von Widersprüchen
Offene Fragen	Antwort frei formulierbar: «Wie erleben Sie ...?	Geeignet zur Gesprächseröffnung und -vertiefung, aufschließend, ermutigend, kontaktfördernd, lässt aber auch Abweichungen und Ausschweifen zu.

Fragenart	Charakteristik	Bedeutung
Ressourcen-orientierte Fragen	Frage nach Ausnahmen: «Wann war es schon mal anders?»	Ressourcen und Fähigkeiten aufdecken und verfügbar machen, Lösungen finden
Skalierungs-Frage	Einordnung des Status oder der Veränderungserwartung auf einer Skala von 1 bis 10	Schafft (Pseudo-)Objektivität und macht individuelle mentale Landkarten koppelbar
Sondierungs-Fragen	Eng umschriebene Fragestellung: «Schildern Sie … genauer»	Informationsgewinnung, freie Schilderung eines Sachverhalts
Symptom-Fragen	Aufweichen: «Wofür wäre es gut, das Problem beizubehalten?»	Widerstände im System erkennen, das Problem in ein positives, ressourcenorientiertes Licht rücken
Triadische Fragen	Die Außenperspektive über eine echte oder hypothetische Beziehung Dritter abfragen: «Wie sehen Sie die Beziehung zwischen X und Y?»	Beziehungsmuster klären, Feedback über Interaktionen, Koalitionen klären
Unterscheidende Fragen	Differenzierungen: «Worin sehen Sie den Unterschied?»	Anregung zur Reflexion
Verbesserungs-Fragen	Aufdecken der möglichen Folgen und Wirkungen einer Alternative «Was wäre anders, wenn …?»	Lösungsbild kreieren, Ökologie-Check
Verschlimmerungs-Fragen	«Was müssten Sie tun, damit das Problem größer wird?»	Geeignet bei starker Konzentration auf das Problem, um durch Irritation einen Zugang zu einer Alternative zu finden
Weiterleitende Fragen	«Welche zusätzlichen Wünsche haben Sie?»	Bringt bei stockenden Gesprächen den Redefluss wieder in Gang
W-Fragen	Halbstrukturierte gezielte Fragestellung (wann, was, wo, wer, wie)	Verdeutlichung bestimmter Punkte, Informationsgewinnung
Zirkuläre Fragen	Eine echte oder hypothetische Außenperspektive abfragen: «Was würde X zu der Sache sagen?»	Hypothesen entwickeln

Grundsätzlich ungeeignete und zu vermeidende Fragearten

Frageart	Charakteristik	Bedeutung
Suggestiv-Fragen	Vorwegnahme der Antwort oder Implizieren der Antwort: «Haben Sie das auch bemerkt?»	Zur Problemlösung nicht geeignet, ausnahmsweise zur Ermutigung einsetzbar
Mehrfach-Fragen	Erwartung mehrerer Antworten	Überforderung des Befragten, unter Druck setzen
Überfall-Fragen	Überrumpelungstechnik	Vernachlässigung von Empathie und Wertschätzung, weckt Widerstände und Aggressionen
Fang-Fragen	Beabsichtigen, den anderen hereinzulegen	
Neugier-Fragen	Durch persönliche Neugier geleitet	
Sokratische Fragen	Unbeantwortbarkeit ist beabsichtigt	
Wertungs-Fragen	Nehmen Wertungen vorweg	
Aggressions-Fragen	Enthalten persönliche Angriffe	
Floskel-Fragen	Oberflächlich, klischeehaft	

Die vierte Regel lautet: *Fragen informieren auch – aber nicht ausreichend*

Jeder, der als Bewerber ein Vorstellungsgespräch absolviert oder in einem Interview Rede und Antwort gestanden hat, weiß, dass man allein aus den in Fragen verpackten Themen, der Reihenfolge der Fragen, der Häufigkeit und Intensität von Rückfragen oder der Formulierung von Fragen viele Informationen über den Fragenden und seine Intention oder die dahinterstehende Organisation erhält. Trotzdem sind diese Informationen unklar und oft unspezifisch. Sie verschaffen einem bestenfalls eine Ahnung, worum es geht, ermöglichen gleichzeitig aber viel Spekulationen. Während Fragen eine gewisse Verunsicherung bewirken, baut Information «Polster» und gibt damit die nötige Sicherheit für die ersten Schritte in einem unbekannten Prozess. Unruhe erweckende Fragen müssen deshalb in ein weiches Polster Sicherheit bietender Informationen eingebettet sein.

Die bisher beschriebenen konkreten Fragen, mit denen der durch Fragen irritierende Entwicklungsberater die Systemmitglieder aus der Komfortzone der Ruhe und des Gewohnten herausbringen will, sind nur eine Seite des Themas. Neben diesen konkreten Fragen stehen die virtuellen und die strategischen Fragen. Die strategischen Fragen dienen der Gestaltung des weiteren Prozesses, insbesondere des durch Fragen bestimmten Prozesses. Diese Fragen stellt der Fragende sich selbst. Sie dienen als Initialzündung für die nächste «Unruhestiftung». Außerdem schaffen die strategischen Fragen, die regelmäßig im Frageprozess gestellt werden sollten, Unruhe in der Planung des Frageprozesses und ermöglichen so ein flexibles Reagieren und Gestalten weiterer Fragen. Beispiele für strategische Fragen finden sich in diesem Buch immer wieder unter dem Stichwort «Fragen zur Selbstdiagnose». Darüber hinaus ist die Frage nach Verbündeten in der Organisation ein weiteres Beispiel für strategische Überlegungen im Beratungsprozess.

Um zu erkennen, wie bestehende Machtstrukturen und Einfluss einzelner Player genutzt werden können, um den OE-Prozess zu sichern, eignen sich die folgenden strategischen Überlegungen:

- Wer sind die paar energievollen, begeisternden und beherzt zupackenden Menschen (in den unterschiedlichsten Ebenen und Funktionen), die als kritische Masse zur Verstärkung und Verdeutlichung Ihrer Ziele genügen?
- Wie ist deren Interesse und Unterstützung zu gewinnen?
- Welche bestehenden Einrichtungen sind für Impulse, Informationen und Diskussionen nutzbar (Besprechungen, eine Strategie-Klausur, der Jahresbericht, eine Festrede, eine interne Informationsbroschüre, interessante Artikel, die Sie in Umlauf bringen usw.)?
- Wer muss unbedingt berücksichtigt werden, wenn nicht als Verbündeter, dann zumindest als kalkulierbarer Gegenpart?

Virtuelle Fragen sind, im Gegensatz zu den konkreten und strategischen Fragen, keine bewusst geplanten Fragen. Sie tauchen beim Berater oder beim Beratenen im Beratungsprozess auf, werden bewusst oder unbewusst wahrgenommen und helfen, das eigene Verhalten im jeweiligen Kontext zu organisieren. Sie lösen letztendlich eine Erkenntnis und eine Entwicklung aus oder machen den blinden Fleck sichtbar. Auch wenn die virtuellen Fragen vom Entwicklungsberater nicht gezielt steuerbar sind, sind sie doch seine stärksten Verbündeten.

1.7 Einbezug des Managements in den OE-Prozess

Während der Orientierungsphase ist es notwendig, im Management die notwendige Bereitschaft für einen derartigen Prozess zu entwickeln. Information kann hier helfen, die nötige Sicherheit für die ersten Schritte in einen – vielleicht bis dato – unbekannten Prozess zu geben. Das Management erhält eine Darstellung des Themas, Informationen über die Ziele, Arbeitsweise und Methoden der Organisationsentwicklung. Anliegen, Erwartungen, Befürchtungen und Funktion der Führungskräfte müssen ausreichend geklärt sein. Bevor wir mit der Situationsklärungsphase beginnen und z. B. Fragebogenaktionen, Interviews usw. durchführen, ist eine klare Entscheidung des zuständigen Managements für einen Entwicklungsprozess notwendig. OE-Prozesse, die ohne diese Absicherung im Management beginnen, geraten sehr oft ins Stocken, sobald es um die Bearbeitung wirklich bedeutsamer Fragen geht. OE ist eben kein quasi- oder pseudodemokratisches Vorgehen unter Missachtung bestehender hierarchischer Verhältnisse. Für eine authentische Entwicklung und Gestaltung der Organisation benötigen wir die Absicherung des Prozesses bei den Führungskräften.[103]

Manchmal dauert es mehrere Monate vom Erstkontakt bis zu einem klaren Auftrag des Managements. In anderen Organisationen kommt das «Go» für einen Entwicklungsprozess schon nach wenigen Augenblicken. Diese Unterschiede entstehen durch die Besonderheit und auch durch die aktuelle Situation des Klientensystems. In solchen Entscheidungsprozessen hat es wenig Sinn, als Berater allzu aktiv zu werden. Das könnte nur bewirken, dass andere «die Notbremse ziehen», um sich in dem für sie stimmigen Tempo mit dem Thema beschäftigen zu können.

1.7.1 Information und Diskussion des geplanten Projekts mit den Betroffenen

Die Orientierungsphase schließt mit einer interaktiven Veranstaltung für alle vom OE-Prozess Betroffenen ab. Das sind nicht nur jene Mitarbeiter, die von den nächsten Schritten betroffen sind, sondern alle Mitarbeiter jener Organisationseinheit, auf die sich der OE-Prozess bezieht. Damit wird der OE-Prozess «öffentlich», und es wird Fantasien vorgebeugt. Bereits entstandene Halbinformationen können an dieser Veranstaltung geklärt werden. Durch die Veröffentlichung und Diskussion der Ziele und Anlässe für den Prozess können diese in breitem Kreis wirken.

---

103 Einen Vorschlag für den Ablauf einer Orientierungsveranstaltung mit dem Management finden Sie in Anhang 1.

Die Informationsveranstaltung verfolgt drei Ziele:
1. Information über die Entstehungsgeschichte und Metaziele des Projekts
2. Sichtbarmachen des gesamten Systems
3. Aktives Mitgestalten des Prozesses durch die Betroffenen

Die Veranstaltung wird daher interaktiv gestaltet und beschränkt sich nicht auf eine reine Präsentation durch die Unternehmens- oder Projektleitung (mit der anschließend rhetorischen Frage: «Gibt es dazu noch Fragen?»). Dass diese Arbeitsweise auch in großen Gruppen möglich ist, stellt für viele Mitarbeiter eine neue Erfahrung dar.

Tatsächlich ändert sich im Normalfall durch die Diskussion mit den Betroffenen auch noch einmal das Design des Prozesses. So stellt sich bei der Information der Betroffenen oft heraus, dass
- die Zeitplanung geändert werden muss,
- Ressourcen- oder Rahmenbedingungen anders sind,
- geplante Schritte der Situationsklärung verändert werden (z. B. Gruppeninterviews statt Einzelgespräche),
- gewisse für das Projekt wichtige Personen oder Personengruppen (z. B. Frauen, Mitarbeiter einer anderen Abteilung …) einbezogen werden sollten,
- ein anderer Ort für Sitzungen vorgeschlagen wird.

Wenn Mitarbeiter schon bei der ersten Informationsveranstaltung erleben, dass sie selbst den Prozess «hautnah» mitgestalten können, entsteht gemeinsame Veränderungsenergie.

1.7.2 Vorbereitung und Planung der Informationsveranstaltung

Da an Informationsveranstaltungen alle Beteiligten des relevanten Systems eingeladen werden, kommen dabei oft große Gruppen mit 100 und mehr Personen zusammen. Großgruppen erfordern eine besonders gute Vorbereitung und Planung.

Vorbereitung der Geschäftsleitung:
Der Geschäftsleitung kommt bei der ersten Informationsveranstaltung eine bedeutsame Rolle zu: Die Art, wie sie zum Thema «Entwicklung unserer Organisation» Stellung nimmt, wie sie die Notwendigkeit von Entwicklung unterstreicht, kann bahnbrechend oder destruktiv für den gesamten Prozess wirken. Bei mehrköpfigen Geschäftsleitungen wird von den Mitarbeitenden auch beobachtet, ob das Management sich als Team einig ist und «hinter dem Prozess steht» oder ob sich nur Einzelne dafür einsetzen. Die Unternehmensleitung sollte vor der Veranstal-

tung darauf hingewiesen werden. Bei der Gestaltung der Präsentationen kann der Berater in der Vorbereitung hilfreich unterstützen.

Einladung:
Sie sollte durch die Unternehmensleitung erfolgen und folgende Punkte enthalten:
- Ziel und Thema der Veranstaltung, mit kurzer Erläuterung, warum es für sie wichtig ist
- Teilnehmerkreis, der eingeladen wird
- Ort und Zeit der Veranstaltung
- evtl. Anfahrtsskizze, Anfahrt mit öffentlichen Verkehrsmitteln, Parkmöglichkeiten
- evtl. Form der Anmeldung

Vorbereitung Plenumsraum:
- Ideal ist ein heller, gut belüftbarer Raum mit natürlichem Licht und 3 Metern Raumhöhe. Kalkulieren Sie mit mindestens 3 m2 pro Teilnehmer, wenn Sie Gruppenarbeiten an Tischen planen.
- Tisch für Präsentation vorbereiten: ggf. mit Notebook, Beamer, Stromversorgung mit drei Anschlüssen.
- Ab 50 Teilnehmenden empfehlen wir ein mobiles Mikrofon.
- Für diese Veranstaltung bewähren sich entweder ein Stuhlkreis oder bei Großgruppen Tischinseln für jeweils 6 bis 8 Personen (Rundtische oder 2 Trapeztische zusammengestellt als Sechseck, oder 2 bis 3 normale Rechtecktische zusammengestellt).
- Möglichkeit zum Mitschreiben bei Gruppendiskussion vorsehen: Pinwandpapier als «Tischtuch» und Moderationsstifte auf den Tisch legen, oder Moderationskarten mit Stiften bereithalten oder Pinwände/Flipchart für jede Gruppe vorbereiten.
- Statt klassischer Moderationskarten kann man auch kreativer sein und Verkehrszeichen (Achtung auf!/ Stopp-Tafeln/Sackgasse) oder andere Symbole, die zum Unternehmen passen, als Metaphern für die Überschriften nutzen.
- Ein Plakat mit dem Projektnamen und Begrüßung vorbereiten und aufhängen oder Projektnamen mit Unternehmenslogo und Begrüßung auf die Leinwand projizieren.
- Ablaufplan visualisieren (Flipchart bei Kleingruppen oder Beamer).
- Eventuell Namensschilder vorbereiten (falls sich nicht alle Teilnehmenden untereinander kennen).
- Eventuell Sitzordnung vorbereiten: Um möglichst «gemischte» Gruppen zu erreichen, kann man die Sitzordnung schon vorher festlegen: Teilnehmerliste

mit Tischnummernzuteilung vor dem Plenarraum aufhängen oder: Teilnehmer erhalten beim Eingang einen Gegenstand, den sie auf dem jeweiligen Tisch wiederfinden.
- Musikanlage für Musik vor der Veranstaltung und in der Pause.

Nachbereitung der Informationsveranstaltung:
Achten Sie darauf, dass die besprochenen Inhalte, eine Dokumentation der Diskussionsergebnisse und der festgelegten Maßnahmen möglichst rasch an alle Betroffenen (nicht nur an die Teilnehmenden, sondern auch an Eingeladene, die bei der Veranstaltung verhindert waren) versandt wird. Siehe: Kommunikation.

1.7.3 Grundstruktur einer Informationsveranstaltung

Einen Vorschlag zur Grundstruktur einer Informationsveranstaltung finden Sie in Anhang 2.

1.8 Zwischenstopp: Abschluss der Orientierungsphase

In der Orientierungsphase haben sich Erfahrungen und Ideen zum OE-Prozess konkretisiert. Folgende Checkliste ermöglicht Ihnen eine letzte Überprüfung, ob Sie die wesentlichen Fragen der Orientierungsphase gut geklärt haben:

Fragen zur Selbstdiagnose

Wie lautet der Auftrag für Ihre Beratung?

Was sind vorläufige Ansatzpunkte und Grobziele für den OE-Prozess?

Systemdifferenzierung: Auf welche abgegrenzte Einheit (Abteilung, Filiale, Führungsebene usw.) soll sich der OE-Prozess vorerst beziehen? Welche Mitarbeiter sind demnach im nächsten Schritt über den geplanten OE-Prozess zu informieren?

Bei externer Begleitung: Welcher Partner wurde ausgewählt? Welche Vereinbarungen wurden getroffen? Gibt es eine schriftliche Vereinbarung mit einem Konzept?[104]

Angenommen, alles läuft optimal, was ist dann am Ende des Prozesses erreicht? Was ist der zu erwartende Nutzen, und wie sehen die angestrebten Veränderungen genau aus? Wer hätte davon einen Nutzen?

104 siehe Seite 189ff.

Die Umsetzung Ihrer Ideen erfordert entsprechendes Engagement. Wie sehr wollen Sie sich dafür einsetzen? Was sind Sie bereit zu investieren und auf sich zu nehmen?

Welche anderen Personen sind von Ihren Vorstellungen betroffen? Wie viel Engagement und Verbindlichkeit für den geplanten Prozess wurden bisher bei ihnen erkennbar bzw. vermuten Sie?

Über wie viel Zeit, Kapazität (Arbeitstage) und notwendige andere Ressourcen werden Sie verfügen?

Was werden Ihre notwendigen Tätigkeiten für die geplanten Schritte sein?

Wie könnten Sie es schaffen, im Rahmen des OE-Prozesses möglichst schnell in Schwierigkeiten zu geraten?

Wer sind wichtige Schlüsselpersonen, die den OE-Prozess mittragen müssen, wenn er erfolgreich sein soll? Welchen Grad der Unterstützung erkennen Sie bei diesen Personen?

Wenn sich einzelne dieser Fragen als offen herausstellen, sind vielleicht noch weitere Maßnahmen, vor allem Gespräche mit Schlüsselpersonen notwendig, um diese Punkte zu klären und den OE-Prozess in der nächsten Phase auf eine breite Basis zu stellen.

2 Phase der Situationsklärung und Zukunftsmodellierung

In dieser Phase des OE-Prozesses geht es darum, dass die beteiligten Führungskräfte und Mitarbeiter ein möglichst umfassendes und ganzheitliches Bild der Ausgangssituation, der Entwicklungsbedarfe und der Entwicklungsziele gemeinsam erarbeiten.

Das verantwortliche Management hat sich in der Regel schon über einen längeren Zeitraum mit Trends, daraus resultierenden notwendigen Veränderungen oder aber zukünftigen Erfolgspositionen der Organisation beschäftigt. Als Folge daraus ist ja auch der Entschluss für einen OE-Prozess gefasst worden.

Jetzt geht es darum, die im OE-Prozess involvierten Personen mit nützlichen Methoden zu unterstützen, damit sie sich selbst ein Bild über die Ausgangssituation machen und Vorstellungen über Veränderungs- und Entwicklungsziele bilden können.

Dabei geht es nicht um eine Strategie des sozialen Marketings, damit die schon vorher definierten Veränderungs- und Entwicklungsbedarfe besser akzeptiert werden. Es geht darum, dass in der gemeinsamen Auseinandersetzung vielfältige Lernprozesse ermöglicht werden, ein möglichst umfassendes Bild der gemeinsam geteilten Wirklichkeit entsteht und dadurch Veränderungs- und Entwicklungsziele als sinnvoll und wichtig erkannt werden.

2.1 Oberstes Prinzip: Selbstdiagnose und eine Haltung der Neugier

Die Situations- und Zielklärung unterscheidet sich von der Diagnosephase der Fachberatung grundlegend, denn die Betroffenen selbst sind und bleiben aktiv und entscheidend beteiligt.

Die Verantwortung des OE-Beraters besteht darin, den Diagnoseprozess methodisch und von der Struktur her zu unterstützen. Er wird und kann auch eigene Beobachtungen und Vermutungen einbringen, aber er stellt diese zur Verfügung, versteht sie als Angebote und nicht als eine objektive Wahrheit.

Die systemische Organisationsentwicklung geht nicht davon aus, es gebe eine «objektive», «richtige» Sicht und Wirklichkeit, die man mit entsprechenden Methoden und Fachleuten freilegen könne. Wenn sich im Laufe der Diskussionen ein gemeinsames Verständnis der Situation entwickelt, so ist das nicht die «Wahrheit» über die Unternehmenssituation (wie dies von manchen Fachexpertenmodellen suggeriert wird), sondern eine von den Betroffenen geteilte Beschreibung und Erklärung.

Diese womöglich etwas abstrakt klingende Unterscheidung hat praktische Konsequenzen: Jeder Beteiligte ist mitverantwortlich für seine Sicht der Dinge, kann sich nicht mehr allein auf Experten als Schützenhilfe zur Absicherung seines Welt- und Organisationsbildes verlassen, Neugier für die unterschiedlichen Vorstellungen erscheint wichtiger und zielführender als die Suche nach der Wahrheit.

2.2 Die Situationsklärung als persönlicher Lernprozess

Der Beginn des Austauschs über die gegenseitigen Wahrnehmungen (das, was individuell «für wahr genommen» wird), Hoffnungen und Beziehungen gleicht oftmals dem folgenden Dialog:

Das Auge sagte eines Tages: «Ich sehe hinter diesen Tälern im blauen Dunst einen Berg. Ist er nicht wunderschön?» Das Ohr lauschte und sagte nach einer Weile: «Wo ist ein Berg, ich höre keinen.» Darauf sagte die Hand: «Ich suche vergeblich, ihn zu greifen. Ich finde keinen Berg.» Die Nase sagte: «Ich rieche nichts. Da ist kein Berg.»

Da wandte sich das Augen in eine andere Richtung. Die anderen diskutierten weiter über diese merkwürdige Täuschung und kamen zu dem Schluss: «Mit dem Auge stimmt etwas nicht.»

Es ist faszinierend, wie unterschiedlich und vielfältig sich ein und dieselbe «Wirklichkeit» den einzelnen Mitgliedern einer Organisation darstellt, und folgenreich, wenn klar wird, dass jeder Einzelne aufgrund seines subjektiven Bildes handelt. Situationsklärung heißt, die verschiedenen Bilder (vielleicht erstmals) zu besprechen.

Der Berater fördert in dieser Phase zuerst die Vielfalt der Sichtweisen, regt dazu an, diese nebeneinander stehen und gelten zu lassen, dem anderen zuzugestehen, dass er mit genau demselben Recht eine andere Sicht hat.

Wie in der folgenden Zeichnung ausgedrückt, sollte die Situationsklärung der Ort sein, an dem sich A (symbolisch) zu B begibt und interessiert ist, wie das Organisationsgeschehen sich von dort aus präsentiert. (Manchmal nehmen wir dieses Bild wörtlich und schlagen vor, dass sich die einzelnen Mitarbeitergruppen in ihrem jeweiligen Bereich tatsächlich aufsuchen und sich «vor Ort» anhören und fühlen, wie der Kollege aus der Produktion oder dem Verkauf die aktuelle Situation erlebt.)

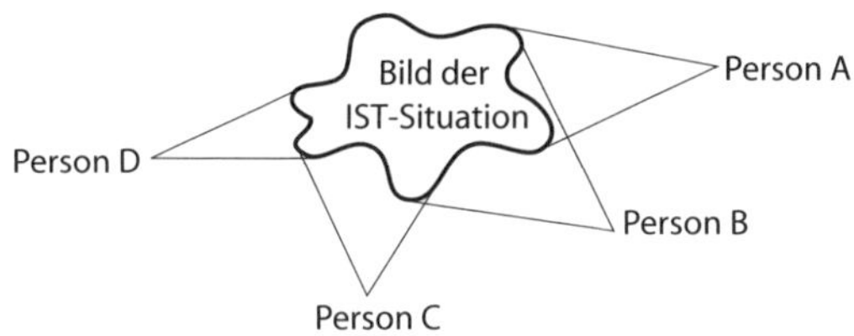

Damit liegt in der Situationsklärung eine große Lernchance für die Beteiligten: Wer akzeptieren kann, dass seine Vorstellungen und Wirklichkeiten nicht richtig sind, sondern im besten Falle ausreichend gut mit denen anderer Menschen übereinstimmen, lernt Toleranz und Respekt.

«Differenzieren vor Integrieren» ist eine wichtige Beratungsmaxime, die gerade in dieser Phase dafür sorgt, dass Unterschiede herausgearbeitet werden und dass gerade aus dem Verständnis der Unterschiede ein tragfähiges, angemessenes und ganzheitliches Gesamtbild entsteht.

Über die beschriebenen Wirkungen bezüglich Wahrnehmung hinaus löst die Haltung der systemischen OE tief greifende persönliche Lern- und Reflexionsprozesse aus:

> *«Beteiligt zu sein an der Veränderung von Strukturen und Beziehungen, die bisher in der Regel als von außen gesetzte erlebt und erfahren wurden, die bisher dem eigenen Einfluss und persönlicher Fähigkeit nicht erreichbar waren, die bisher nur durch große Risiken und hohen Preis (Arbeitsplatzwechsel, Umzug, Neubeginn usw.) beeinflussbar erschienen, setzt ein ungeahntes Maß an Motivation, an Energie und Kreativität frei, wenn es gelingt, die Beteiligten von der Ernsthaftigkeit und der Solidität des Vorhabens zu überzeugen... Für jemanden, der noch niemals in einer Gruppe von Menschen gesessen hat, die sich nun – nach Jahren und Jahrzehnten entgegengesetzter Erfahrungen – angeregt sehen, über wesentliche und grundsätzliche Bedingungen ihrer eigenen Existenz öffentlich zu sprechen und diese mitzuentscheiden, ist es wahrscheinlich kaum vorstellbar, welches Maß an Ungläubigkeit, an Vorsicht, an Misstrauen und an Angst zutage treten kann.*
> *Dies gilt für beide Bereiche: Zunächst wird weder an die Veränderbarkeit der Strukturen geglaubt noch an die von Beziehungen. Zu groß ist der Schutt vergangener, leidvoller Erfahrungen, zu stark die Abwehr der Hoffnung, ist doch gleichzeitig mit dem Zulassen dieser Möglichkeit – namentlich bei Älteren und schon seit geraumer Zeit in dieser Organisation Arbeitenden – das Erleben der eigenen verpassten Möglichkeiten verbunden, die Einsicht in das Ausmaß der Anpassung während vergangener Jahre, wird doch der lange und schmerzliche Weg in die persönliche Resignation augenscheinlich!»*[105]

OE-Prozesse sind immer auch die Folge von persönlichen Entwicklungsprozessen. Nur wer selbst in Bewegung ist, kann andere bewegen, und eine Organisation kann nur von den in ihr tätigen Menschen bewegt werden.

Systemische OE ist also nicht, wie in den vergangenen Jahren oft dargestellt, ein Ansatz, um befürchtete Widerstände gegenüber Veränderungen zu absorbieren. Es geht darum, dass jedes einzelne Mitglied der Organisation seine Fähigkeiten und sein Wissen für die Entwicklung einbringt. Das bedeutet immer auch, sich zu riskieren, sich mit seinen «Wirklichkeiten» einzubringen und Mitverantwortung zu übernehmen.

105 Krämer 1981, S.314f.

2.3 Woran wird in der Phase der Situationsklärung und Zukunftsmodellierung gearbeitet?

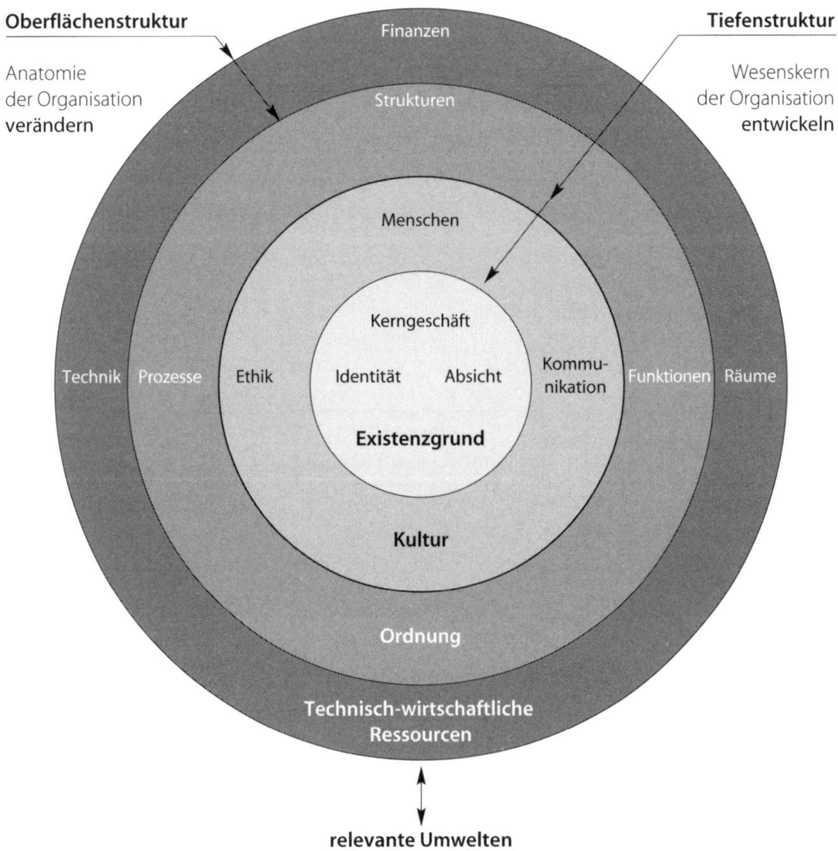

Das Organisationsmodell der systemischen OE

Und außerdem wird gearbeitet am Verständnis
- der aktuellen Entwicklungskultur und Möglichkeiten der Weiterentwicklung
- der bevorzugten Veränderungsstrategien
- des entsprechenden Organisationstypus.

Der Berater bietet mit diesen und/oder weiteren für die spezielle Ausgangssituation relevanten Modellen eine Art Gerüst zur Strukturierung der vielfältigen Informationen, Eindrücke, Fragen, Anregungen. Das stellt selbstverständlich gleichzeitig eine Intervention dar, weil beispielsweise die Darstellung der Entwicklungskulturen eine neue Erklärung für das aktuelle Organisationsgeschehen und für aussichtsreiche Entwicklungsschritte darstellen kann (darin besteht eine Anforderung an den Berater: durch die Art der Methoden und Modelle zu neuen Sichtweisen einzuladen, weil dann auch neue Lösungen und Alternativen wahrscheinlich werden).

2.4 Die Vorgehensweise

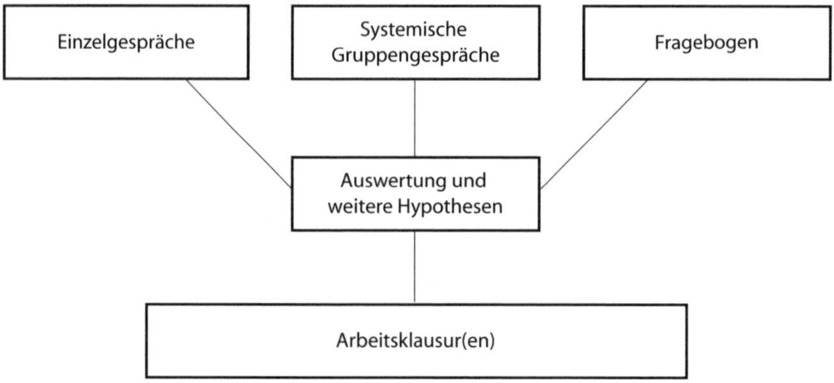

Kernstück dieser Phase sind eine oder mehrere, in der Regel zweieinhalbtägige Arbeitsklausuren. Die wahlweise oder kombiniert eingesetzten Beratungsgespräche und/oder Fragebogen vorab zielen darauf, den Prozess der Auseinandersetzung mit der Ausgangssituation, den Veränderungsbedarfen und Entwicklungszielen schon vor der Klausur in Gang zu bringen (Gruppengespräche lösen in der Folge intern oft weitere – selbstorganisierte – Gespräche aus) und bei der Klausur selbst differenziertere Sichtweisen zur Verfügung zu haben.

2.4.1 Systemische Gruppengespräche

Sie stellen mittlerweile eine bevorzugt eingesetzte Methode im Vorfeld einer Arbeitsklausur dar: Durch die Anwesenheit mehrerer Organisationsmitglieder, die ihre Sichtweisen darlegen und gegenseitig Unterschiede und Übereinstimmungen erkennen, wird das Prinzip der Selbstdiagnose lebendig.

Die Beteiligten selbst sollen ihre Situation besser verstehen und ihre Zukunftsvorstellungen konkretisieren, es geht nicht darum, in erster Linie dem Berater möglichst viele Informationen «abzuliefern». Gefördert wird der Austausch seitens des Beraters, indem er darauf fokussiert, Unterschiede und Gemeinsamkeiten klar herauszuarbeiten, bei Problemen nach Ausnahmen zu fragen, eine Lösungs- statt Problemorientierung zu fördern und immer wieder zu Konkretisierungen herauszufordern.

Eine systemische Besonderheit stellen hierbei zirkuläre Fragen dar, die manchmal mit «tratschen in Gegenwart der Anwesenden» beschrieben werden: «Was vermuten Sie, Herr X, wie Herr Y diesen Vorfall aus seiner Sicht beschreiben würde?» Herr Y ist anwesend, kann sich die Schilderung von Herrn X anhören und wird anschließend um seinen Kommentar gebeten. Dieses Beispiel sei nur zur Verdeutlichung angeführt, wie im systemischen Beratungsverständnis in Gesprächen der Informationsstand der Beteiligten erhöht wird und nicht (nur) der des Beraters.

Die Gruppengespräche werden dadurch eigenständige Elemente der Situationsklärung und dienen nicht in erster Linie der «Datensammlung» für die folgende Klausur (wie es Interviews im klassischen Beratungsmodell, auch in traditionellen OE-Ansätzen, waren).

Leitfragen für die Gruppengespräche sind die in der Kontextklärung beschriebenen Fragen[106] und Fragen zu den Elementen des Organisationsmodells der systemischen OE, dem Organisationstypus, der Entwicklungskultur.[107]

2.4.2 Einzelgespräche

Sie bieten einen guten Zugang, wenn bei den einzelnen Beteiligten wenig Vertrauen und Offenheit vorhanden ist. Sie ermöglichen eine individuelle Auseinandersetzung mit der Situation vorab, sollen jedoch nicht dazu dienen, dem Berater «Geheimnisse» anzuvertrauen oder Quasiaufträge zu erteilen.

---

106 siehe S. 183 ff.

107 siehe S. 48 ff., S. 61 ff., S. 70 ff.

Dies setzt voraus, dass der Berater sich als Berater des Gesamtsystems versteht und nicht als Berater für einzelne Personen oder zum Anwalt einzelner Interessen wird. Er muss gleichermaßen signalisieren, dass er die individuelle Sichtweise als solche akzeptierend aufnimmt, ohne sie zu übernehmen oder zu bestätigen und verstärken. Der Berater wird auch im Einzelgespräch immer wieder zu alternativen Sichtweisen anregen und andere Perspektiven und Personen «symbolisch» durch seine Fragen hereinholen.

Durch die Auswahl der Gesprächspartner sollte ein verkleinertes Abbild jener Einheit entstehen, auf die sich der OE-Prozess bezieht (unterschiedliche Hierarchieebenen, Personen aus verschiedenen Bereichen, mit unterschiedlich langer Betriebszugehörigkeit, Befürworter und Kritiker einer zentralen Frage usw.).

Je nach vorheriger Vereinbarung und Zielsetzung der Einzelgespräche werden diese mehr oder weniger strukturiert durchgeführt. Wenn daraus bereits Diskussionsmaterial für die Arbeitsklausur entstehen soll, zeichnen wir die Gespräche (nach Vereinbarung mit dem Gesprächspartner) auf und werten sie anschließend aus. Entweder nach thematischer Orientierung, indem die Beiträge aller Gesprächspartner unter verschiedenen Kategorien zusammengefasst werden (möglichst wörtliche Zitate, Interpretationen seitens des Beraters vermeiden) oder indem die Aussagen pro Gesprächspartner eine Einheit bilden. Anschließend werden die gesamten Gesprächsergebnisse auf Pinwandformat vergrößert, um die gemeinsame Diskussion und Bearbeitung zu erleichtern.

2.4.3 Fragebogen

Auch Fragebogen werden heute nicht mehr zur Sammlung von (subjektiven) Daten und Informationen verwendet, sondern als Anregung für eine individuelle Auseinandersetzung, wobei vorgeschlagen wird, dass die eingebundene Führungskraft die Fragen mit Mitarbeitern ihres Bereiches durcharbeitet. Dadurch wird indirekt ein weit größerer Kreis von Mitarbeitern eingebunden als nur die unmittelbar an einer Arbeitsklausur teilnehmenden.

Wie die Gesprächsleitfragen wird der Fragebogen aufgrund erster Hypothesen aus der Orientierungsphase organisationsspezifisch zusammengestellt, wobei die vorerst benannten Themen zwar schwerpunktmäßig berücksichtigt werden, aber die Ganzheitlichkeit gerade darin besteht, mit Fragen zu allen Elementen des Organisationsmodells, zu den Entwicklungskulturen Verknüpfungen des Themas und den größeren Zusammenhang deutlich zu machen.

Als nützlich hat sich erwiesen, die zu befragenden Personen im Rahmen der Orientierungsphase in die Erstellung des Fragebogens einzubeziehen.

Dabei stellen wir häufig folgende Fragen:

- Welche Fragen müssten im Fragebogen sein, um möglichst genau auf den Punkt zu kommen?
- Zu welchen Fragen würden Sie gerne Antworten geben beziehungsweise wäre für Sie das Ergebnis der Befragung besonders interessant?

Neben den dargestellten Methoden der Einzel- und Gruppengespräche sowie Fragebogen ist es denkbar, dass aufgrund der Orientierungsphase auch noch Fachanalysen durchgeführt werden (z. B. Wirtschaftlichkeitsanalysen, Prozessanalysen, Raumanalysen, Marktforschung, Trends und Tendenzen in der Umwelt der Organisation, Wettbewerbsanalysen, Benchmarks oder Best-Practice-Beispiele).

Der wesentlichste Unterschied zwischen Fachberatung und systemischer OE besteht im Umgang mit diesen Daten. Im Sinne der OE sind auch von Fachberatern erarbeitete Daten subjektive Bilder – und keine Wahrheiten! –, die im weiteren Verlauf der Situationsklärung von den Menschen im Klientensystem im Sinne der Selbstdiagnose verarbeitet und über entsprechende Veränderungsziele in Konsequenzen übergeleitet werden usw.

2.4.4 Arbeitsklausuren

Je nach Anzahl der einzubeziehenden Personen finden eine oder mehrere (ähnlich strukturierte) Klausuren statt. Die einzelnen Teilnehmergruppen umfassen in der Regel nicht mehr als zwölf bis zwanzig Personen, da andernfalls eine sehr starke Strukturierung mit Arbeitsaufträgen in kleineren Gruppen erforderlich wäre, um die Komplexität handhabbar zu halten, und da gerade der Austausch in der Gesamtrunde eine wichtige Erfahrung ist (andererseits – OE-Prozesse sind einmalig – gibt es auch Klausurerfahrungen mit 30 oder 100 Teilnehmern, wo es gerade darum ging, das gesamte System mit seinen Subeinheiten «in einen Raum zu bringen»). Dazu gibt es eine Fülle von Methoden für Großgruppenveranstaltungen, die den OE-Prozess verstärken und beschleunigen können. Allerdings können dadurch auch Dynamiken entstehen, die für das verantwortliche Management nur noch schwer zu leiten sind.

Das Arbeitsprinzip in den Klausuren zur Situationsklärung und Zukunftsmodellierung:

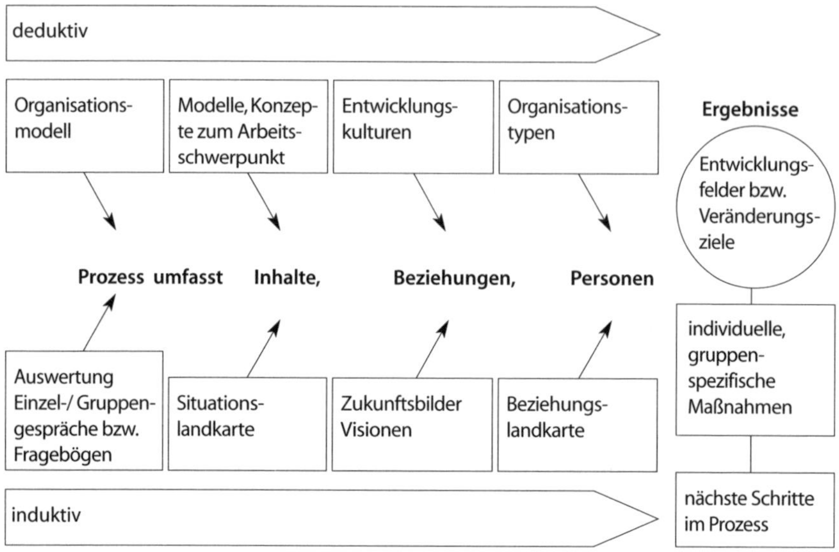

Die Impulse für die deduktive Auseinandersetzung werden von der Beraterin in Form von Kurzpräsentationen, Thesen und Beispielen eingebracht, die induktive Auseinandersetzung regt sie mit einer Kombination bildlich-kreativer und analytischer Methoden an. Der überraschendere, ungewöhnliche Zugang sind eher die bildlich-kreativen Methoden, die jedoch besonders geeignet sind, Muster (im systemischen Verständnis) zu erkennen, etwas ganzheitlich (auch im Sinne von «mit Kopf und Bauch») zu erfassen und Neugier zu wecken.

Ein «Bild» der Situation kann durchaus wörtlich als Anregung verstanden werden, die Teilnehmer mit Wachskreiden, Ton, Collagematerial und anderem arbeiten zu lassen. In dieser kreativen Gestaltung werden unbewusste Aspekte spielerisch mitverarbeitet, Unaussprechbares kann sich sozusagen «durch die Hintertür» im Bild, im Tonentwurf äußern, zudem fördert das kreative Gestalten ein lustvolles, positives Arbeitsklima und die anschließenden gemeinsamen Gespräche tun neben dem inhaltlichen Vorankommen auch dem Klima, den Beziehungen gut. Generell gilt, dass bei all diesen kreativ-intuitiven Methoden genügend Zeit und Sorgfalt für die Einleitung und Auswertung vorgesehen werden muss und dass sie von der Beraterin selbst als für sie und die Gruppe und das Thema stimmige Methoden empfunden werden (und nicht bloß als Gag).

Die Hauptelemente der Arbeitsklausur sind:
- ankommen, «warmlaufen», arbeitsfähig werden
- Auseinandersetzung mit der Ist-Situation
- Erarbeiten von Zukunftsbildern
- (erste) Veränderungsziele
- erste individuelle und gruppenbezogene Maßnahmen
- Ausblick auf weitere Schritte

Die Methoden:
Folgende ausgewählte Methoden zur Erfassung der Ist-Situation und Erarbeitung von Zukunftsbildern beschreiben wir anschließend genauer: die Beziehungslandkarte, die Systemdarstellung mit Holzfiguren, die Situationslandkarte, die Ideal-Organisation, die Organisation als Symbol, die Collage-Technik, die Lebenslinie der Organisation, die Erarbeitung von Veränderungszielen.

Wichtig ist, dass der Berater Ziele, mögliche Wirkung, eigene Erfahrungen mit der Methode sorgfältig abwägt. Neben diesen universellen dargestellten Methoden soll nicht übersehen werden, dass natürlich die jedem Wesenselement entsprechenden spezifischen Modelle, Theorien und Methoden im Geist der Entwicklungsstrategie eingesetzt werden, das heißt, dass die inhaltliche Ausfüllung durch die Betroffenen selbst erfolgt und die Methode die Selbstdiagnose unterstützt (z. B. strategische Planungsinstrumente, eine Struktur zur Erarbeitung eines Leitbildes, ein Raster zur Er- und Bearbeitung strategischer Geschäftsfelder, ein Fragebogen zur Analyse der Team- und Kooperationsfähigkeit oder des Führungsverhaltens usw.).

Die Haltung der OE stellt Ansprüche an eine Methode: Das Ziel rechtfertigt nicht länger die Mittel, die Methode muss unabhängig von einer Legitimation durch das erreichte Ziel im Moment ihres Einsatzes dem Entwicklungsgedanken und den Prinzipien der OE entsprechen.

Methodenwechsel, ein sinnvoller Methodenmix (dazu gehört auch der Wechsel von Einzel-, Kleingruppen- und Plenumsarbeit) können im Verbund zu einer höheren Qualität der Auseinandersetzung und Diagnose führen, als dies eine einseitig analytische oder bildlich-gefühlsmäßige Vorgehensweise bewirken würde.

Generell gilt für den Methodeneinsatz: Methoden sind Hilfsmittel, nicht Selbstzweck, ihr Einsatz orientiert sich an den zu erreichenden Zielen, an der erwarteten Wirkung, an der Akzeptanz der Methode durch die Gruppe und an der Persönlichkeit, Kompetenz und Erfahrung der Beraterin. Damit wird deutlich, dass die Person der Beraterin wesentlich mitbestimmt, welche Themen und Fragen in einem OE-Prozess angesprochen bzw. unter den Tisch gekehrt werden; zum Beispiel werden mit einer konfliktscheuen Beraterin keine Konflikte bearbeitet. Dementsprechend ergibt sich für OE-Beraterinnen die Notwendigkeit zu einem ganzheitlichen, persönlichen Entwicklungsprozess und zur Supervision ihrer Beratungsarbeit als selbstverständliche Anforderung.

Bei der Auswahl von Methoden gilt es folgende Fragen zu überlegen:
- Entspricht die Methode meiner Persönlichkeit und meinen Fähigkeiten?
- Entspricht die Methode dem anvisierten Ziel?
- Dem Menschenbild der OE?
- Entspricht sie der gegenwärtigen Situation (Teilnehmer, Zeit, Raum, Energie, Tiefe der Bearbeitung usw.)?

Im Folgenden beschreiben wir die ausgewählten Methoden genauer.

2.5 Methodische Hilfen bei der Situationsklärung und Zukunftsmodellierung

2.5.1 Das unsichtbare Beziehungsnetz

Diese Übung eignet sich gut als «Einstiegsübung» für Gruppen, in denen das klassische «Sich-Kennenlernen» nicht notwendig erscheint, eine Aktion zum Aufbau eines gemeinsamen Vertrauensverhältnisses trotzdem wichtig ist. Sie zeigt die «unsichtbaren» Beziehungen, die beim Start einer neuen Gruppe schon bestehen.

Ziele:
- Vorhandene gemeinsame Erfahrungen und – positive – Bilder voneinander in einer Gruppe bewusst machen, in der man sich «oberflächlich» kennt
- Aufbau einer gemeinsamen Vertrauensbasis in einer neuen Gruppe, in der es aber schon einzelne langjährige Beziehungen gibt (z. B. 1. Sitzung der Entwicklungsgruppe)
- Austausch von Bildern voneinander und gegenseitige Wertschätzung (bei Variante 1)
- Bewusstmachen der Unterschiedlichkeit der Beziehungen in der Gruppe (nicht alle starten bei null, es gibt schon Verbindungen, die von den anderen gesehen und respektiert werden sollen)

Ideale Gruppengröße: 5 bis 8 Personen (bei größeren Gruppen dauert diese Methode eventuell zu lange)

Material:
Ein vorgezeichnetes Pinwandplakat mit den Namen aller Teilnehmenden (auch dem der Moderatorin) auf (ovalen) Moderationskarten, welche im Kreis (eventuell analog zur Sitzordnung im Sesselkreis) auf das Plakat geklebt werden.

Vorgehen:
Die Moderatorin zeichnet von ihrem Namensschild aus mit einem Moderationsstift eine Verbindung zur Namenskarte einer anderen Person und kommentiert die «Geschichte dieser Beziehung»:

«Ich kenne … seit sieben Jahren. Damals haben wir uns beim Projekt XY kennengelernt. Ich erinnere mich noch an unsere erste Projektsitzung…», oder: «Mein Eindruck damals war…», eventuell: «Eine starke Erinnerung habe ich an folgende Begebenheit:…»

Dann ziehen Sie die Verbindungslinie zur 2. Person auf dem Plakat, eventuell mit dem Kommentar: «Herrn … habe ich soeben vor zehn Minuten kennengelernt. Als wir vor der Sitzung miteinander gesprochen haben,…»

Wenn Sie als Moderatorin die Teilnehmer noch nicht kennen, so demonstrieren Sie die Aufgabe einfach nur am Beispiel ihrer Beziehung zu einer Person, mit der sie schon vorher Kontakt hatten (z. B. interner Projektleiter, Ihr Auftraggeber).

Danach steht jeder Teilnehmer auf und «beschreibt» der Reihe nach jede seiner Beziehungen zu allen anderen Personen im Kreis durch Geschichten, Linienverbindungen, Anekdoten, Symbole.

Mit der Zeit ist jede Beziehung von beiden betroffenen Personen beschrieben. Manchmal ergeben sich dabei deckungsgleiche Schilderungen oder Bestätigungen, manchmal kommen Ergänzungen oder völlig andere Erinnerungen zutage.

Variante 1: Sie nennen eine Eigenschaft, die Sie an dieser Person schätzen gelernt haben.

Variante 2: Sie definieren unterschiedliche Verbindungssymbole: dicke Striche für starke, langjährige Beziehungen, gestrichelte Linien für flüchtige Beziehungen.

Variante 3: Sie zeichnen auch ein Symbol, das die Beziehung zu dieser Person darstellt, z. B. eine Sonne, eine Hand, einen Vulkan, einen Wirbelwind, ein Smiley.

2.5.2 Unsere Organisation als Symbol

Ziel:
Mit dieser Übung werden auf symbolischer Ebene sowohl Aussagen über den Ist-Zustand als auch über den Ziel-Zustand der Organisation möglich.

Ablauf:
Diese Übung wird in einer landschaftlich ruhigen Umgebung erleichtert. Die Teilnehmer unternehmen mit folgendem «Auftrag» einen Spaziergang:

Machen Sie einen Spaziergang und stellen Sie sich dabei folgende Fragen: Wo steht unsere Organisation/Abteilung derzeit? Und: Wo wollen wir hin?

Bei den Gedanken an diese Fragen lassen Sie sich von der Umgebung inspirieren, was sie Ihnen als Antwort auf diese Fragen als Symbol anbietet. Es geht also nicht darum, für fertige Antworten im Kopf irgendeinen Gegenstand zu suchen, sondern offen und aufmerksam die Gegend zu durchstreifen, bis mich zu jeder Frage ein Gegenstand «anzieht». Oft sind es scheinbar nutzlose Dinge, oder Gegenstände, die mir nicht so gefallen, doch sie haben ihre Bedeutung, also nehme ich sie mit. Egal, was Ihnen da «ins Auge gesprungen» ist: Betrachten Sie diese zwei Gegenstände als Geschenk für Ihre Frage und analysieren Sie nicht, warum es gerade diese zwei Dinge sind. Bringen Sie dann Ihre Symbole mit in die Gruppe zurück.

Auswertung:
Je nach Teilnehmerzahl besprechen nun alle in der Kleingruppe oder im Plenum ihre Symbole:

Jemand beschreibt den Gegenstand – sein Aussehen, seine Eigenschaften. Er beschreibt, was er im Gegenstand erkennt (ein Holzstück kann zur Wegkreuzung, zum wilden Tier usw. werden, ein Stück Stacheldraht eine alte Grenze, die überwunden wurde, oder eine Verletzung……) und erklärt dann allen, was ihm zu diesem Bild in den Sinn kommt.

Jemand aus der Gruppe schreibt mit, damit keine Beiträge verloren gehen. Unterstützen Sie die Teilnehmenden mit Fragen: Was sehen Sie sonst noch im Symbol? Drehen Sie den Gegenstand um, was sehen Sie nun?

Lassen Sie dem Teilnehmer Zeit, in die auftauchenden Bilder hineinzugehen und sie möglichst umfassend zu beschreiben: Welche Bedeutung hat das Bild? Welche Gefühle erweckt es in mir? Welche Eigenschaften hat es oder würde ich ihm zuschreiben?… Gehen Sie anschließend mit dem zweiten Symbol zur Zukunft der Organisation gleich vor.

Wichtig ist die Auswertung: Welche Botschaften und Informationen sind in unseren Bildern über die gegenwärtige und zukünftige Situation der Organisation erhalten? Was heißt es zum Beispiel, wenn im Zukunftsbild der Organisation ein würgendes Ungeheuer auftaucht? – Was nimmt mir die Luft, was macht mir Angst in der Organisation, oder welche Einflüsse aus der Umwelt bedrängen die Organisation insgesamt?

Sammeln Sie die Gegenstände auf einer Plakatwand oder einem neutralen Tuch auf dem Boden und machen Sie ein Erinnerungsfoto für das Protokoll.

Variante: Geben Sie schon bei der schriftlichen – oder mündlichen – Einladung zum Workshop den Auftrag, diese Symbole in den Workshop mitzubringen. Dabei werden oft höchst interessante Gegenstände aus dem Umfeld des Unternehmens gebracht.

Hinweis: Betonen Sie, dass es wirklich «Gegenstände» sein sollen, die man tragen und in den Seminarraum bringen kann. Sonst kommen Teilnehmer mit Symbolen wie der «Sonne» …

2.5.3 Die Beziehungslandkarte

Ziel:
Die individuelle und gemeinsame Auseinandersetzung der Teilnehmenden mit dem subjektiv erlebten Beziehungsgefüge in Gang bringen und die Qualität der Beziehungen in einer Arbeitsgruppe, Abteilung oder zwischen verschiedenen Unternehmensbereichen sichtbar und bearbeitbar machen.

Material:
Ein Arbeitsblatt pro Teilnehmenden (siehe unten) oder ein Muster auf Flipchart (siehe *Variante 2*)

Ablauf:
Die Teilnehmer erarbeiten, jeder für sich, mit Hilfe eines Rasters zunächst ihre individuelle Sicht der gegenseitigen Beziehungen im System.

Anschließend fertigen Sie auf einer Pinwand oder einem Flipchart ein gemeinsames Bild der Beziehungssituation an, in das die unterschiedlichen Sichtweisen übertragen werden. Interessant sind hier gerade die unterschiedlichen Einschätzungen: Wie erklärt man sich diese Unterschiede? Welche Situationen, Kriterien hatte der Einzelne bei seiner Einschätzung im Auge? Wie sehen die jeweiligen Partner selbst ihre Beziehung? Was sollte verändert werden? Was müsste geschehen, um diese Beziehung noch weiter zu belasten? Wie wird sich eine Beziehung vermutlich weiterentwickeln, wenn alles so weiterläuft wie bisher? Wie geht's den Teilnehmern insgesamt und dem einzelnen in diesem «Gelände»?

Alternativ zum Erstellen eines gemeinsamen Bildes können die einzelnen Einschätzungen nacheinander vorgestellt und ausgetauscht und davon ausgehend Unterschiede, Fragen und Veränderungsziele herausgearbeitet werden.

Wichtig: Betonen Sie in Ihrer Einleitung, dass die Teilnehmer die Beziehungslandkarte aufgrund ihrer persönlichen Einschätzung konstruieren sollen. Weisen Sie darauf hin, dass hier nur eine Momentaufnahme von sich wandelnden Beziehungsmustern erstellt wird. Die Aufgabe, eine Beziehungslandkarte zu zeichnen, stellt an sich bereits eine starke Intervention dar: Die Beziehungsebene an sich wird damit vielleicht erstmals offen angesprochen.

Variante: Häufig ist es neben der Einschätzung individueller Beziehungen auch wichtig, die Beziehungen zwischen ganzen Gruppen/Abteilungen zu betrachten – dies fördert die Wahrnehmung von Zusammenhängen auf der strukturellen und funktionsbezogenen Ebene: Statt personenbezogener Zuschreibungen («Manager A und B haben Konflikte») werden dann «schwierige» Beziehungen zwischen Abteilungen (z.B. Produktion und Vertrieb) beschrieben. Diese – entpersonalisierten – Schwierigkeiten lassen sich dann zum Teil auch mit unterschiedlichen Organisationstypen (z.B. Dienstleistungsorganisation und produzierender Organisation) erklären. Vielleicht ergibt dann die gemeinsame Diskussion, dass ungeklärte Absprachen zwischen den beiden Bereichen immer wieder zu Spannungen führen. Klare Vereinbarungen und Strukturen sind dann oft hilfreicher als der Versuch, die sogenannten schwierigen Menschen in Persönlichkeitsseminaren zu «verändern».

Arbeitsblatt (Muster): Unsere Arbeitsgruppe (unsere Abteilung/unsere Organisation):

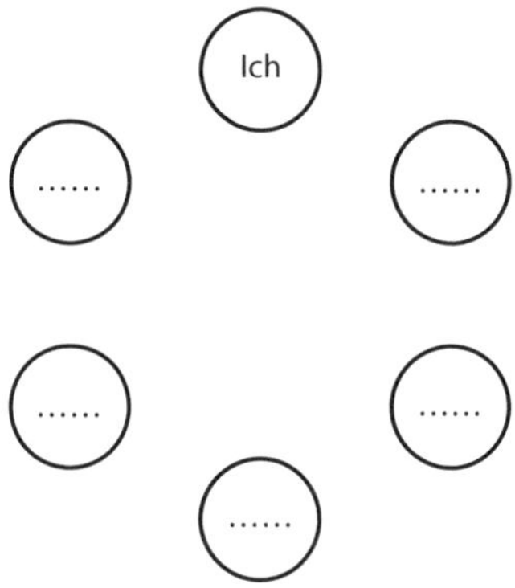

Arbeitsanleitung:

- Tragen Sie gemeinsam die Namen jenes Personenkreises ein, für den Sie die Beziehungslandkarte erstellen wollen
- Stellen Sie zunächst allein die Beziehungen der Personen anhand der rechts erklärten Symbole aus Ihrer Sicht durch die entsprechenden Verbindungen dar
- Erstellen Sie eine gemeinsame Beziehungslandkarte und diskutieren Sie das Ergebnis

Nicht belastete, tragfähige Arbeitsbeziehung

Sehr gute, offene Beziehung

Konflikt (durch Handlungen für alle wahrnehmbarer Konflikt, tritt offen zutage)

Verdeckter Konflikt (z.B. fehlende Gesprächsbasis, aus dem Weg gehen usw.); Konfliktpartner meiden die Konfliktaustragung; «man» spricht über den Konflikt mit Dritten, durch Gerüchte

Koalition (Koalition ist ein Bündnis von zwei Mitgliedern gegenüber einem Dritten)

2.5.4 Systemdarstellung mit Figuren

Ziel:
Ein Bild der gegenwärtigen Situation Ihres Unternehmens(bereiches) erarbeiten und probeweise Veränderungen und deren Konsequenzen ausprobieren.
Material:
- Holzfiguren in unterschiedlichen Formen und Größen,
- eventuell Holzplatten im Format A2 (mit weißem Papier bespannt) als Unterlage,
- eventuell Plastilin, Holzklötze, Drähte und Wachskreiden als ergänzendes Darstellungsmaterial

Alternative: Duplo-Figuren oder Playmobil-Figuren

Ablauf:
Anweisung für die Teilnehmer: «Gestalten Sie mit den (Holz-)Figuren ein Bild von der jetzigen Situation in Ihrer Organisation. Dabei geht es nicht um ein Organigramm, um die formale, offizielle Organisationsstruktur, sondern um Ihre subjektive Sicht.

Sie können mit den unterschiedlichen Größen und Formen der Figuren die Unterschiede in der Bedeutung einzelner Personen darstellen. Auch Themen oder wichtige Tendenzen im Unternehmen, zum Beispiel das ‹Kostendenken› oder ‹Innovationen› können durch Figuren dargestellt werden. Mit der Platzierung können Sie die Wichtigkeit einzelner Personen oder Themen unterstreichen: Wer oder was hat nur ‹am Rande› Bedeutung? Was oder wer steht im Mittelpunkt?»

Die Teilnehmer stellen zunächst in Einzelarbeit jeweils ihr Bild der derzeitigen Situation dar. Ergänzt werden kann die Darstellung entweder durch das Einzeichnen der Beziehungslandkarte (siehe Punkt 2.5.1) oder durch das symbolische Ausmalen des «Geländes» mit Wachskreiden.

In der Darstellung sollen keine Funktionsbezeichnungen oder Namen eingetragen werden, um die anderen Teilnehmer zu eigenen Interpretationen und Fantasien über das Dargestellte anzuregen.

Auswertung:
Die Darstellungen werden nacheinander in drei Schritten bearbeitet:
1. Betrachtung einer Darstellung und Austauschen von Wahrnehmungen, Assoziationen, Gefühlen usw. (Darsteller schweigt in dieser Phase, Berater achtet auf Trennung zwischen den Ebenen Wahrnehmen – Interpretieren – Bewerten).

2. Darsteller schildert die Situation aus seiner Sicht, wobei nicht wichtig ist, wie «richtig» die anderen Teilnehmer seine oder ihre Darstellung interpretiert haben. Deren Assoziationen und Beiträge sollen Bereicherungen darstellen. In dieser Phase können auch Beziehungen und Positionen verändert und Konsequenzen ausprobiert werden (wobei es wichtig ist, Veränderungen in der Darstellung vorzunehmen, d. h. die Position einzelner Figuren zueinander zu verändern und daraus resultierende/vermutete Veränderungen ebenfalls tatsächlich abzubilden, statt darüber zu sprechen). Die zentralen Themen und Fragen werden gemeinsam festgehalten.
3. Nachdem reihum alle Darstellungen betrachtet wurden, werden im nächsten Schritt Gemeinsamkeiten, Unterschiede, zentrale Themen, Fragen und/oder Veränderungsziele durch die Teilnehmer formuliert.

2.5.5 Alltagsgschichten

Ziel:
Darstellung der Ist-Situation in einer Organisationseinheit – kann auch gut bei Großgruppen eingesetzt werden.

Ablauf:
Anweisungen für die Gruppe:

1. Stellen Sie sich vor, ein Fernsehteam käme, um eine Dokumentation zu drehen, die möglichst realistisch den (Führungs- und/oder Team-)Alltag in Ihrer Organisationseinheit mit all seinen Höhen und Tiefen darstellt. Lassen Sie sich drei Szenen einfallen, die Ihnen als typisch für das Thema, z.B. die Führungssituation, die Zusammenarbeit, die Arbeitsabläufe usw., einfallen. Das können Situationen sein, die Sie immer wieder, oder vielleicht erst vor ein paar Tagen erlebt haben. Machen Sie sich zuerst ein paar Minuten allein Notizen, welche drei Szenen Sie auswählen würden.
2. Besprechen Sie nun in kleinen Gruppen, welche Szenen Sie ausgewählt haben, und überlegen Sie, ob sich bei Ihren Geschichten Gemeinsamkeiten erkennen lassen. Fragen Sie sich: Um welche Themen geht's?

15 Minuten, erst dann die nächste Anweisung:

3. Gestalten Sie in der kleinen Gruppe einen Sketch, der diese typischen Themen aus Ihrer Organisation aufgreift und darstellt. Es darf auch überzeichnet und gelacht werden. Organisieren Sie entsprechende Requisiten und finden Sie auch einen griffigen Titel für Ihre Darstellung.

15 Minuten(geben Sie dafür nicht zu lange Zeit – der Zeitdruck schafft üblicherweise Kreativität).

Während die Gruppen arbeiten, gestalten Sie eine «Bühne» und Theaterbestuhlung.

Zur Einführung begrüßen Sie das Publikum bei der «Aufführung der Laienschauspielgruppe – (Firmenname)» und bitten um Applaus für die erste Gruppe. Die Gruppe nennt den Titel ihres Stücks und spielt vor (unbedingt auf Fotos festhalten).

Auswertung:
Nachdem alle Gruppen gespielt haben, wechseln Sie wieder in die gewohnte Sitzordnung und arbeiten im Plenum oder in Kleingruppen:
- Was waren wichtige Themen, die uns vor Augen geführt wurden?
- Welche möglichen Entwicklungsfelder und Veränderungsziele wurden dargestellt?
- Woran möchten wir arbeiten?

2.5.6 Die Ideal-Organisation

Ziel:
Die Ideal-Vorstellungen, die jedes Organisationsmitglied von «seiner» Organisation hat, werden mit dieser Übung transparent gemacht.

Die Übung kann visionäre Elemente für die Gestaltung der Organisation in der Zukunft entfalten (und auf fantasievolle Weise zum Formulieren von Veränderungszielen führen). Daneben kommen durch diese Übung auch «Lieblingsideen» von einzelnen Personen auf den Tisch, die immer wieder in den verschiedensten Phasen und unverändert vorgebracht werden, wenn man sich nicht zu Beginn des OE-Prozesses damit auseinandersetzt. Neben dem Bild einer Ideal-Organisation ist die Übung auch aussagekräftig für persönliche Anliegen und Wünsche der Teilnehmer als Person und Gruppe. Im Anschluss an die Übung können daher Aussagen und erste Veränderungsziele für das gesamte Dreieck (für mich – für uns – für unsere Organisation) gemacht werden.

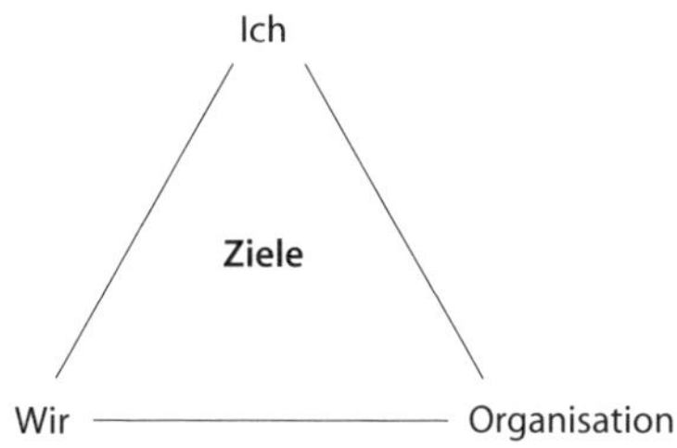

Anleitung für die Gruppe:[108]

1. Viele von uns würden viele Dinge, Gegebenheiten und Abläufe in ihrer Organisation ändern, wenn sie nicht Angst hätten, die anderen würden diese Vorschläge verwerfen, schlecht finden und bekämpfen. Stellen Sie sich vor, Sie wären in Ihrer Organisation König und könnten solche Veränderungen einführen. Stellen Sie eine Liste von zehn Dingen zusammen, die Sie verändern möchten. Es wäre so, dass niemand irgendwelchen Widerstand entgegenbringen würde.
2. Spielen Sie den König in Ihrer ganzen Souveränität, der die Organisation nach seinem Gutdünken verändern könnte. Geben Sie dies laut bekannt, verkünden Sie es. Die übrigen Teilnehmer versuchen, auf Ihre Wünsche und Veränderungsvorschläge zu reagieren, sich in die Rollen der Organisationsmitglieder zu versetzen.
3. Versuchen Sie zu spüren, was mit Ihnen passiert, wie Sie reagieren. Die Teilnehmer versuchen auch zu spüren, wie sie innerlich reagieren.
4. Erzählen Sie, wie es Ihnen als König gegangen ist: Wo fühlten Sie sich gut, wo und wie blockierten Sie sich?
   Die Teilnehmer: Wo fühlten sie sich gut, wo blockierten sie sich?
5. Folgerungen. Dann: Der nächste Teilnehmer spielt die Rolle des Königs.

2.5.7 Fantasiereise durch die Organisation

Ziel:
Positive, emotionale Zukunftsbilder ohne «rationale Schranken» für das Dreieck «Ich – wir – die Organisation» entwickeln.

108 Die Anleitung für diese Übung wurde aus Fatzer 1987 entnommen.

Ablauf:
Beginnen Sie mit einer «Zentrierung» in angenehmer Sitzposition (eventuell Schuhe ausziehen, Augen schließen, Bodenkontakt spüren, Atem bewusst wahrnehmen).

Danach leiten Sie die Fantasiereise an: Stellen Sie sich vor, Sie liegen auf einer bunten Blumenwiese (Bild eventuell noch «ausmalen»: Vogelgezwitscher, Düfte, blauer Himmel…). Da landet vor Ihnen ein Heißluftballon, Sie steigen ein, er hebt ab und führt Sie hoch in den Himmel… Sie fliegen über Wiesen und Wälder… Berge und Städte… Sie schauen hinunter und sehen alles wie in einer Spielzeuglandschaft… da entdecken Sie die… (Name von der Organisation): Sie sehen ein Gebäude von oben… aber siehe da: Sie können durch das Dach sehen, was sich in diesem Gebäude tut: Sie sehen die Menschen bei der Arbeit, sie sehen die Maschinen, an denen sie arbeiten, und Sie bemerken: Da hat sich irgendetwas verändert… der Heißluftballon senkt sich und bringt Sie direkt vor den Eingang: Sie steigen aus und gehen neugierig in das Haus. Niemand scheint Sie zu bemerken oder Ihnen Beachtung zu schenken. Sie gehen als unsichtbarer Beobachter durch die Räume. Sie sind sehr erstaunt, denn überall, wo Sie hinkommen, entdecken Sie jetzt Verbesserungen… was fällt Ihnen dabei nicht alles auf…

Während Sie weitergehen, beobachten Sie auch, dass die Menschen in Ihrer Organisation jetzt anders miteinander umgehen… Sie staunen und freuen sich über das, was Sie sehen… Sie bewegen sich weiter durch das Unternehmen… und plötzlich sehen Sie sich selbst bei Ihrer Arbeit mit den Kollegen. Sie lächeln und wirken sehr zufrieden. Während Sie sich so beobachten, bemerken Sie, wie auch Sie sich persönlich weiterentwickelt haben… was Sie da jetzt zuwege bringen, freut Sie und macht Sie stolz…

Mit einem guten Gefühl beschließen Sie Ihren «Rundgang» durch die Organisation, verlassen das Gebäude und steigen wieder in den Heißluftballon ein, der langsam abhebt und Sie wieder über Häuser, Städte, Wälder und Felder zurück zur Blumenwiese bringt, wo er zu sinken beginnt und behutsam landet. Sie steigen aus und spüren wieder den Boden unter den Füßen, strecken sich, dehnen sich, und während Sie die Augen langsam wieder öffnen, bringen Sie sich mit Ihrer Aufmerksamkeit wieder hierher zurück in diese Runde.

Auswertung:
Nach dieser Fantasiereise tauschen sich die Teilnehmer zuerst in Kleingruppen und dann im Plenum über die in der Fantasiereise entstandenen Bilder aus. Gemeinsamkeiten werden herausgearbeitet.

Im Plenum werden nochmals Bilder gesammelt und für eine weitere Bearbeitung von Zukunftsbildern der Organisation herangezogen.

2.5.8 Collage-Technik

Ziel:
Mit Hilfe der Collage-Technik können Sie die Teilnehmer je nach Anliegen zu einem Gespräch über die gegenwärtige oder zukünftige Situation im Dreieck «Ich – Wir – Unsere Organisation» führen:

Ablauf:
Lassen Sie die Teilnehmer in Form einer Collage ein Bild der Ist-Situation oder der Situation in drei bis fünf Jahren erstellen (es soll vorwiegend Bildmaterial verwendet werden, unterstrichen durch sparsame Zitate, Überschriften usw.).

In Kleingruppen werden zunächst die Eindrücke, Fantasien Assoziationen zu einem Bild ausgetauscht, der Urheber hält sich zurück und hört zu. Erst anschließend teilt er mit, was ihn selbst während der Collage-Arbeit beschäftigt hat, was er mit dem Bild ausdrücken wollte.

Wenn alle Bilder der Kleingruppenteilnehmer besprochen sind, können die wichtigsten Kernaussagen, Gemeinsamkeiten und Unterschiede herausgearbeitet und dem Plenum präsentiert werden.

2.5.9 Der «Zukunftssprung»

Aus uns unbekannter Quelle aus dem Bereich des lösungsfokussierten Ansatzes stammt der «Zukunftssprung»:

Ziel:
Dabei entwickeln und konkretisieren die Teilnehmer positive Zukunftsbilder über sich und ihre Organisation.

Durchführung:
Die Teilnehmer erhalten eine schriftliche Einladung (für jeden ausgedruckt oder auf das Flipchart geschrieben):

> Liebe Gruppe!
> Es ist nun … (Monat und Jahr nennen – je nach gewünschter Perspektive 1 bis 5 Jahre nach dem aktuellen Datum) und vieles hat sich seither in eurem Unternehmen/eurer Abteilung verbessert. Wir treffen einander wieder zu einem Erfahrungsaustausch über unser Projekt aus … (konkretisieren, eventuell das Jahr dazuschreiben).
>
> Ort: *(gleichen Ort oder eventuell einen anderen verfügbaren Besprechungsraum/ Seminarraum im Hause nennen)*
>
> Bitte bereitet euch auf folgende Fragen vor:
> - Was hat sich seither bei mir positiv verändert?
> - Was habe ich selbst in Angriff genommen?
> - Was waren Hindernisse und Hürden, die ich/wir überwinden mussten?
> - Wie haben wir es geschafft, diese Schwierigkeiten zu überwinden?
> - Wer hat mich dabei unterstützt?
> - Was waren «Meilensteine» in meiner/unserer Entwicklung?
> - Was habe ich dabei gelernt?
> - Was war mein Beitrag für den Erfolg?
>
> Ich freue mich auf eure Berichte und auf ein Wiedersehen!
>
> *Signiert mit persönlicher Unterschrift*

Nach der «Einladung» verlassen die Teilnehmer den Raum für eine halbe Stunde (gut ist es, sie anzuweisen, ihre persönlichen Sachen mitzunehmen) und überlegen in Einzelarbeit oder in Kleingruppen, wie ein möglicher Bericht aussehen könnte.

Während dieser Zeit gestalten Sie den Raum so um, dass die Gruppe, wenn sie wiederkommt, das Gefühl hat, in einem anderen/neuen Raum zu sein: Willkommensschild, neue Platzierung der Aktionszone (Flipchart an anderen Ort), neue Sitzordnung, Plakate entfernen …

Wenn Sie Lust haben, können Sie auch sich selbst verändern: Wenn der Erfahrungsaustausch in drei Jahren stattfinden soll, werden Sie ja nicht mehr gleich aussehen. Man kann sich also in dieser Pause auch schnell umkleiden, graue Strähnen in die Haare färben (das geht mit Faschingshaarspray, der sich leicht wieder auswaschen lässt) usw.

Wenn die Gruppe wiederkommt, spielen Sie konsequent wie ein Schauspieler die Situation «Es sind X Jahre vergangen»: Sie begrüßen jeden einzeln mit Handschlag, so als ob sie ihn seit langer Zeit nicht mehr gesehen hätten, fragen evtl. leicht unsicher nach dem Namen («Ich bin mir nicht mehr sicher, du bist der Hans?»). Wenn die Runde Platz genommen hat, begrüßen Sie die Gruppe, nehmen Bezug auf den letzten Workshop und bekunden Ihr Interesse an den

Berichten z. B. mit den Worten: «Ich habe mich riesig gefreut, euch wieder zu treffen. Nachdem ich immer wieder von euren Erfolgen gehört habe, bin ich schon ganz neugierig, von euch selbst zu hören, wie ihr das geschafft habt.»

Danach fragen Sie einen nach dem anderen, was er oder sie erreicht hat. Wenn einzelne Teilnehmer noch etwas irritiert und verhalten in das Spiel einsteigen, fragen Sie nochmals entsprechend der Einladung nach. Seien Sie hartnäckig, so dass jede und jeder zumindest ein Erfolgserlebnis berichtet oder eine Aktivität nennt, die er oder sie angegangen ist. Diese Berichte können Sie auch auf dem Flipchart mitschreiben. Nach anfänglicher Hemmung finden die Teilnehmer üblicherweise Spaß am «Spinnen» und kommen auch während des Berichtens und Erzählens noch auf viele Ideen, was sie alles getan haben könnten.

Auswertung:
Nach der Sammlung der «Erfahrungsberichte» schließen sie den «Zukunftssprung», wechseln eventuell wieder in die alte Raum-/Sitzordnung und beginnen mit der Frage, wie die Gruppe diesen Blick in die Zukunft erlebt hat.

Danach gehen Sie mit den Teilnehmenden nochmals die Mitschrift der «Berichte» durch und überlegen:

- Was könnten wir wirklich angehen?
- Was ist realistisch und machbar?
- Mit welchen Hürden müssen wir rechnen?
- Wie können wir diese überwinden?
- Wer kann uns dabei unterstützen?
- Was soll der erste Schritt sein?

Bei dieser Übung erleben wir häufig, dass Gruppen sehr realistische positive Zukunftsbilder entwickeln, die ihnen vorher gar nicht in den Sinn gekommen sind.

2.6 Erarbeiten von Veränderungszielen bzw. Entwicklungsfeldern, Schwerpunkten und ersten Maßnahmen

Ziel:
Nach der Auseinandersetzung mit der Ist-Situation und möglichen Entwicklungen geht es in diesem nächsten Schritt darum, daraus abgeleitete Veränderungsziele/Entwicklungsfelder möglichst konkret zu formulieren.

Material:
Moderationsausrüstung.

Ablauf:
Allein oder in Kleingruppen formulieren die Teilnehmer Veränderungsziele, indem sie den Satz «Wie können wir erreichen, dass…» vervollständigen.

Verweisen Sie vor Arbeitsbeginn darauf, dass die Veränderungsziele positiv formuliert sein sollten, also ohne Verneinung (negativ formulierte Ziele geben lediglich an, was oder wie etwas nicht mehr sein soll, sie sind jedoch sehr vage in Bezug auf den tatsächlichen Zielzustand und in dieser Form zu offen für konkrete Maßnahmen und Zwischenziele). Zum Zweiten ist darauf hinzuweisen, dass sich Veränderungsziele/Entwicklungsfelder auf unterschiedliche Ebenen beziehen sollen; also auf operative, kurzfristige Themen, auf strategische, strukturelle und auf normative, grundsätzliche Themen.

Ziele können in unterschiedlichen Graden der Konkretheit formuliert sein, und ein Beispiel verdeutlicht den Teilnehmern, auf ein angemessenes und hilfreiches Maß von Konkretheit oder Verallgemeinerung zu achten (damit in der Bearbeitungsphase weder ein «Verzetteln» in Einzelthemen erfolgt noch alle Ziele in einem einzigen, schier unbearbeitbaren zusammengefasst sind).

Zum Beispiel: Wie können wir erreichen, dass…

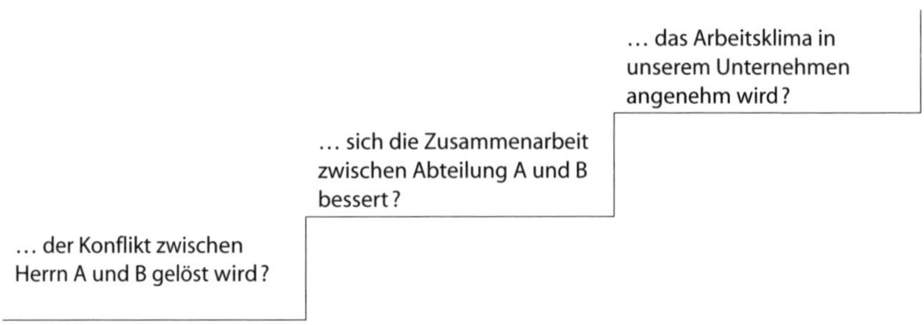

Die Vereinbarung von Schwerpunkten geschieht in Abstimmung mit den zuständigen Führungskräften – je nachdem, ob diese während der Klausur selbst anwesend sind, und je nach verfügbarer Zeit können bereits in der Situationsklärung Kriterien erarbeitet und vereinbart werden, nach denen die Veränderungsziele gewichtet werden sollen (z.B. eine Mischung aus dringenden, leicht bearbeitbaren und besonders weitreichenden Zielen), und es kann die Bewertung im

Anschluss gleich durchgeführt werden. Die Erfahrung spricht aber auch dafür, diese Ziele quasi nochmals zu «überschlafen» und die Bewertung von der Formulierung zeitlich zu trennen.

In der Regel entstehen in diesem Prozess zu einzelnen Themen sehr rasch – «nebenbei» – unmittelbar durchführbare Maßnahmen bzw. können solche am Ende der Klausur noch erarbeitet werden. Dies macht die Situationsklärungsklausur in sich zu einer runden Gestalt und weckt Hoffnungen für die weiteren Schritte.

2.7 Zwischenstopp nach der Situationsklärung und Zukunftsmodellierung

Zum Abschluss der Situationsklärung wurden in einer oder mehrer Klausuren Zukunftsbilder entwickelt und protokolliert. Im nächsten Schritt werden die Entwicklungsfelder und Veränderungsziele dem Management präsentiert.

Zur Selbstdiagnose, bevor Sie mit der Geschäftsleitung weiterarbeiten: Gehen Sie nochmals alle Entwicklungsfelder und Veränderungsziele durch und prüfen Sie, ob und mit wem noch offene Fragen zu klären sind.

3 Phase der Zielfindung (Zielauswahl und -entscheidung)

3.1 Ausgangssituation und Zielsetzung

In einer oder mehreren Situationsklärungsklausuren sind Veränderungsziele erarbeitet worden. Auf dieser Grundlage können nun in Abstimmung mit dem formalen Management jene Entwicklungsschwerpunkte bestimmt werden, die im weiteren Prozess mit Priorität bearbeitet werden sollen; der OE-Prozess soll also bis zur neuerlichen Standortbestimmung die spezifische Richtung bekommen.

Wir haben bereits kurz darauf hingewiesen, dass – besonders in Kleinbetrieben oder bei kleinen ausdifferenzierten Systemen für den OE-Prozess – die Phase der Zielfindung verkürzt abläuft und bereits Bestandteil der Situationsklärung und Zukunftsmodellierung ist.

Andernfalls (und in jedem Fall vom Prozessverständnis her) ist die Phase der Zielfindung eine eigene Einheit im OE-Prozess, an der das formale Management des Systems, die interne Projektleitung und der Entwicklungsberater beteiligt sind. Die Phase der Zielauswahl kann im konkreten Fall mehrere Schritte umfassen, sie kann in einer gesonderten Klausur stattfinden oder relativ knapp in einer Besprechung.

Bei der Entscheidung über die weiteren Entwicklungsschwerpunkte ist es wichtig, einen Überblick über die bereits laufenden Projekte in der Organisation zu haben.

Viele Organisationen neigen dazu, relativ rasch über neue Projekte zu entscheiden, ohne die dafür notwendigen Ressourcen bzw. Abstimmungen zwischen den Projekten sicherzustellen.

Um ein realistisches Verhältnis zwischen Entwicklungsfeldern bzw. Veränderungszielen und den dafür erforderlichen Ressourcen herzustellen, kann es notwendig sein, die laufenden Projekte zu überprüfen, einige zu beenden und in jedem Fall für eine Priorisierung und Verknüpfung mit dem geplanten OE-Prozess zu sorgen.

In unserer Praxis stellt sich hier häufig die Frage, womit muss die Organisation aufhören bzw. was müssen die Führungskräfte tun, um Freiraum für wichtige Entscheidungen zu schaffen.

Das kann so weit gehen, dass dieses Thema das erste und zunächst einzige Teilprojekt des OE-Prozesses darstellt.

3.2 Aufgaben des Managements in dieser Phase

Es obliegt generell dem zuständigen Management, über die Veränderungsziele/Entwicklungsfelder und damit auch Themen der künftigen Teilprojekte zu entscheiden. Dies ist eine Schlüsselstelle für die Verankerung und Relevanz des OE-Prozesses in der bestehenden Organisationsstruktur und Indikator für eine aktive Mitwirkung seitens des Managements («Gewährenlassen ist zu wenig!»).

Neben einer Bestätigung der Ziele aus der Situationsklärung, die vorwiegend aus der Sicht der Mitarbeiter formuliert wurde bzw. wo Führungskräfte als Team-Mitglieder mitwirkten, liegt die eigentliche Aufgabe des Managements darin, die formulierten Ziele hinsichtlich der strategischen Bedeutung für die Organisation zu prüfen und gegebenenfalls aus dieser Perspektive zu ergänzen:

Ebenso wie es im laufenden Geschäft zu den Aufgaben des (Top-)Managements gehört, jene Informationen zu verarbeiten, die über das gegenwärtige Geschäft hinausgehen, und zu diesem Zweck Kontakte zu einer weit gefassten Umwelt zu unterhalten und die strategische Richtung festzulegen, gilt es in dieser Phase, auch den Kurs des OE-Prozesses aufgrund der mittel- und langfristigen Erfordernisse für die Lebensfähigkeit der Organisation zu steuern.

3.3 Die Vorgehensweise

3.3.1 Herstellen eines gemeinsamen Informationsstandes

Besonders dann, wenn Mitglieder des Topmanagements nicht voll in die Phase der Situationsklärung und Zielbildung einbezogen waren, ist es wichtig, den bisherigen Prozess und seine einzelnen Schritte nachvollziehbar zu machen.

Dies erfolgt im optimalen Fall durch ein Team von Personen, die in den Situationsklärungsklausuren mitgearbeitet haben, unterstützt durch den internen und externen Berater.

Dabei werden die wichtigsten Erfahrungen, bereits handlungsrelevante Konsequenzen und Erkenntnisse aus der Phase der Situationsklärung und Zielbildung präsentiert und diskutiert.

Diese Schilderungen bilden den Hintergrund und den Kontext zu den in den Klausuren formulierten Entwicklungsfeldern und Veränderungszielen.

3.3.2 Erarbeiten einer Entscheidungsbasis für die Entwicklungsschwerpunkte und die Bereitschaft seitens des Managements, den OE-Prozess mitzutragen

Drei wichtige Blickwinkel sind in diesem Zusammenhang nützlich:

- Die Bedeutung der einzelnen Ziele für den Unternehmenserfolg im Spannungsfeld von wichtig und dringlich.
- Die Wechselwirkung der einzelnen Veränderungs- und Entwicklungsziele aufeinander (Wo liegt der höchste «Dominoeffekt»?).
- Das Verhältnis der einzelnen Veränderungsziele und Entwicklungsfelder zu den dazu notwendigen Ressourcen.

Der «Papiercomputer» von F. Vester ist ein hilfreiches Instrument, um die Wechselwirkung der einzelnen Veränderungs- und Entwicklungsziele transparent zu machen.

Er fördert eine systemisch-vernetzte Betrachtungsweise und macht die Wirkungsweise und Reichweite der einzelnen Ziele sichtbar.

Zur Entscheidung und Auswahl der Veränderungsziele/Entwicklungsfelder durch das formale Management sollten Kriterien gemeinsam erarbeitet werden – ein Prozessschritt, in dem wichtige Annahmen, Interessen und Werte öffentlich werden und ausgetauscht werden können.

Dafür werden, wie beispielhaft gezeigt, in einem Raster zunächst alle Ziele sowohl horizontal als auch vertikal eingetragen.

Für jedes Ziel wird dessen Wirkung auf jedes andere Ziel nach dem folgenden Schlüssel eingeschätzt:

0 = keine Wirkung	2 = mittlere Wirkung
1 = schwache Wirkung	3 = starke Wirkung

(Zunächst einzeln, im nächsten Schritt wird nach einer gemeinsamen Einschätzung gesucht – eine diskussionsintensive Phase, in der es wiederum nicht um die «Richtigkeit» geht, sondern in der der Austausch unterschiedlicher Standpunkte und die wachsende Bewusstheit für die Vernetztheit der Ziele wesentlich sind.)

Ziele mit aktiver, passiver, kritischer, puffernder Wirkung werden «errechnet»:

- Aktive Wirkung: Diese Ziele beeinflussen andere Ziele stark, werden selbst aber nur schwach oder überhaupt nicht beeinflusst.
- Passive Wirkung: Diese Ziele werden stark von anderen Zielen beeinflusst, üben selbst jedoch nur schwache oder keine Beeinflussung aus.
- Kritische Wirkung: Diese Ziele beeinflussen andere Ziele stark und werden selbst stark beeinflusst.
- Puffernde Wirkung: Diese Ziele beeinflussen weder andere Ziele nennenswert, noch werden sie nennenswert beeinflusst.

Die Errechnung für jedes Ziel erfolgt durch die Dividierung der Aktivsumme (AS) durch die Passivsumme (PS), wobei aktive Ziele einen hohen Quotienten (Q), passive Ziele einen niedrigen Quotienten haben.

Kritische und puffernde Ziele werden aus der Multiplikation der Aktivsumme eines Zieles mit der Passivsumme desselben Zieles errechnet, also AS mal PS, wobei kritische Ziele ein hohes Produkt, puffernde Ziele ein niedriges Produkt haben.

Wirkung von →

auf ↓

Ziele (Zeilen) / Ziele (Spalten)		z.B. A	B	C	D	E	F	AS		Q
A	Strategische Erneuerung							A		
B	Führungskräfteentwicklung							B		
C	Kundenorientierte Prozesse							C		
D	Konflikt zwischen Unternemensbereich s und y							D		
E	Aufbauorganisation							E		
F	Strategische PE							F		
PS		A	B	C	D	E	F			
P										

Daneben ergeben sich weitere Entscheidungskriterien im Einzelfall aus dem Prozess, wie beispielsweise:

- Bevorzugung von Veränderungszielen, die sich auf eher abgegrenzte Einheiten/Themen beziehen, damit in überschaubarem Rahmen erste Erfahrungen mit OE gesammelt werden können
- geschätzter Aufwand und Kosten der geplanten Veränderungen
- voraussichtlicher Zeitraum, bis Veränderung wirksam wird
- Auswahl von Zielen mit vorwiegend interner oder externer Wirkung (auf Qualitätsverbesserung der Leistungen oder Verbesserung der Lieferfähigkeit, auf die Zusammenarbeit und das Arbeitsklima, auf die Konkurrenzfähigkeit usw.)
- Ziele, die langfristig die Existenz der Organisation sichern.

Grundsätzlich ist es bei der Auswahl von Zielen hilfreich, auf deren unterschiedliche Komplexität und Reichweite zu achten:

Normative Ziele wie beispielsweise die Erarbeitung eines Leitbildes, bei denen an Werten (Normen) der Organisation gearbeitet wird, sollen langfristige, dauerhafte Veränderungen bewirken. Solche Verände¬rungen, die sich auf Traditionen, Kulturen, Einstellungen, Verhaltensroutinen usw. erstrecken, brauchen relativ viel Zeit, bis Auswirkungen sichtbar und erlebbar werden – das kann jedoch sowohl für die am Projekt unmittelbar Beteiligten als auch für das zuständige Management unbefriedigend sein und Probleme mit sich bringen (fehlender Motivationsschub, vorerst wenig Erfolgserlebnisse/Erfolgs- und Legitimationsdruck von «oben», Ferne des OE-Prozesses von relevanten Alltagsfragen usw.).

Wird auch an operativen, kurzfristigen und meist auch überschaubaren Zielen gearbeitet, fördert dies die Verankerung des OE-Prozesses in den Alltagsanforderungen und -problemen und es werden relativ rasch Erfolge sichtbar, die ihrerseits Motivation und Selbstvertrauen auch für schwierigere Themen schaffen.

3.3.3 Entscheidung über die Schwerpunkte und Absicherung im formalen Management

Mit Hilfe dieser Entscheidungsgrundlagen werden die Schwerpunkte definitiv vereinbart und die adäquate Bearbeitungsform festgelegt: Nicht jedes Veränderungsziel erfordert zur Bearbeitung eine Projektstruktur. In einem OE-Prozess ergeben sich regelmäßig Themen, die in die Zuständigkeit bestehender Funktionen fallen und von diesen Mitarbeitern/Führungskräften im Rahmen ihrer gegebenen Tätigkeit aufzugreifen und zu bearbeiten sind. Dies ist ebenso zu klären wie die Möglichkeit, dass jemand ein Veränderungsziel, das ihm ein Anliegen ist, zur Bearbeitung allein übernimmt.

Es ist zu klären, was das Management seinerseits zur Unterstützung des Prozesses benötigt und tun kann: Dazu gehören vereinbarte Informations- und Entscheidungsstrukturen sowie Zwischenberichte und die Klärung der Rolle von internem und gegebenenfalls externem Berater und Projektleiter und das Verweisen auf die Bedeutung des OE-Prozesses bei wichtigen Anlässen (internes Marketing des OE-Prozesses).

Die für die weiteren Schritte benötigten Ressourcen werden abgeschätzt und vereinbart: Zeit, teilweise Freistellung für die interne Projektleitung und Projektmitarbeiter und Klären der Stellvertretung, finanzielle Rahmenbedingungen beispielsweise für externe Beratungsleistungen usw.

Es wird abgeklärt, wer gegebenenfalls in der Entwicklungsgruppe als Steuerungselement des OE-Prozesses mitwirken kann/soll bzw. nach welchen Kriterien die Mitglieder ausgewählt werden sollen, und – sofern noch nicht geschehen – wird die interne Projektleitung vereinbart.

Einige Anregungen zur Vorbereitung der Gespräche/Klausur im formalen Management:

In einer Klausur oder einem Gespräch werden die Themenschwerpunkte und damit auch die Teilprojekte für den OE-Prozess entschieden. Dadurch wollen wir z.B. erreichen, dass sich die Geschäftsleitung nicht auf ein «Gewährenlassen» beschränkt, sondern einen aktiven Beitrag zum Gelingen des Prozesses leistet. Das mag umso wichtiger sein, als die Führungskräfte oft unbequeme Veränderungsziele vertreten müssen, von denen sie selbst auch betroffen sind. Gleichzeitig soll vielleicht auch Zuversicht erzeugt werden, dass die eigenen Erfahrungen der Mitarbeiter genutzt werden können. Ebenso wichtig sind verbindliche Vereinbarungen für das Projekt, zum Beispiel über Kompetenzen, gegenseitige Information, Beiträge der Geschäftsleitung.

In einer Klausur oder einem Gespräch zur Auswahl von Entwicklungsfeldern und Veränderungszielen, sollten Sie folgende Fragen noch einmal klären: Welche Personen der Unternehmensleitung und welche Führungskräfte sind in die Entscheidung über Themenschwerpunkte und damit Teilprojekte für den OE-Prozess einzubeziehen?

Was soll durch das Gespräch oder die Zielfindungsklausur erreicht werden?
Beispiele:
- Vor allem weitere Einsicht dafür wecken, dass der Beitrag der Führungskräfte zum Gelingen des Prozesses über ein Gewährenlassen hinaus notwendig ist;
- die Akzeptanz unbequemer Veränderungsziele fordern, von denen möglicherweise auch die Führungskräfte selbst betroffen sind;
- Zuversicht erzeugen, dass die eigenen Erfahrungen der Mitarbeiter genützt werden sollen und können und Probleme nicht an Außenstehende delegiert werden können.

Wie können wir diese Ziele erreichen? Was braucht die Geschäftsleitung, um Vertrauen und Zuversicht in den Prozess zu bekommen?
Beispiele:
- Hinweis auf erfolgreiche Projekte mit ähnlicher Vorgehensweise
- Hinweis auf positive Erfahrungen in anderen Organisationen («Referenzen»)
- Kontakt zu den Projektleitern
- Kennenlernen der externen Begleiter
- Schriftliches Konzept für die Vorgehensweise

Was brauche(n) ich/wir für den Prozess von der Geschäftsleitung?
Beispiele:
- ausreichend Zeit
- klare Kompetenzen
- klare Vereinbarungen bezüglich …

Ein Vorschlag für eine Klausur zur Auswahl von Veränderungszielen befindet sich in Anhang 4.

3.3.4 Zielbestimmung in komplexen Systemen und Lernen im Prozess

Der Prozess der Zielfindung und -auswahl hat aus mehreren Gründen große Bedeutung für den weiteren Verlauf und die Wirksamkeit des OE-Prozesses.

Vor allem das Managementteam steht in dieser Phase auf dem Prüfstand: Hier zeigt sich seine Arbeits- und Diskursfähigkeit in schwierigen Zeiten: Die Auseinandersetzung mit unterschiedlichen Vorstellungen soll nicht in Machtstrategien zur Durchsetzung von Einzelinteressen stecken bleiben und nicht zu faulen Kompromissen und wenig durchdachten Zielen führen.

Beratungserfahrungen zeigen, dass für die Beteiligten der Prozess bis zur Vereinbarung gemeinsam getragener Ziele und Prioritäten oftmals die größte Hürde darstellt. Die anschließende Bearbeitung der Teilthemen lässt sich demgegenüber überraschend leicht an. Wurde bei der Zielvereinbarung zu rasch und oberflächlich («quick and dirty») gearbeitet, so passiert es oft, dass in späteren Phasen immer wieder grundlegende Dinge zu klären sind, Annahmen und Entscheidungen wieder in Frage gestellt werden. Die voreilige Zielvereinbarung muss dann oft während der Bearbeitung von Lösungen «nachgeholt» werden.

Gelingt es nicht oder wird es vermieden, aus der vorhandenen Fülle von Symptomen, Wünschen, wichtigen und sich wichtig machenden Problemen zentrale Ziele zu formulieren, erschöpft sich der Entwicklungsprozess womöglich in einem «Reparaturdienstverhalten»: Dann wird die Entwicklungsgruppe in der Folge zum – konzeptlosen – Kümmerer für viele kleine Probleme und die Aktivitäten nur zu einem «hektischen Stillstand» ohne Folgen für die Entwicklung der Organisation. Die Arbeit an relevanten Zielen ist etwas qualitativ anderes als die Abarbeitung von Problemen!

Dieter Dörner bringt in seinem Buch «Die Logik des Misslingens» eine Fülle von Beispielen über Stolpersteine und Fehlhandlungen bei der Zielbildung in komplexen Situationen. Darin findet sich auch die folgende verhängnisvolle Kette:

> *«Die mangelnde Dekomposition eines Komplexziels führt zunächst zu Unsicherheit! Man weiß ‹irgendwie› gar nicht, was man eigentlich soll. Daher begibt man sich dann auf die Suche nach Problemen. Hat man welche gefunden, so steht als nächstes die Überlegung an, welches der Probleme man denn nun als erstes angehen sollte? Man muss Schwerpunkte bilden. Hat man für die Schwerpunktbildung keine Kriterien, die sich auf die Struktur des Systems beziehen, so wählt man eben die auffälligsten. Oder die, für die man die Lösungsmethoden kennt! Das führt dann fast notwendigerweise zur Lösung der falschen Probleme und auf jeden Fall zum ‹Ad-hocismus›; zum Lösen nur der gegenwärtig vorhandenen Probleme. Das wiederum merkt man; die Unsicherheit verstärkt sich. Wie rettet man sich daraus? Indem man sich in einem Problembereich einkapselt; möglichst in einem solchen, der einerseits Anforderungen stellt und andererseits Erfolgserlebnisse bietet.»*[109]

109 Dörner 1989, S. 93 f.

Wichtig in dieser Phase ist auch der Lernprozess der Abstimmung zwischen OE-Prozesssteuerung und Managementfunktion:

- Gelingt es, die Grenzen zwischen Aufgaben und Zuständigkeit der Projektleitung des OE-Prozesses und Aufgaben des formalen Managements klar und flexibel zu handhaben?
- Wie funktions- und kooperationsfähig zeigt sich das Management in dieser Phase?
- Ist allen Beteiligten deutlich, welche Aufgaben, Fragen und Informationen durch das Projektteam selbst verarbeitet/entschieden werden und welche vom Management der Organisation zu entscheiden sind?

Dieser Lernprozess fordert die Projektleitung, das Topmanagement und alle am Prozess Beteiligten.

3.4 Zwischenstopp zum Abschluss der Zielfindung

Nach der Klausur oder Besprechung mit der Geschäftsleitung sollen Entwicklungsfelder und Veränderungsziele geklärt sein. Fassen Sie die Ergebnisse noch einmal zusammen:

1. Welche Veränderungsziele werden Funktionsträger selbst im Rahmen ihrer Aufgabe übernehmen?

2. Welche Teilprojekte haben sich bei der Entscheidung durch Führungskräfte und die Unternehmensleitung ergeben? Hilfreich ist das Erstellen einer Projektliste:

Titel des Projekts	Welche Mitarbeiter sind davon betroffen/ stehen als Mitglieder des Teilprojekts fest

3. Welche Fragen sind noch offen, was ist noch zu erledigen, bevor die Steuerungsstruktur des OE-Prozesses auf breiterer Basis installiert werden kann?

4 Installieren der Steuerungsstruktur für den OE-Prozess

4.1 Kriterien für eine Steuerungsstruktur des OE-Prozesses

Die Steuerung und Gestaltung des OE-Prozesses erfordert eine verbindliche, klare Struktur. Dabei unterscheidet sich ein OE-Prozess nicht von einer Organisation an sich. Das Kapitel 1.6.2.1. zur Ordnung als Wesensmerkmal sozialer Systeme (siehe Seite 53) zeigte die zentrale Bedeutung von Strukturen für die Handlungsmöglichkeiten und Begrenzungen eines Systems auf. Auch der OE-Prozess muss ausreichend strukturell abgesichert werden. Ansonsten besteht die Gefahr, dass trotz hohen Engagements einzelner Personen Veränderungen punktuell, widerrufbar und fragmentarisch bleiben und dass über die Bearbeitung einzelner Veränderungsziele hinaus die Problemlösungs- und Entwicklungsfähigkeit nicht dauerhaft gefördert wird. Daher ergeben sich drei wichtige Kriterien für die Struktur die Steuerungsstruktur des OE-Prozesses:

4.1.1 Förderung der Entwicklung

Die Struktur des OE-Prozesses soll

- die Systemveränderung und Entwicklung fördern,
- Lernen im System zulassen,
- die Möglichkeiten der bestehenden Organisationsstruktur erweitern und
- potenziellen Gefahren und Schwächen der bestehenden Struktur entgegenwirken.

Die herkömmlichen, hierarchiebetonten Steuerungsstrukturen in Organisationen haben vor allem Stabilisierung und Erhaltung zum Ziel. Daraus ergeben sich aber auch Gefahren für ihre langfristige Lebensfähigkeit:

- Aufgrund bestehender – in der Vergangenheit erfolgreicher – Programme und Erfahrungen wird vernachlässigt, weiterzulernen und Erfahrungen zu überprüfen,
- standardisierte Abläufe unterstützen die Trägheit der Organisation und machen sie unbeweglich,
- erprobte Verhaltensprogramme verleiten dazu, wichtige Veränderungen zu übersehen und sich an etablierte Ideologien und Weltbilder zu klammern,
- Abweichungen innerhalb von Toleranzgrenzen werden als irrelevant angesehen,
- in der Folge laufen Programme häufig den Situationen, für die sie entwickelt wurden, hinterher.[110]

4.1.2 Ergänzung statt Ersatz

Die Struktur des OE-Prozesses soll die Struktur der Organisation ergänzen, nicht ersetzen.

Der Organisationsentwicklungsprozess wird strukturell durch eine Projektform in die Organisation integriert. Gleichzeitig soll er ausreichend vom Alltag und der Hierarchie in der Organisation differenziert sein.

Wie jedes wirksame Projekt steht der OE-Prozess in einem dauernden Spannungsverhältnis mit der bestehenden Organisationsstruktur: Einerseits ins Leben gerufen, um Entwicklungen zu ermöglichen, die innerhalb der bestehenden Organisation nicht möglich wären, stellt er andererseits, gerade wenn sich wesentliche Veränderungen durch den OE-Prozess abzuzeichnen beginnen, auch eine (latente) Bedrohung dar und verweist gewissermaßen gerade im Erfolgsfall auf Grenzen des Linienmanagements. Ewald Krainz und Peter Heintel bezeichnen dieses Phänomen als «Systemabwehr» (was allerdings keine ressourcenorientierte Beschreibung ist!) und folgern: «Man könnte sogar so weit gehen zu sagen, dass ein Beratungsprozess, der keine Erscheinungen von Systemabwehr hervorruft, wirkungslos ist; wobei es allerdings darauf ankommt, wie diese Abwehrmanöver bewältigt und produktiv gewendet werden.»

Anders formuliert: Die Gestaltung der Beziehungen und Grenzen zwischen OE-Projekt- und Organisationsmanagement braucht ständige Aufmerksamkeit und Reflexion, damit sich der OE-Prozess weder zur selbstgenügsamen, konsequenzen- und einflusslosen Diskussionsrunde noch zur subversiven Gegenmacht entwickelt.

---

110 Diese Merkmale sind aus einem Aufsatz von Hedberg 1984 übernommen, S.17.

Wesentliche Strukturelemente des OE-Prozesses sind
- die Entwicklungsgruppe
- die interne Projektleitung und
- der interne und/oder externe OE-Berater

Für die Dauer des OE-Prozesses bilden diese ein eigenes System. Dieses Selbstverständnis als eigenständige Einheit ist wichtig: Es erweitert die Möglichkeiten, trotz des Eingebundenseins in die Organisation in Form des Anstellungsverhältnisses eine Außenperspektive einzunehmen.

4.1.3 Integration aller Projekte im System

Die Struktur des OE-Prozesses soll ***alle*** *laufenden Veränderungs-/Entwicklungsprojekte integrieren.*

Der OE-Prozess bezieht sich auf die Ganzheit des in der Orientierungsphase abgegrenzten Systems (also das Gesamtunternehmen, einen Bereich, eine Abteilung, hierarchische Ebene und dergleichen). Dementsprechend sind bei der strukturellen Absicherung des OE-Prozesses *alle* im System laufenden Projekte in den OE-Prozess zu integrieren. Immer wieder zeigt sich, dass es einen OE-Prozess gibt und *daneben* ein EDV-Projekt, ein Kostenrechnungsprojekt, ein Projekt «Führungskräfteentwicklung», ein Projekt «Bau einer neuen Fertigungshalle» und Ähnliches.

Diese «Parallelprozesse» verhindern die ganzheitliche Entwicklung der Organisation in *eine* Richtung. Vielfach sind in einem OE-Prozess gar keine neuen Projekte erforderlich: Oft geht es lediglich um die strukturelle Integration der laufenden Projekte. Gerade damit wird vermieden, dass der OE-Prozess manchmal wichtig ist (weil man gerade Zeit dafür hat) und dann wieder hinter anderen, dringenderen Aufgabenstellungen zurückzustehen hat.

4.2 Die interne Projektleitung

4.2.1 Funktion

Der internen Projektleitung obliegt die Führung und Kontrolle der Entwicklungsgruppe. Sie ist für einen in die Organisation integrierten OE-Prozess unbedingt erforderlich. Die interne Projektleitung sollte in dieser Funktion direkt einem maßgebenden Mitglied der Geschäftsleitung unterstellt sein.

Werden ein oder zwei Projektleiter bestellt, ist das ein klares Zeichen, dass der OE-Prozess die nötige Zeit, Energie und Bedeutung erhält, um die Erwartungen und die Entwicklungsbereitschaft bei den Betroffenen zu wecken. Diese

Funktion wird entweder vom internen OE-Berater (oder von der OE-Beraterin) selbst oder von einem Mitglied der zu beratenden Einheit wahrgenommen.

4.2.2 Voraussetzungen

Die Persönlichkeit der Projektleiterin spielt eine wichtige Rolle für den Erfolg des OE-Projekts.

Zehn wesentliche Fähigkeiten der internen Projektleitung:

- Menschenbild und Grundsätze
  Die Projektleitung garantiert durch die Art und Weise, wie sie das Projektmanagement wahrnimmt, dass die Werte und Grundsätze der OE beachtet und für die Mitglieder der Organisation erfahrbar werden. Bedeutend sind auch die Fähigkeit, in Systemen und Zusammenhängen zu denken statt in Ursache-Wirkungs-Relationen, und eine Haltung der Wertschätzung und Neugier.

- Persönliche Lernfähigkeit und Lernbereitschaft
  Auch hier kommt der Projektleitung Vorbildfunktion zu: Indem sie sich in Haltung und *Tun* persönlich als lernfähig und lernbereit erweist, wird sie zum Katalysator für Lernprozesse anderer. Supervision der Projektleitungsfunktion ist eine wichtige Qualitätssicherung für den OE-Prozess und eine Lern- und Entwicklungsform für die Projektleitung.

- Methodenkompetenz
  Erfahrungen im Planen und Leiten von Gruppen und im Projektmanagement. An Handwerkszeug sind zumindest Kenntnisse der Moderation erforderlich. Die Projektleitung braucht nicht Spezialistin für ein bestimmtes Thema zu sein. Sie sollte jedoch in der Lage sein, eine Klausur zur Situationsklärung oder Zielfindung (eventuell in Abstimmung mit einem externen Entwicklungsberater), einen Workshop zur Bearbeitung eines Teilprojekts usw. zu strukturieren und zu moderieren.

- Führungskompetenz
  Die Projektleitung hat je nach Situation Rollen mit unterschiedlichen Anforderungen wahrzunehmen: Sie ist Projektleitung, Mitglied der Entwicklungsgruppe, eventuell Teilprojektleiterin und hat eine Funktion innerhalb der Organisationsstruktur. Sie braucht daher die Fähigkeit, verschiedene Aspekte von Führung situationsgerecht ausüben und klare Grenzen zwischen den einzelnen Bereichen zu ziehen.

- Sozialkompetenz
  Die Projektleitung braucht Freude und Gespür für Menschen und Verständnis von sozialen Prozessen. Sie muss fähig und bereit sein zu Kommunikation, Kooperation, Team- und Konfliktarbeit. Wichtig ist hier auch die Kontroll- und Konfrontationsfähigkeit in der Arbeit mit internen und externen Partnern.

- Strategische Kompetenz
  Für die langfristige Ausrichtung des OE-Prozesses ist ein Basiswissen in strategischen Analyse- und Planungsmethoden nützlich.

- Durchhaltefähigkeit, Selbstbewusstsein, Stabilität
  Entwicklungsprozesse erfordern Geduld und bringen oft keine schnellen Ergebnisse. Daher sollte die interne Projektleitung über einen «langen Atem» und eine gewisse Frustrationstoleranz verfügen. Sie sollte ein realistisches Selbstbild haben (die eigenen Stärken, Fähigkeiten und Schwächen – sowohl fachlich als auch persönlich – kennen) und sollte Unsicherheit, Spannung und Konflikte als zum Teil notwendig akzeptieren und damit umgehen können.

- Verantwortungsübernahme
  Die Projektleitung nimmt Probleme «an die Hand» und schöpft ihren Handlungsspielraum so weit wie möglich aus. Sie geht dazu, wenn nötig, Risiken bewusst ein. Sie überprüft selbständig die Folgen ihres Handelns und ist bereit zu Korrekturen.

- Akzeptanz
  Sowohl durch die Unternehmensleitung als auch durch die Mitglieder der Entwicklungsgruppe und die Mitarbeiter. Die OE steht als Systemveränderung oft im Gegensatz zu systemerhaltenden Bestrebungen der Organisation und damit zu langjährigen Gewohnheiten ihrer Mitglieder. Eine breite Akzeptanz und Anschlussfähigkeit der Projektleitung gewährleistet, dass der OE-Prozess sowohl bei Mitarbeitenden als auch bei Führungskräften akzeptiert wird.

- Wachheit für neue Anforderungen und Entwicklungen
  Die Projektleitung ist offen für Neues und Fremdes und setzt sich bewusst mit Zukunftsentwicklungen (auch in Bereichen wie Ökologie, Kunden …) auseinander, um Chancen für die Organisation rechtzeitig erkennen zu können.

Die genannten Anforderungen erscheinen auf den ersten Blick ziemlich hoch und schrecken womöglich von einer Übernahme dieser Funktion ab. Betrachten Sie sie nicht als Anforderungsprofil, das zu hundert Prozent erfüllt sein muss, sondern als Vision für die bewusste Entwicklung der Projektleitung und auch der Entwicklungsgruppe. Der Prozess selbst soll ja den Beteiligten eine persönliche Weiterentwicklung auf diese Ziele hin ermöglichen.

4.3 Die Entwicklungsgruppe

4.3.1 Funktion der Entwicklungsgruppe

Der Entwicklungsgruppe obliegen das operative Projektmanagement und die Koordination der verschiedenen Teilprojekte und Veränderungsziele. Die Verantwortung für die Initiative und aktive Bearbeitung der Veränderungsziele wird mehreren Personen übertragen. Damit wird sichergestellt, dass trotz Belastungen durch das laufende Geschäft genügend Energie für die gewünschte Entwicklung vorhanden ist.

Die Entwicklungsgruppe soll

- einen an Prinzipien der OE orientierten Prozess gewährleisten (indem sie diese bei der Arbeit anwendet, reflektiert, diskutiert und überprüft),
- die Verbindung zwischen dem formalen Management und dem OE-Prozess herstellen,
- die formale Hierarchie mit dem Projekt «Organisationsentwicklung» verknüpfen (indem sie den Informationsaustausch zwischen den einzelnen Gruppen und dem Management koordiniert),
- für die Integration aller Projekte in den OE-Prozess sorgen.

Die Entwicklungsgruppe hat im Einzelnen folgende Aufgaben:

- Koordination der Teilprojekte,
- Umsetzen strategischer Richtlinien in Aktivitäten bzw. Teilprojekte (durch Initiieren von Prozessen),
- Unterstützung der Teilprojektleiter,
- Kontrolle des laufenden OE-Prozesses,
- Ressourcenzuteilung und -überwachung,
- Zielvereinbarungen und -überwachung,
- Unterstützung des Managements im Rahmen der Organisationsentwicklung: Die Entwicklungsgruppe präsentiert Vorschläge zur Verbesserung der Situation aufgrund der Ergebnisse in den Projektgruppen und bildet ein zeitlich begrenztes Beratungsorgan für Entwicklungsfragen der Organisation.

Die Arbeitsweise der Entwicklungsgruppe: Um eine kontinuierliche Steuerung und Reflexion des laufenden OE-Prozesses abzusichern, sollte eine fixe Arbeitsstruktur mit regelmäßigen Sitzungen vereinbart werden.

4.3.2 Mitglieder der Entwicklungsgruppe

Die Gruppengröße sollte bewusst klein gehalten werden, um rasch und flexibel agieren zu können: In der Regel besteht die Entwicklungsgruppe aus vier bis sechs Mitgliedern.

Kriterien für die Mitarbeit in der Entwicklungsgruppe sind im Einzelnen zu erarbeiten. Für die Auswahl der Mitglieder gibt es mehrere Möglichkeiten:

- Nominierung einzelner Mitglieder durch das Management
- Bewerbung um Mitgliedschaft durch Interessierte
- Vorschläge der Mitarbeiter

Eine Kombination aus diesen Möglichkeiten sichert ab, dass in der Zusammensetzung vielfältige Interessen und Anliegen berücksichtigt werden.

Die Entwicklungsgruppe sollte im Kleinen das System widerspiegeln, auf das sich der OE-Prozess bezieht: Unterschiede in den hierarchischen Ebenen, Funktionen, im Geschlecht, in den Kulturen, in der Dauer der Zugehörigkeit zum Unternehmen usw. können sich in der Zusammensetzung wiederfinden.

4.3.3 Sitzungen der Entwicklungsgruppe

Die Mitglieder der Entwicklungsgruppe brauchen Zeit, um sich als arbeitsfähiges Team zu konstituieren, um Spielregeln der Zusammenarbeit zu entwickeln und sich mit ihrer neuen Funktion auseinanderzusetzen.

Damit die Gruppe ihre eigene Identität entwickeln kann und arbeitsfähig wird, ist vor allem in der ersten Sitzung der Entwicklung der Gruppe Beachtung zu schenken.

Einen Ablaufvorschlag für die erste Sitzung finden Sie im Anhang 5.

Regelmäßige Arbeitssitzungen fördern die Kontinuität der Entwicklungsarbeit. Sie bilden Fixpunkte im OE-Prozess. Dabei ist auf das richtige Ausmaß zu achten: Zu lange Pausen zwischen den Sitzungen können bewirken, dass der Prozess an Energie verliert. Zu häufige Sitzungen (z. B. wöchentlich) erwecken oft Unmut, weil das Gefühl entsteht, die Mitarbeiter seien «nur mehr mit OE» beschäftigt. In unserer Erfahrung hat sich eine halbtägige Sitzung pro Monat bewährt.

Einen Ablaufvorschlag für Routinesitzungen finden Sie im Anhang 6.

4.3.4 Lernen, bewusst Erfolge zu feiern!

Die Mitglieder der Entwicklungsgruppe werden öfters erfahren, dass der Prozess in der Praxis nicht so glatt läuft wie auf dem Papier. Obwohl im Prinzip klar ist, dass Unvorhersehbares, Unplanbares und Überraschungen Wesensmerkmale lebendiger Systeme sind, können unvorhergesehene Turbulenzen und Flauten zu Frustration und Entmutigung führen. In solchen Situationen denken manche an Aufgeben und sehnen sich nach einer weniger abwechslungsreichen Aufgabe.

In einer solchen «Krisenstimmung» wird aber oft übersehen, dass schon einige positive Entwicklungen stattgefunden haben.

Es lohnt es sich, während einer Sitzung der Entwicklungsgruppe bewusst auf die bisherigen Erfolge zu schauen. Dazu gibt es mehrere Möglichkeiten:

Vorher – Nachher

Arbeitsanweisung:

Auf einem Plakat werden Bereiche gesammelt, an denen man Entwicklung in der Organisation beobachten könnte (zum Beispiel: Betriebsklima, Führungsverhalten, Entscheidungen usw.).

Danach erfolgt ein Austausch darüber, wie diese Bereiche früher und wie sie heute erlebt werden.

Beispiel:

Bereich	früher	heute

Fragen nach Erfolgen:

Fragen aus Appreciative Inquiry können auf der Suche nach Positivem unterstützen.

Beispiele:
- Was freut mich besonders, wenn ich an unseren Prozess denke?
- Was macht mir Hoffnung, dass wir auf dem richtigen Weg sind?
- Was war ein erster Schritt in die Richtung unserer Ziele?
- Wer hat unser Projekt unterstützt?
- Was war ein schönes Erlebnis in diesem Projekt?
- Welche positiven Rückmeldungen gibt es zu unserem Projekt?

Diese Fragen können auch als «Einstiegsrunde» in Sitzungen verwendet werden, um immer wieder auch das Positive, die bereits eingetretenen Entwicklungen zu würdigen.

Rituale

Im bäuerlichen Leben gab es ein «Erntedankfest». Der Erfolg – die Ernte – wurde gebührend gefeiert, und auch «höherer Gewalt» wurde für die Unterstützung gedankt. Auch in Projekten lassen sich solche Rituale unterstützend einbauen: Schon ein kleiner Umtrunk als Abschluss eines (Teil-)Projektes, bei dem den Mitgliedern für ihr Engagement oder der Führung für ihre Unterstützung gedankt wird, ist ein Zeichen von Würdigung und Wertschätzung. Gleichzeitig wird damit ein klarer Abschluss einer Aufgabe signalisiert (statt übergangslos zur nächsten Aufgabe zu hetzen).

4.4 Das Viable System Model als Struktur für den OE-Prozess

Das Merkmal sozialer, lebender Systeme, dass die Komplexität des Systems nur durch entsprechende Komplexität bewältigt bzw. absorbiert werden kann, ist auch bei der Steuerung umfassender OE Prozesse zu beachten; das heißt, die Steuerungsstruktur des OE Prozesses soll der Steuerungsstruktur der Organisation entsprechen. Das ist durch die Anwendung des Viable System Models[111] auf beiden Ebenen gegeben. In allgemeiner Form sieht das Viable System Model als Struktur für den OE Prozess dann folgendermaßen aus:[112112]

---

111 vgl. S. 99 ff.

112 vgl. Häfele 1996, S. 131 ff.

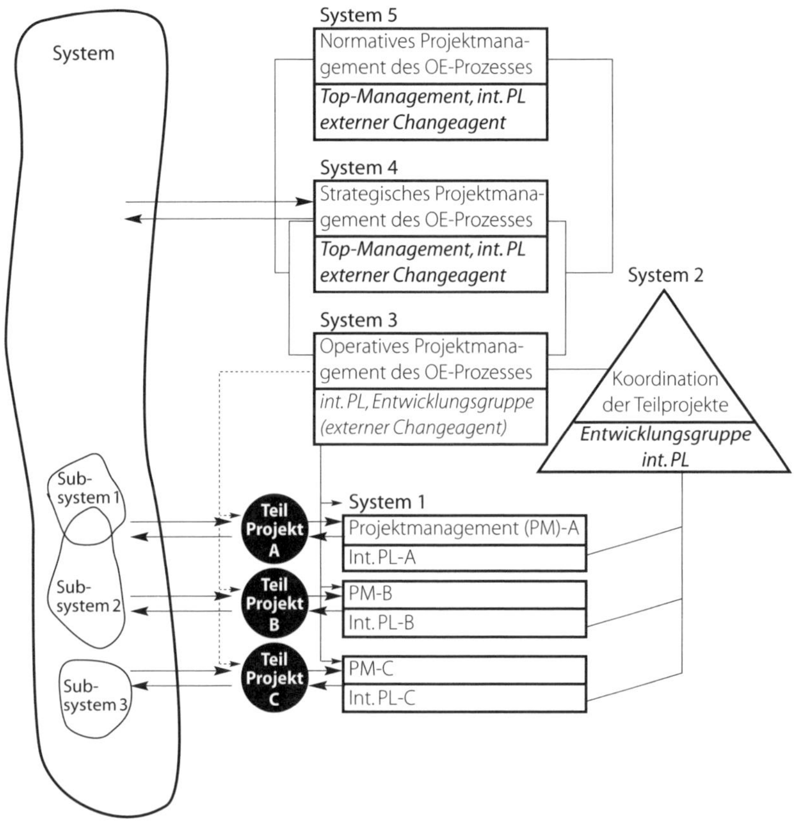

Steuerungsmodell für OE-Prozesse

Teilprojekte bzw. das Management der Teilprojekte sind die Systeme 1, die durch organisationsinterne Mitglieder geleitet werden und dem jeweiligen Projekt entsprechend andere interne oder externe Beteiligte mit einbeziehen. Solche Teilprojekte bzw. Systeme 1 in OE-Projekten sind z. B.: Führungskräfteentwicklungsprogramme, Strategieentwicklung, ein Bauprojekt, Bearbeiten einer Konfliktsituation, Erarbeiten einer neuen Führungsstruktur oder eines Leitbildes usw.

System 2 als Koordinationssystem der Teilprojekte wird durch die Entwicklungsgruppe getragen, soweit die Verantwortlichen der Teilprojekte mit ihr übereinstimmen, ansonsten wird sie um die Gruppe der Teilprojektleiter erweitert.

System 3 umfasst die operative Projektleitung des gesamten OE-Prozesses. Dieses System 3 ist verantwortlich für die Umsetzung strategischer Projektentscheidungen in Teilprojekte, das Ressourcenmanagement, die Zielkontrolle sowie die Information der Gesamtorganisation über den OE-Prozess.

System 4 beinhaltet das strategische Projektmanagement des OE-Prozesses. Mitglied des Systems 4 ist in jedem Fall die Unternehmensleitung sowie die interne und, wenn vorhanden, externe Projektleitung. Hier werden die Informationen aus dem strategischen Management des Unternehmens, aus der Phase der Orientierung und Situationsklärung/Zukunftsmodellierung des OE-Prozesses, aus der operativen sowie aus der normativen Projektleitung des OE-Projekts mitverarbeitet und in strategische Zielrichtungen für den OE-Prozess transformiert.

System 5, das normative Projektmanagement des OE-Prozesses, erhält entscheidende Impulse aus der Organismus- bzw. Netzwerkkultur der Organisation, aus dem Menschenbild der OE und aus der Kultur der jeweiligen Organisation. Eine explizite Auseinandersetzung mit diesen Werten, wie sie in der OE angewandt werden, findet bereits in der Orientierungsphase des OE-Prozesses statt und ist Inhalt aller OE-Maßnahmen. Zudem umfasst das System 5 die Reflexion, Verarbeitung und den Transport des Normensystems der Organisation. Liegen die Wertesysteme der Organisation und der OE zu weit auseinander, wird dies bereits in der Orientierungsphase des OE-Prozesses zutage treten und führt in der Regel nicht zu einem OE-Prozess bzw. verzögert den weiteren Verlauf des OE-Prozesses . Die Arbeit des Systems 5 des OE Projekts innerhalb des Beratungssystems soll einen Beitrag leisten zur Identitätsbildung der Organisation und ist entsprechend der Entwicklungsstrategie keine Indoktrination von Werten.

Das Viable System Model für die Steuerung des OE-Prozesses ist insbesondere für die Projektleitung ein sehr praktisches Hilfsmittel für eine umfassende Steuerung des OE-Prozesses und für die Entscheidung, wer an welcher Stelle bei der Steuerungsarbeit miteinbezogen werden kann bzw. muss.

4.5 Zum Umgang mit der Grenze zwischen Organisations- und OE-Struktur

Wie die Grafik **auf Seite ...** zeigt, ist die Steuerungsstruktur des OE-Prozesses gedanklich außerhalb der formalen Organisationsstruktur anzusetzen. Da in kleinen und mittleren Organisationen die Funktionen innerhalb der beiden Strukturen oft von denselben Personen wahrgenommen werden, bedarf es besonderer Übung im Handhaben der Grenzen: In vielen Fällen stellt sich die Frage, «welchen Hut» die betreffende Person gerade auf hat, ob sie beispielsweise als Mitglied der Entwicklungsgruppe Stellung nimmt oder als Mitglied der Geschäftsleitung.

4.5.1 Die Notwendigkeit einer durchlässigen, klaren und flexiblen Grenze

Durch eine deutliche, klare Grenze zwischen dem Management der Organisation und dem Entwicklungsprozess ist sichergestellt, dass sich beide Systeme selbständig entwickeln und ihre unterschiedlichen Funktionen zur Aufrechterhaltung, Sicherung und Weiterentwicklung der Leistungs- und Lebensfähigkeit der Organisation wahrnehmen können: dass im Managementsystem die Führungs- und Entscheidungsverantwortung für das laufende operative Geschäft und die strategische Weiterentwicklung wahrgenommen wird, dass das Normen- und Wertegerüst (die Unternehmensphilosophie) tradiert wird usw. – dass aber andererseits in der Entwicklungsgruppe die notwendigen Ressourcen, Rahmenbedingungen, Freiräume und Kompetenzen für den OE-Prozess gesichert werden.

Klar sind Grenzen, wenn die Mitglieder eines Systems ihre Funktionen ohne unzulässige Einmischung von außen wahrnehmen können, ohne dass es zu «Durchgriffen» kommt. Gleichzeitig müssen die Grenzen aber auch durchlässig gestaltet werden, was heißt, dass Möglichkeiten zu Kontakt, Austausch und Abstimmung strukturell verankert werden sollten (beispielsweise durch eine verbindliche Besprechungs- und Reflexionsregelung zwischen Projektleitung und zuständigem Management) und das formale Management laufend über den Stand von Projekten informiert wird. Durchlässig bedeutet im Weiteren, dass der Projektleiter entscheidungsreife Angelegenheiten dem Management zur Entscheidung vorlegt – der OE-Prozess setzt keine gültigen Entscheidungs- und hierarchischen Strukturen außer Kraft! Förderlich zur Handhabung der Grenzen sind klare Vereinbarungen bezüglich Zeitverwendung, Finanzen, Kompetenzen der Projektleitung, Erfolgskriterien, Kontrollzeitpunkten usw.

Symptome von rigiden, starren Grenzen sind Desinteresse des Managements an der Arbeit in Entwicklungsprojekten, genauso wie die «Selbstbefriedigungsarbeit» in Entwicklungsprojekten mit fehlender Relevanz für die Anforderungen des Tages- oder zukünftigen Geschäfts. Es finden kaum gemeinsame Informationsgespräche (Meetings, Workshops) statt. Fantasien über das jeweils andere System sind an der Tagesordnung («die bringen nichts weiter», «niemand ist zuständig»).

Diffuse Grenzen entstehen, wenn Personen, die in beiden Systemen arbeiten und Aufgaben übernehmen, immer wieder «ihren Hut wechseln». Ein Symptom für diffuse Grenzen ist aber auch, wenn sich Entwicklungsteams Entscheidungen anmaßen, die nicht sie zu fällen haben («Gegenregierung»). Genauso ist es eine diffuse Grenze, wenn das Management laufend in Entwicklungsprozesse eingreift und Projektteams praktisch keine Chance haben, in der nötigen Distanz die Probleme des Projekts in Angriff zu nehmen.

Der Grad der Durchlässigkeit zwischen dem Management der Organisation und dem Entwicklungsprozess ist also gleichsam der Schlüssel zur Systemeffektivität (welche Aufgaben getan werden), aber auch zur Systemeffizienz (wie an Aufgaben gearbeitet wird). Wesentlich ist, dass die Durchlässigkeit ausbalanciert ist, also das richtige Verhältnis von Hinein- und Hinausfließen von Information, Interesse, Energie besteht. Und da sich Umstände und Situationen eines Systems in Verbindung mit der Umwelt laufend ändern, müssen die Grenzen im Inneren und nach außen flexibel und durchlässig sein.

5 Information des Gesamtsystems

5.1 Bedeutung der Kommunikation in der OE

Bereits in der Orientierungsphase wurden die Betroffenen über das OE-Projekt informiert (siehe Teil 3, 1.7). Damit werden auch Erwartungen in Bezug auf weitere Information über den Prozess geweckt.

Das Image, das innere Bild, das sich die Menschen in der Organisation von dem Projekt machen, entsteht in der Folge durch bewusste Informationen und Wahrnehmungen. Unterbleiben regelmäßige Informationen und erfahren die Betroffenen nur «Details aus zweiter Hand» (z. B. in der Kantine), so entstehen häufig Gerüchte, Fantasien und Negativvermutungen, die dann wiederum nur schwer aus dem Bewusstsein verschwinden. So kann es dann plötzlich heißen, dass die Entwicklungsgruppe als «Geheimzirkel» agiere, dass der OE-Prozess sich im Stillstand befinde, bei der Geschäftsleitung «hänge», oder eine Beteiligung ohnehin nicht erwünscht sei.

Regelmäßige Information über Fortschritte im Prozess, über Schwerpunkte bei den Veränderungszielen bzw. Entwicklungsschwerpunkten und dergleichen mehr, fördern auch bei den nicht unmittelbar betroffenen Mitarbeitern die Auffassung, dass das OE-Projekt im Bewusstsein der Organisation positiv verankert ist und von einer möglichst breiten Basis «mitgetragen» wird. Wenn auch die nicht unmittelbar Mitwirkenden auf dem Laufenden gehalten werden, sind indirekt viel mehr Menschen durch ihre persönlichen Gedanken und Reflexionen an der Entwicklung beteiligt.

Bei der Kommunikation geht es also um den Aufbau, die Erhaltung und Gestaltung einer positiven Grundstimmung zum Image des Projektes, zu den Entwicklungsfeldern und Unternehmenszielen.

5.2 Verankerung der Kommunikation im Prozess

5.2.1 Die «Kommunikationsbeauftragte» in der Entwicklungsgruppe

Um von Anfang an eine Strategie für die Information über das OE-Projekt zu entwickeln, empfehlen wir, die Ressourcen des Systems nutzen: Ein Profi oder eine Fachfrau für Kommunikation/Marketing/Öffentlichkeitsarbeit ist meist in den eigenen Reihen zu finden und für die Entwicklungsgruppe zu gewinnen. Als «Kommunikationsbeauftragte» kann diese Person die Entwicklungsgruppe und die verantwortlichen Führungskräfte bei der regelmäßigen Information über den OE-Prozess unterstützen. Die Einbindung der Belegschaftsvertreter in die Planung und Durchführung der Information ist sehr zu empfehlen: Im Idealfall gibt es ein gemeinsames Vorgehen mit dem Management bei der Information über das OE-Projekt.

5.2.2 Informationsschienen

In der Praxis haben sich folgende Methoden zur Information bewährt:

- Informationsveranstaltungen: In regelmäßigen Abständen werden alle Mitarbeitenden der Organisation eingeladen und über den Projektverlauf informiert. Diese Veranstaltungen sind interaktiv, so dass Anregungen und Kommentare wiederum in die Projektarbeit einfließen können. Einen Ablaufvorschlag für eine solche Veranstaltung finden Sie in Anhang 7. Es kann jedoch auch unstrukturierte regelmäßige Treffen im Projekt geben, zum Beispiel einen «OE-Stammtisch» oder ein «Sorgenbier» – wie es in einem Unternehmen mit starken Umstrukturierungen geheißen hat –, bei dem Entscheidungsträger ihre Zeit und ein «offenes Ohr» für eine Diskussion mit den Betroffenen zur Verfügung stellen.
- Information durch das Topmanagement und die Linienverantwortlichen: Dabei werden die Mitarbeitenden über Stand und Ergebnisse im OE-Projekt durch ihre (unmittelbaren) Vorgesetzten direkt informiert. Man kann den OE-Prozess auch als fixen Tagesordnungspunkt bei bestimmten Besprechungen oder Betriebsversammlungen einbauen.
- Infomail: Alle Betroffenen werden regelmäßig bzw. bei wichtigen Ergebnissen (z. B. Entscheidung über die Entwicklungsfelder und Veränderungsziele, vorliegende Ergebnisse einer Teilprojektgruppe) über E-Mail informiert. Diese Mails können auch regelmäßig als «OE-Newsletter» versandt werden. Wird dieses Mail direkt von einem Geschäftsleitungsmitglied verfasst und ausgeschickt, so erhält es erhöhte Aufmerksamkeit und die Bedeutung des OE-Prozesses wird dadurch unterstrichen. Auch Infomails können zu Reaktionen aufrufen.

- Intranet-Plattform: OE-Projekte können im Intranet eine eigene Plattform erhalten. Der Zugang darauf kann mit Log-in-Codes gut gesteuert werden. Darauf sind folgende Inhalte möglich: Protokolle der Workshops der Entwicklungsgruppe und von Teilprojektgruppen, Zwischenergebnisse, eine Plattform für Reaktionen und Kommentare, Meinungsumfragen zu ausgewählten Themen des OE-Prozesses, Statistiken und relevante Daten, Kommentare und Informationen des internen Projektleiters, der Geschäftsleitung oder des Beraters, Interviews mit diesen Personen, Pressestimmen (über das OE-Projekt).
- Firmenzeitung: Wie bei der Intranet-Plattform können Informationen und Berichte über das OE-Projekt, Interviews und Berichte mit Betroffenen und mit Projektmitarbeitern usw. in einer internen Mitarbeiterzeitung und in einer Kundenzeitung platziert werden.
- Medienarbeit: Interessante Projekte sorgen auch in den Medien für Aufmerksamkeit. Sowohl regionaler Rundfunk als auch Printmedien (Regionalmedien und Fachmedien) berichten gerne über erfolgreiche Entwicklungen in einem Unternehmen. Dabei ist es hilfreich, mit den zuständigen Redakteuren Kontakt aufzunehmen und die notwendigen Informationen über das Projekt sowie professionelle Pressetexte zur Verfügung zu stellen. Eine Veröffentlichung kann gleichzeitig zwei Effekte erzielen: einen wirksamen Medienauftritt in der Öffentlichkeit und eine positive «Verstärkung» innerhalb der Organisation: Die Betroffenen erleben, dass über ihr Unternehmen positiv in den Medien berichtet wird.

6 Bearbeiten der ausgewählten Ziele (in Teilprojekten)

Mit der Phase der Arbeit an Teilprojekten (bzw. Veränderungszielen) wird der OE-Prozess um einiges komplexer als bisher. Verschiedene Klärungs-, Problemlösungs- und Realisierungsphasen finden teils parallel, teils zeitlich verschoben statt, einzelne Personen können in verschiedenen Teilprojekten mitarbeiten, einzelne Themen werden im Rahmen bestehender Funktionen bearbeitet und müssen verfolgt werden, das Tempo und das Vorgehen in den einzelnen Projekten werden stark variieren usw.

Wir beschreiben im Folgenden die Strukturierungsprinzipien von Teilprojekten und die Aufgaben des Teilprojektleiters; die breite Palette der möglichen Veränderungsziele, die sich mittlerweile im konkreten Fall ergeben haben, macht es jedoch wenig aussichtsreich, in diesem Rahmen für einzelne Spezialthemen Vorgehensweisen zur Bearbeitung vorzuschlagen – allein die Literatur zu möglichen

Teilprojekten wie Personalentwicklung, Strategieentwicklung, eine Erneuerung der Organisationsstrukturen mit Einführung strategischer Geschäftsfelder, eine Konfliktlösung zwischen zwei Abteilungen, die Verbesserung der Servicequalität oder Umstellung der Produktionsverfahren usw. füllt Bände.

6.1 Gestaltungsprinzipien für Teilprojekte

Jedes Teilprojekt muss in der Entwicklungsgruppe verankert sein: Entweder ist der Teilprojektleiter bereits Mitglied oder ein Mitglied der Entwicklungsgruppe übernimmt die Patenschaft für das Teilprojekt.

Je nach Größe des Teilprojekts sollte dessen Struktur der Struktur des Gesamtprozesses entsprechen: Wenn wir die Entwicklungsgruppe mit den Teilprojekten als Blütenblatt bezeichnen, sollte bei entsprechender Mitgliederzahl das Teilprojekt selbst wieder wie ein Blütenblatt organisiert sein.

Ein Beispiel:

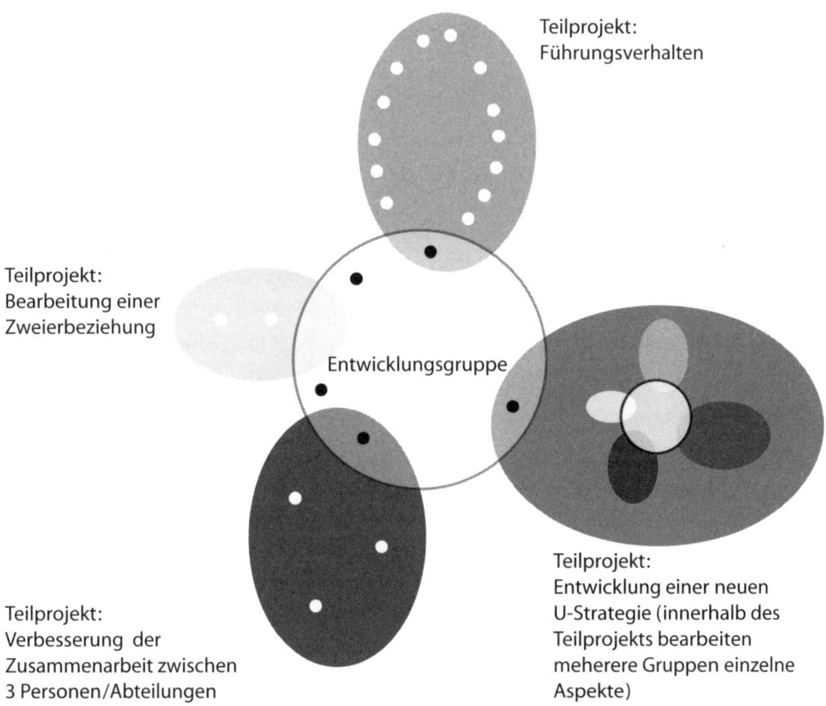

Wie schaut die Struktur Ihres konkreten OE-Prozesses in dieser Darstellung aus?

6.2 Funktionen des Teilprojektleiters

- Organisatorische Leitung und Koordination der Gruppe
- Sicherstellen, dass die Strategie der Veränderung durch Entwicklung durchgängig angewendet wird
- Einbeziehen und Information der Umwelt des Teilprojektes und der relevanten Systemelemente
- methodische Unterstützung und Moderation der Teilprojektgruppe
- Abstimmen, Vereinbaren und Reflektieren der Ziele, Inhalte und Vorgangsweisen mit der Entwicklungsgruppe

6.3 Das Vorgehen in den Teilprojekten

In jedem Teilprojekt wiederholen sich im Prinzip die Elemente des bisherigen Prozesses – je nach Bedarf also Orientierung, Situationsklärung, Zielfindung, Installieren einer Steuerungsstruktur für das Teilprojekt und Arbeit in Kleingruppen innerhalb des Teilprojekts.

Je nach Thema und vorhandenem Know-how kann es in dieser Phase bei einzelnen Themen auch notwendig sein, einen Fachexperten beizuziehen (z.B. einen EDV-Fachmann oder einen Marketing-Spezialisten). Der Teilprojektleiter und die Entwicklungsgruppe sollten hierbei besonders auf eine den OE-Werten und OE-Prinzipien adäquate Bearbeitung achten, das heißt. dass Wissen und Erfahrungen des Fachexperten genützt werden, ohne dass das Thema und der Prozess «aus der Hand gegeben» werden.

Einige Vorschläge für den Fall, dass die Mitglieder eines Teilprojekts beim Erarbeiten einer Vorgehensweise oder einer Problemlösung Unterstützung brauchen:

- Layoutberatung durch einen Prozessexperten (z.B. Moderationsvorbereitung)
- fachliches Know-how eines Experten einholen, einen Experten teilweise zuziehen
- Literatur über Projektmanagement allgemein oder zur Thematik des Teilprojekts
- ein innerbetriebliches Seminar zum Thema
- Besuch eines überbetrieblichen Seminars mit anschließender Vermittlung der Informationen an die Projektmitglieder
- Supervision
- zur Durchführung einzelner Schritte einen Entwicklungsberater hinzuziehen
- Workshops oder Kreativitätspool organisieren

Die vielfältigen Prozesse in den Teilprojekten bringen die eigentliche Dynamik in den Gesamt-OE-Prozess:

Im Laufe der Zeit sind sehr viele Mitglieder der Organisation beteiligt, und dadurch wird Entwicklung ermöglicht. Parallel zu ersten Erfolgen werden durch die Arbeit in Teilprojekten «Polster gebaut», das heißt, erste Erfahrungen mit OE sind die Voraussetzung dafür, dass mit der Zeit auch die Bearbeitung kritischer Veränderungsziele möglich wird.

Beispiel:
Im OE-Prozess einer Produkt-Organisation wurde die ersten zwei Jahre in einem Teilprojekt gearbeitet, das die Menschen, Gruppen und die Organisation schließlich befähigte und ermutigte, weitere, eher kritische Veränderungsziele im Rahmen des Prozesses zu bearbeiten.

Dieses Teilprojekt hieß «Teamentwicklung und Entwicklung der Managementfähigkeiten bei den Führungskräften». Für dieses Teilprojekt war noch keine Entwicklungsgruppe erforderlich, und die interne Projektleitung wurde vom Geschäftsführer wahrgenommen.

Die Organisation ging insgesamt bei den Veränderungen sehr vorsichtig vor: Nach zwei Jahren Team- und Managemententwicklung und der Auswertung des bisherigen Prozesses durch eine Entwicklungsgruppe wurde der Prozess auf eine breitere Basis gestellt.

Die Installierung der Entwicklungsgruppe wurde durch mehrere Prozessschritte eingeleitet und war dann in Kombination mit einem internen Projektleiter eine Befreiung für die Führungskräfte.

Als Teilprojekte wurden vereinbart: Neustrukturierung des formalen Organigramms, Einführung einer Logistik, Überprüfung des technischen Standes in der Produktion, Personalentwicklung, Verkaufsorganisation.

7 Absichern des OE-Prozesses

Betrachten wir nochmals den grafisch umgesetzten Verlauf eines OE-Prozesses auf S. 126 dann wird deutlich, dass Sie sich mit dem OE-Prozess in Ihrer Organisation nun (vereinfacht ausgedrückt) am Ende des ersten «Durchganges» befinden.

Wie bereits in den einleitenden Bemerkungen über das vorliegende systemisch evolutionäre Phasenmodell erwähnt, gilt es nun, einzelne Phasenschritte je nach den Erfordernissen im konkreten Verlauf Ihres OE-Prozesses situationsspezifisch erneut durchzuführen:

Nur indem in bestimmten Intervallen erneut eine Situationsklärung, eine Zielfindung durch das Management, das Überprüfen der installierten Steuerungsstruktur usw. stattfindet, ist garantiert, dass die Themen und Teilprojekte und Lernfelder des OE-Prozesses im Laufe der Zeit nichts von ihrer Bedeutung und strategischen Relevanz für die Lebensfähigkeit der Organisation verlieren.

Wird diesen Absicherungsmechanismen und Plattformen für Erneuerung und Aktualisierung zu wenig Bedeutung beigemessen, ist die Gefahr groß, dass

- nach einer anfänglichen Begeisterung der Prozess still und leise versandet,
- der Prozess nicht mehr den aktuellen Erfordernissen der Organisation entspricht,
- er eine Eigendynamik erhält und zur bloßen Beschäftigungstherapie der Beteiligten absackt,
- er unkontrolliert verläuft und sowohl Zielabweichungen als auch Erfolge nicht erkannt werden.

7.1 Projekte «lebenslänglich» ...?

In diesen Ausführungen ist unter Umständen der Eindruck eines Widerspruches entstanden:

Einerseits haben wir den OE-Prozess mit dessen Struktur als (vorübergehende) Ergänzung zur systemerhaltenden Struktur der Organisation beschrieben – demgemäß sollte der Prozess ein Ende finden, wenn die anvisierten Veränderungsziele erreicht sind. Andererseits sprechen wir von der permanenten Integration neuer Veränderungsziele, was auf einen dauerhaften Prozess verweist.

Nach unseren Erfahrungen zeigt sich, dass die Prinzipien, Methoden und Werte der OE – nachdem sie verinnerlicht sind – immer wieder von Neuem einen Rahmen bieten, um aktuelle Themen und Veränderungen anzugehen.

Das Wesentliche ist also die verinnerlichte Haltung der OE, unabhängig davon, dass es Zeiten geben mag, wo keine Entwicklungsgruppe existiert und an keinen Veränderungszielen gearbeitet wird. Die Basis jedoch ist geschaffen, um diese erlernten Strukturen bei Bedarf wieder zu aktivieren.

Falls der OE-Prozess in Ihrer Organisation für eine Weile zum Stillstand kommt, sollte in jedem Fall ein klarer Abschluss, eine Information an alle Beteiligten und eine saubere Auswertung erfolgen:

- Wo stehen wir?
- Was wurde erreicht?
- Was ist noch offen?
- Was war hilfreich am bisherigen Verlauf?
- Was lernen wir daraus fürs nächste Mal?

Zwei bedeutsame begleitende Maßnahmen sind nach unserer Erfahrung unbedingt erforderlich, um den OE-Prozess langfristig und in jeder Phase abzusichern: Supervision und Unterstützung individueller Entwicklungsprozesse.

7.2 Supervision von Entwicklungsgruppe und Projektleitung

Supervision kann man ganz allgemein umschreiben als die «Distanz zum eigenen Tun». Es geht also darum, das berufliche Handeln (im konkreten Fall die OE-Arbeit) gemeinsam mit einem Außenstehenden (einem Supervisor/einer Supervisorin) kritisch zu durchleuchten.

Was leistet Supervision?

1. Systematische Überprüfung der eigenen Arbeit:
   Die Mitglieder der Entwicklungsgruppe stellen in regelmäßigen Supervisionssitzungen durchgeführte oder geplante Schritte vor und können rückwirkend aus einem Ablauf lernen oder vorausschauend konkrete Interventionen planen.
2. Reflexion der eigenen Rolle:
   Durch Supervision erfolgt eine Reflexion, Standortbestimmung und gegebenenfalls Neuorientierung bezüglich der eigenen Rolle. Wichtige Fragen dabei können sein: Ist die Entwicklungsgruppe dabei, Leitungsfunktionen wahrzunehmen, die vom zuständigen Management auszuüben wären? Wird die Neutralität verletzt, indem einseitig Interessen von Führungskräften oder Mitarbeitern forciert werden?.
3. Distanzierungsfunktion:
   Die Entwicklungsgruppe ist Teil der Organisation und dadurch mit vielen feinen Fäden mit derselben verbunden. Sie muss immer wieder geistig Distanz schaffen, eine Außenperspektive und (selbst-)kritische Position einnehmen, damit ihre Aktionen einen Unterschied zum Alltagshandeln der Organisation bilden. Supervision hilft, blinde Flecken aufzudecken.
4. Entwickeln neuer Handlungsmöglichkeiten:
   In schwierigen, festgefahrenen Situationen sieht man oft nur «einen möglichen Weg» (von vielen möglichen). Supervision hilft neue Handlungsmöglichkeiten zu sehen oder gemeinsam zu entwickeln.
5. Erweitern des Verständnisses über das Organisationsgeschehen:
   Im OE-Prozess und in der Entwicklungsgruppe selbst spiegeln sich Phänomene der Organisation. Daraus lassen sich Rückschlüsse auf die eigene Organisation ziehen. Wird dieses Phänomen nicht erkannt, kann es zum Beispiel

passieren, dass Mitglieder der Entwicklungsgruppe das schleppende Vorankommen in einem Projekt nach einem starken Start sich selbst anlasten. In der Supervision wird geklärt, ob sich dabei ein organisationsspezifisches Muster der Problembearbeitung wiederholt.

6. Lernfunktion:
   Supervision ist ein wichtiges Instrument beruflicher Weiterbildung sowohl bezüglich methodischer als auch sozialer und persönlicher Fähigkeiten. Obwohl sich Supervision durch die konsequente Arbeit an konkreten Fragen und Situationen im Zusammenhang mit dem laufenden OE-Prozess auszeichnet, lernen die Beteiligten nicht nur für bestimmte Situationen, sondern durch den Prozess an sich. Sie lernen, authentischer miteinander zu sprechen, sie schulen ihre Wahrnehmungs- und Diagnosefähigkeiten, lernen Methoden und Vorgehensalternativen kennen, entwickeln systemisches Denken, Handeln und Fragen (was einen systemisch bzw. familientherapeutisch orientierten Supervisor voraussetzt);
7. Zielorientierung:
   Supervision hilft, das Ziel des Prozesses nicht aus dem Auge zu verlieren.

Ergänzend zur Supervision mit einer externen Beraterin, einem Supervisor können Intervisionen im Kollegenkreis, beispielsweise die Reflexion von Teilprojekten in der Entwicklungsgruppe, stattfinden, wobei in diesem Fall eine klare Strukturierung besonders wichtig ist.

Folgende Schritte sind eine einfache und hilfreiche Strukturierung einer (Teil-) Projektsupervision:

Stand des Projekts:
Der Projektleiter schildert die aktuelle Situation – mit allen Informationen, die ihm derzeit wichtig erscheinen –, er beschreibt, wie es ihm damit geht, und formuliert sein anstehendes Problem bzw. seine Frage in einem Satz.

Verständnisfragen der anderen Teilnehmer:
Diese Fragen werden vor dem strategischen Hintergrund (Was ist das Ziel des Projektes?), dem methodischen Hintergrund (Was hat Priorität?, Wie können die nächsten Schritte angepackt werden?) und dem verhaltensorientierten Hintergrund (Welche Rolle und Aufgabe hat die Gruppe oder der Projektleiter? Empfindet man sich als Steuermann oder als fernstehender Beobachter der Szenerie?) formuliert und zielen auf ein ganzheitliches Verständnis der Situation.

Gefühlsmäßige Reaktionen:
Was löst die Schilderung bei mir als Zuhörer aus? In der Regel spiegeln sich in den Reaktionen der Supervisionsteilnehmer wichtige Anteile und Aspekte des Geschehens.

Hypothesenbildung:
Wie lässt sich die Situation erklären/verstehen? Wie hängen verschiedene Anteile zusammen? Worin könnte der Anteil des Fallbringers (Projektleiters) bestehen?

Reaktionen des Fallbringers darauf:
Was ist mir neu/fremd? Was ist mir klar geworden oder einsichtig?

Entwickeln alternativer Interventionsstrategien:
Welche Schritte erscheinen aussichtsreich, und mit welchen Konsequenzen ist zu rechnen?

Resümee:
Zum Schluss der Supervisionssitzung wird der Prozess der Fallbearbeitung gemeinsam ausgewertet und Erkenntnisse der anderen Teilnehmer ausgetauscht.

7.3 Prozesse der Führungskräfteentwicklung

7.3.1 Die Bedeutung der Führungskräfte im OE-Prozess

Ein an den Werten und Zielen von OE orientierter Entwicklungsprozess in einer Organisation bezieht sich immer auch auf die Einstellungen, Fähigkeiten, Potenziale und auf das Funktionsverständnis der Schlüsselpersonen und fordert fast immer die bewusste Entwicklung der Führungskräfte. Mit anderen Worten könnte man auch sagen, dass sich in Organisationen im Hinblick auf die Effizienz und auf die Effektivität schon vieles positiv ändern kann, wenn die Führungskräfte führen! Noch mehr, wenn die Führungskräfte gerne und professionell ihre Führungsaufgaben wahrnehmen.

In OE-Prozessen tritt die Bedeutung von Führung für den nachhaltigen Erfolg des Unternehmens deutlich zutage und damit auch die Aufforderung an die Führungskräfte zur Professionalisierung ihrer Führungsarbeit. Dementsprechend sind Prozesse der Führungskräfteentwicklung wesentlicher Teil von OE-Prozessen und gehören zu den kritischen Entwicklungsfeldern in einem OE-Prozess. Neben dem Bewusstsein für die Führungsfunktionen und dem Kennenlernen und Anwenden der wesentlichen Führungsinstrumente sind Prozesse zur Entwicklung der Führungspersönlichkeit Teil der Führungskräfteentwicklung. Erste

Orientierung dafür ist das Leitbild für Führungskräfte und Beraterinnen, wie wir es auf S. 211 ff. beschrieben haben.

7.3.2 Was brauchen Führungskräfte?

Die meisten Führungskräfte haben in klassischen Führungsweiterbildungen ein ausreichendes Wissen zu den wesentlichen Instrumenten der Führungsarbeit sowie der operativen und strategischen Steuerung ihres Führungsbereichs erworben. Wenn diese Führungskräfte zum Beispiel in einer Gruppenarbeit die wichtigsten Elemente zielorientierten Arbeitens, der Delegation, von zielorientierten Sitzungen, von Beurteilungs- bzw. Motivationsgesprächen oder die Maßnahmen zur strategischen Ausrichtung einer Unternehmenseinheit oder die Prinzipien zur Strukturierung von Organisationseinheiten und dgl. mehr selbst erarbeiten, dann wird deutlich, was diese Führungskräfte nicht brauchen: nämlich weitere belehrende Vorträge bzw. noch mehr Wissen über Instrumente und Patentrezepte zu Führung. Aufgrund ihrer täglichen Führungserfahrungen und aufgrund diverser Aus- und Weiterbildungen ist ihnen die Beschreibung der für sie relevanten Führungsinstrumente geläufig. Dies mag eine Enttäuschung für all jene unbelehrbaren Lehrer von Führungskräften sein, die immer noch davon ausgehen, dass es zwischen ihnen und den lernwilligen Führungskräften ein Wissensgefälle gibt. Ihre Täuschung liegt in der Annahme, dass Schwierigkeiten bei der Lösung von Führungsaufgaben ihre Ursachen im fehlenden Wissen der Führungskräfte haben. Die Antwort auf diese Annahme ist konsequenterweise eine weitere Füllung des meist schon übervollen Wissensbehälters. Erstaunlicherweise treffen sie damit nicht selten auch die Erwartungen der Führungskräfte, die bei ihnen Rat für die Lösung ihrer Schwierigkeiten im Führungsalltag suchen, weil diese Führungskräfte die oben dargestellte Annahme, es fehle ihnen an Wissen, mit ihnen teilen.

Unseres Erachtens stellt sich nicht so sehr die Frage, was Führungskräfte in Seminaren und Workshops zum Thema Führung und Management noch nicht wissen bzw. erwarten, vielmehr was diese Führungskräfte brauchen. Die Frage lautet also:

Was brauchen Führungskräfte, damit sie ihr vorhandenes Führungswissen in ihrem Führungsalltag anwenden können bzw. wollen?

1. Wille
   Führungskräfte brauchen den eindeutigen und klaren Willen zur Führung und zur Lösung der anstehenden Führungsaufgaben. Denn der Wille ist die Kraft, die gegen alle Einwände der Vernunft, gegen alle Argumente für das,

was nicht geht, gegen alle auftauchenden ABER, den Weg zur Lösung in sich trägt. Und dennoch ist es gerade der Wille zur Führung, den Führungskräfte vielfach neu entdecken müssen. Falsch verstandene Teamideologien und die Sicherheit auf dem Feld des Fachexpertentums unterlaufen den Willen zur bewussten Führungsarbeit und liefern auch noch «vernünftige» Gründe für die Vernachlässigung der Führung.

2. Persönliche Kraft
   Der Wille zur bewussten Führungsarbeit kann nur dann gelebt werden, wenn die Führungskraft genügend persönliche Kraft hat. Persönliche Kraft ist das Ergebnis eines bewussten Lebens, indem vor allem das Selbstmitleid besiegt wurde. Manchen Führungskräften fällt es allzu leicht, ihre Situation zu beklagen: schwierige Mitarbeitende, unmögliche Vorgesetzte, schwierige Kunden, aggressive Mitbewerber, Zeitmangel …, es gibt beinahe nichts, worüber sie nicht klagen können. Sie beschäftigen sich so intensiv mit ihrer beklagenswerten Situation, dass sie in Gefahr sind, in ihrem Selbstmitleid zu ertrinken. Das ist ein Weg der schleichenden Kraftvernichtung. Wenden sich dagegen Führungskräfte den bekannten und neu zu entdeckenden Möglichkeiten, den vorhandenen oder aufzubauenden Ressourcen, Fähigkeiten, Potenzialen, den Lösungen, der Kreativität, den Kräften der Entwicklung und Erweiterung zu, dann ist dies ein Weg der Kraft, auf dem persönliche Kraft laufend wächst. Die Kraft ist weder von persönlichen Bedürfnissen noch vom vorhandenen Wissen abhängig; vielmehr vom Mut und vom Zutrauen, dem Leben, so wie es gerade ist (das beinhaltet auch die vorhandenen Möglichkeiten des Wandels), bedingungslos zu begegnen und dementsprechend zu handeln.

3. Selbstbewusstsein
   Selbstbewusstsein bedeutet weder ein aufgeblasenes Ich noch die unerschütterbare, in jeder Situation überlegene Persönlichkeit. Selbstbewusstsein heißt vielmehr, sich seiner selbst bewusst zu sein. Dies umfasst
   - das rationale und emotionale Akzeptieren der persönlichen Geschichte,
   - das Bewusstsein der gegenwärtig verfügbaren Fähigkeiten, des persönlichen Wissens, aber auch der gegenwärtigen Ängste und Grenzen und
   - das Bewusstsein über den persönlichen Entwicklungsweg, die Lernfelder für die nächste Zukunft;
   - und es umfasst die unerschütterliche Suche nach dem Geheimnis des eigenen Selbst ohne die Möglichkeit, es jemals zu entdecken, denn: «das Selbst kann aufgrund der ihm eigenen Wesensart nicht beschrieben werden. Es ist, in der Tat, all das, was nicht zu beschreiben ist … Waren Sie jemals

mit einem geliebten Menschen zusammen und wollten etwas sagen, was nicht in Worte zu fassen war? Nun, das ist es. Was Sie nicht sagen konnten – das war es – das Selbst.»

4. Respekt und Wertschätzung
Führungskräfte brauchen zur Ausübung ihrer Funktion und zur wirkungsvollen Erreichung ihrer Ziele den bedingungslosen Respekt vor den Menschen, mit denen sie arbeiten. Seien dies Mitarbeitende, Vorgesetzte, Kollegen, Kundinnen, Lieferanten oder irgendwelche andere Partnerinnen. Der Respekt vor dem Leben des anderen und dessen Unbegreifbarkeit für mich ist die Basis für das Miteinander im Unternehmen. «Führungskräfte müssen lernen, mit Menschen zu reden, statt Formeln an Tafeln zu schreiben. Sie müssen lernen, Menschen zuzuhören, die nicht wissen, was eine ‹Regressionsanalyse› ist. Im Endeffekt müssen sie lernen, was Respekt bedeutet und wie wichtig er ist.»[113]

5. Kraftvolle Zukunftsbilder
Führungskräfte brauchen eine Richtung, in die sie ihre verantworteten Organisationseinheiten lenken. Mit anderen Worten brauchen Führungskräfte ein Bild von der Zukunft ihres Unternehmens, ihres Bereiches, ihrer Abteilung, das eine Zugkraft auf alle Handlungen im Alltag ausübt. Fehlt ein solches kraftvolles Zukunftsbild, so sind es die Probleme und der Alltag, die die Führungskräfte antreiben bzw. vor sich hertreiben.
Kraftvolle Zukunftsbilder erfordern vielfach den Abschied von Erfahrungen aus der Vergangenheit und eine offene Wahrnehmung für sich anbahnenden Entwicklungen und Tendenzen auf unterschiedlichen Ebenen: politische, technische, soziale Entwicklungen, Tendenzen bei den Kunden, Zielgruppen und Mitbewerbern und am Arbeitsmarkt sowie branchenspezifische und unternehmensinterne Veränderungen. Mit solchen Zukunftsbildern werden Führungskräfte zu unternehmerischen Gestaltern ihrer Organisationseinheiten und können ihre Mitarbeiter begeistern und mobilisieren.
Für Sie als Führungskraft stellen sich die Fragen, welche der aufgeführten Qualitäten derzeit und in nächster Zukunft besondere Bedeutung haben und in welcher Form Sie diese Qualitäten entwickeln bzw. üben. Die Beobachtung erfolgreicher Führungskräfte zeigt, dass Einsicht und gut gemeinte Vorsätze nicht ausreichen, dass vielmehr nachhaltige und diszipliniert angewendete Handlungen dazu erforderlich sind. Denn hinter jeder erfolgreichen Person steht ein bewusst und diszipliniert durchgeführter Entwicklungsweg.

113 Drucker 1996, S. 19.

6. Verantwortung für das, was ich tue, und für das, was ich unterlasse
   Erfolgreiche Unternehmen und Institutionen brauchen mehr als wissende Führungstechniker in den verantwortungsvollen und einflussreichen Führungsfunktionen. Sie brauchen Personen, die über die Meisterschaft der Führung verfügen. Auf dem Weg zur Meisterschaft der Führung haben die bewährten Ausreden, weshalb das, was von Führungskräften getan werden sollte, nicht getan wird, keinen Platz, sie sind sozusagen uninteressant. Auch nicht die an erster Stelle stehende Ausrede: Ich weiß, aber dafür habe ich keine Zeit. Denn diese beliebte und häufig strapazierte Ausrede ist der erste Hinweis darauf, dass eine Führungskraft noch kein Verständnis für ihre Führungsfunktion hat und dementsprechend in ihrer übernommenen Funktion untätig ist. U.E. gibt es in Unternehmungen und Institutionen viel zu viel Verständnis, wenn Führungskräfte ihren Führungsjob nicht bzw. nicht meisterhaft ausführen.

7. Sehen, was ist
   Führungskräfte brauchen die Fähigkeit, konkrete Situationen so wahrzunehmen, wie sie sind – und nicht, wie sie sein sollten oder nicht sein dürfen. Dies erfordert zunächst einen schonungslosen, weiten, offenen und über das eigene Interpretationssystem hinausreichenden Blick für das Beobachtbare und Beschreibbare. Führungskräfte müssen bereit sein, das zu sehen, was sie sich nicht vorstellen können, und auch das zu sehen, was sie lieber nicht sehen würden. Es ist erstaunlich, mit welcher trüben Brille viele Führungskräfte ihr Unternehmen sehen und in der Folge auf der Grundlage ihrer meist unabgesprochenen, eingeschränkten Sichtweise Urteile fällen und weitreichende Entscheidungen treffen. Sehen, was ist, erfordert neben offenen Augen ein weites Herz, erfordert Mut und Emotionalität und erfordert die Bereitschaft zum Austausch über die eigenen Sichtweisen und die Wahrnehmungen anderer. Denn nur durch Kommunikation kommen wir zu abgesprochenen Wirklichkeiten als Basis für gemeinsam getragenes Handeln. Und es erfordert Respekt und Wertschätzung allem Gegebenen gegenüber!

8. Zugang zur Stille
   Der Alltag von Führungskräften ist meist laut, schnell, hektisch; Aufgabe an Aufgabe reihen sich ohne Unterbrechung aneinander, es gilt jeden Augenblick zu nützen, der Berg des Unerledigten bleibt konstant.
   Dort, wo es laut, schnell, hektisch ist, dort, wo die nächste Aufgabe schon in der Türe steht, obwohl zwei andere noch drängend beschäftigen, dort ist für Führungskräfte gleichzeitig der Raum des Bekannten, Gewohnten, der

Ort der (Über-)Fülle, an dem sie sich daheim fühlen, an dem sie sich sicher fühlen. Führungskräfte brauchen die Fähigkeit, an diesem Ort des schnellen Tuns Gelassenheit zu praktizieren, um situationsadäquat und zielorientiert zu entscheiden und zu handeln. Sowohl diese Gelassenheit als auch Bilder einer kraftvollen Zukunft entstehen an einem anderen Ort – an einem Ort der Stille.
Für viele Führungskräfte ist allein die Vorstellung an die Stille, ohne die bereits wartende nächste Aufgabe, ohne unmittelbare Forderung, ohne messbaren Nutzen, eine Beunruhigung, der sie sich nur ungern aussetzen. Und doch verfügen Führungskräfte, die einen Zugang zu ihrem persönlichen Ort der Stille haben, über eine besondere Wirkung im geschäftigen Alltag.

9. Teamfähigkeit
Führungskräfte brauchen ein tief verankertes Verständnis von Teams und von Teamarbeit. Eine Binsenweisheit in arbeitsteiligen Organisationen mit komplexen Aufgaben, die das konzentrierte Zusammenspiel von Individuen erfordern. Über die Fähigkeit zur Teamarbeit verfügen demgegenüber nur ganz wenige Führungskräfte; einerseits weil diese erarbeitet werden muss, oft mit strenger Disziplin, Schritt für Schritt, über Jahre hinweg. Diese Disziplin zur nachhaltigen Entwicklung der Teamfähigkeit ersparen sich viele Führungskräfte und verzichten auf einen großen Teil des vorhandenen Wissens- und Fähigkeitspotenzials ihrer Mitarbeitenden. Und andererseits weil in Unternehmen allzu oft Teamfähigkeit propagiert wird, während die Rahmenbedingungen den Heros im Management alltäglich hochjubeln. Wie viele Unternehmen müssen eine unerträgliche Teamsituation ihres Vorstandsteams mit viel Anstrengung wettmachen, weil die Vorstandsmitglieder nicht einmal sehen, dass sie meilenweit von einem Miteinander entfernt sind, nur weil sie nicht mehr jeden Tag das Gegeneinander praktizieren. Wohl den Unternehmen, in denen Topmanagementteams teamfähig sind; in ihnen gibt es häufig viele funktionierende Teams und damit ein großes, frei fließendes Potenzial zur Lösung von Aufgaben. Die Kunden spüren das unmittelbar!

10. Fähigkeit des Übens
Ohne ausdauerndes Üben ist Weitung, Entwicklung, Veränderung nicht möglich. Wahres Üben ist der Same des Glücks, den man selbst zum Blühen bringt. (Reinhold Dietrich)
Wo immer ich ins Gespräch mit erfolgreichen Führungskräften komme, denen ihre Führungsarbeit Freude macht, die Begeisterung bei Kunden, bei Mitarbeiterinnen, bei Partnern entfachen können, bei denen das Tun leicht, einfach

und wirkungsvoll ist, steckt dahinter ihr ausdauerndes, mit viel Disziplin und Energie beinahe bedingungsloses Üben, um erkannte Einsichten, Wissen und neue Aspekte zu festigen. Und zwar so lange und darüber hinaus, bis ihr Handlungswissen in Fleisch und Blut eingegangen ist. Die meisten von ihnen gehen den Weg des Übens um des Übens willen, das heißt, für sie ist das Üben zur täglichen Selbstverständlichkeit geworden. Wenn Sie einmal auf dem Pfad des Übens unterwegs sind, gibt der Alltag laufend Gelegenheit dazu.

Denn:

Jede Führungssituation ist geeignet,
Führung zu üben.
Üben ist bewusstes Tun.
Der Übende lernt übend.
Übung ist der Boden
auf dem Weg zur Meisterschaft.

7.3.3 Ziele der Führungskräfteentwicklung

Im Folgenden stellen wir ihnen Beispiele für Ziele der Führungskräfteentwicklung aus praktisch durchgeführten OE-Prozessen vor:

Beispiel 1:

- Die Führungskräfte haben die Fähigkeit zur professionellen und innovativen Führung und Steuerung ihres Führungsbereichs.
- Die Führungskräfte sehen sich mitverantwortlich für die Situation, die Ziele und die Zukunft des Unternehmens.
- Entscheidungs- und Handlungsfähigkeit im Rahmen des vereinbarten Unternehmensleitbildes, der Führungsgrundsätze, der Strategie und der Ziele sind Basisqualitäten der Führungskräfte.
- Die Führungskräfte haben die Fähigkeit zur Teamarbeit in den jeweiligen Führungsgremien.
- Führung und Management werden als wesentliche Funktion für den Erfolg des Unternehmens akzeptiert, wahrgenommen und gefordert.
- Die Führungskräfte entwickeln und verändern ihre Organisationseinheit zielorientiert weiter.

Beispiel 2:
- Professionalisierung der Führungskräfte hinsichtlich ihrer effizienten Führungsarbeit
- Entwickeln einer gemeinsamen Vorstellung von Führung und Steuerung des eigenen Führungsbereichs
- Vorhandene Führungsinstrumente gemeinsam verbessern, verstehen und anwenden
- Entwickeln eines gemeinsamen Bewusstseins als Führungskraft im Führungsteam.
- Auseinandersetzung mit strategischen Fragen.
- Persönliche Entwicklung der Führungskräfte.

7.3.4 Elemente einer Führungskräfteentwicklung

Basis einer nachhaltigen Führungskräfteentwicklung gibt es verbindliche und akzeptierte Normen über das in der Organisation angestrebte Führungsverständnis in Form eines «Führungsleitbildes» oder von «Führungsgrundsätzen».

Das miteinander erarbeitete Verständnis von Führung soll
- von allen Führungskräften gemeinsam getragen werden,
- für alle Führungskräfte verbindlich sein,
- Führungskräften eine Handlungsanweisung für den Alltag bieten,
- bei der Kontrolle und Beurteilung von Führungskräften angewandt werden,
- allen Führungskräften und Mitarbeitern bekannt sein,
- die laufende Entwicklung der Führungsfähigkeiten und der Führungspersönlichkeit sicherstellen.

Die Entwicklung eines Führungsleitbildes mit Beteiligung der betroffenen Führungskräfte und auch die gesamte Führungskräfteentwicklung ist im Kontext von OE-Prozessen nach den Prinzipien der OE zu gestalten. Dazu stellen wir weitere Elemente der Führungskräfteentwicklung dar – als «Material» für die Entwicklung der Führungskräfte in Ihrem Unternehmen:

1. Definition der Entwicklungsziele:
   Zum Start einer Führungskräfteentwicklung werden die Entwicklungsfelder und Lernziele gemeinsam mit dem Vorgesetzten der Führungskraft definiert und schriftlich festgehalten. Dieser «Lernvertrag» bietet die Basis für die weiteren Maßnahmen und für die Evaluation am Schluss. Er sollte folgende Elemente beinhalten:

- Zwei bis drei Ziele, welche die Führungskraft im Laufe des Entwicklungsprogramms erreichen soll
- Merkmale, an denen die Erreichung dieser Ziele festgestellt werden kann
- Mögliche Unterstützungsmaßnahmen durch den Vorgesetzten der Führungskraft zur Erreichung der Ziele.

2. Seminare in konstanten Lerngruppen:
Es hat sich bewährt, mehrere zwei- bis dreitägige Veranstaltungen außerhalb des Betriebes (z. B. in einem Seminarhotel, in einem Bildungshaus oder auch einmal alternativ in einer Berghütte) durchzuführen. Die Auswahl der Inhalte und Schwerpunkte wird in einem Prozess mit der Geschäftsleitung geklärt. Jeder Seminarblock kann dann ein konkretes Führungsthema behandeln. Zum Beispiel:
- Meine Führungsrolle und meine Führungsaufgaben
- Führungsinstrumente (Zielvereinbarung, Mitarbeitergespräche, Feedback …)
- Führung eines Teams (Kommunikation im Team, Meetings, Konflikte managen …),
- strategische Führung (Instrumente der strategischen Planung).

Zwischen den Seminaren sollte ein Abstand von mindestens 2 Monaten liegen, damit die erarbeiteten Inhalte auch angewendet und «verdaut» werden können. Wenn die gleiche Gruppe über einen Zeitraum von 6 bis 18 Monaten mehrmals zusammenkommt, so bewirkt das auch eine starke Gruppendynamik, die Entstehung eines Wir-Gefühls und einer starken Vertrauensbasis. Das sind ideale Voraussetzungen für persönliches Lernen und Entwicklung.
In größeren Unternehmen ist es sinnvoll, diese Gruppen heterogen zusammenzusetzen: Wenn Mitarbeitende unterschiedlicher Abteilungen, Geschäftsbereiche oder Subunternehmen regelmäßig in Seminaren zusammenkommen, so fördert das die Bildung von internen Netzwerken und das gegenseitige Verständnis der Führungskräfte. Es gehört mit zu den Zielen einer unternehmensinternen Führungskräfteentwicklung, dass z. B. interne Dienstleister (wie IT oder Controlling) mit Linienverantwortlichen besser kooperieren, weil sie einander persönlich kennengelernt haben und auch die Situation des anderen verstehen.
Die Mischung unterschiedlicher Hierarchieebenen in Lerngruppen ist im Hinblick auf die bestehende Kultur gut zu bedenken: Manche Führungskräfte sind eher gehemmt, sich zu öffnen und über ihre Schwierigkeiten bzw. Herausforderungen im Alltag zu sprechen, wenn ihr Vorgesetzter dabeisitzt.

3. *360°-Feedback:*
   Das 360°-Feedback ist ein Instrument, das den Führungskräften Aussagen von unterschiedlichen Personengruppen aus dem eigenen Wirkungsbereich liefert. Es vergleicht die Selbstwahrnehmung mit den Sichtweisen unterschiedlicher Personengruppen aus dem Wirkungsbereich rund um den Feedbacknehmer. 360°-Feedback erfasst die Wahrnehmung aus fünf verschiedenen Perspektiven:
   Die Sicht
   - des Vorgesetzten des Feedbacknehmers (90°)
   - der Kollegen auf gleicher Hierarchieebene (180°)
   - der Mitarbeiter des Feedbacknehmers (270°)
   - von Kunden, Lieferanten, die mit dem Feedbacknehmer zusammenarbeiten (360°)

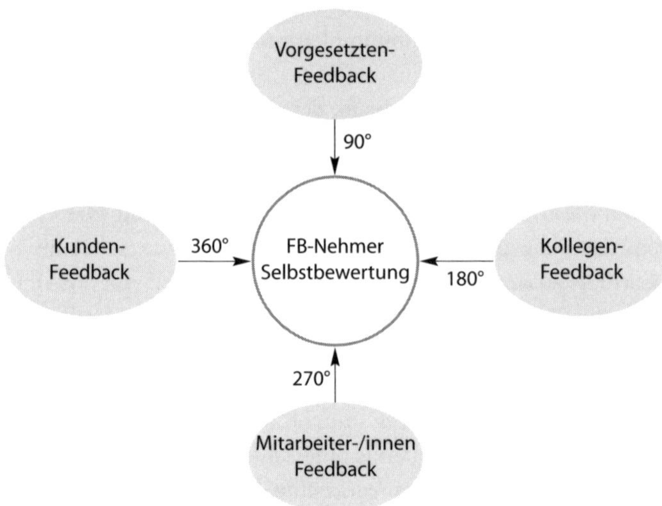

360°-Feedback

Die Umfragen sind meist anonym und werden anhand von Fragebögen elektronisch durchgeführt. Es wird auch eine Selbstbewertung des Feedbacknehmers erhoben, um sie mit dem Feedback durch die einzelnen Gruppen zu vergleichen. Erscheint ein 360°-Feedback zu aufwändig, so sollte man zumindest das Feedback des Vorgesetzten und der Mitarbeiter einholen und mit

dem Selbstbild vergleichen. Die Ergebnisse dieser Sichtweisen werden in einer schriftlichen Auswertung zusammengefasst, übersichtlich dargestellt und dem Feedbacknehmer in einem Rückmeldegespräch durch einen Coach zur Verfügung gestellt.
Dieses Instrument liefert wertvolle Hinweise über «blinde Flecken» des eigenen Verhaltens und verbessert die Selbsteinschätzung. Die Reflexion mit einem Coach hilft Führungskräften, den eigenen Handlungsspielraum zu vergrößern und im Rahmen eines Entwicklungsprogrammes gezielt individuelle Schritte anzugehen. Aus Sicht der Organisationsentwicklung decken zusammengefasste Feedbacks einer Organisationseinheit auch Entwicklungsfelder dieses Bereichs ab. Finden darauf aufbauend «Rückmeldemeetings» mit dem Vorgesetzten und den eigenen Mitarbeitern statt, so fördert das die Kultur einer offenen Kommunikation über die Hierarchiegrenzen hinaus.

4. «Führungsinseln»:
Dabei handelt es sich um zwei- bis dreistündige Treffen der Führungskräfte in kleinen Gruppen von vier bis sechs Personen in einem Besprechungsraum des Unternehmens. Dabei besprechen die Teilnehmer Praxisfälle aus ihrem Führungsalltag und tauschen sich über relevante Themen im Kreis der Kollegen aus. So können Führungsinseln beispielsweise auch dazu beitragen, dass an einem einheitlichen Vorgehen bei der Umsetzung von Führungsinstrumenten gearbeitet wird und dass ohnehin notwendige Absprachen unter Führungskräften strukturiert und zielgerichtet stattfinden. Zu Beginn werden solche Führungsinseln durch externe Trainer begleitet. Im Idealfall können sie sich über das Programm hinaus institutionalisieren und werden selbstgesteuert als kollegiales Coaching bzw. begleitet durch interne Berater fortgesetzt.

5. Coaching: Individuelles Coaching für Führungskräfte kann als fixer Bestandteil jedes Führungskräfteentwicklungsprozesses eingeplant werden. Hier hat die Führungskraft die Möglichkeit, persönliche Fragen zu ihrer aktuellen Führungssituation im Veränderungsprozess zu bearbeiten und gemeinsam mit dem Coach Lösungen zu entwickeln. Dieses Instrument wird nicht nur bei Führungskräfteentwicklungsprogrammen, sondern allgemein in OE-Prozessen eingesetzt.[114]

114 Siehe dazu auch Teil 3, 7.4. Coaching, S. 273 ff.

6. Führungsinterviews
   In der Abschlussphase einer Führungsentwicklung haben wir gute Erfahrung mit Führungsinterviews. Zwei Berater führen mit der Führungskraft ein stärkenorientiertes, Beratungsgespräch (1–2 Stunden), in dem mit Coachingtechniken gearbeitet wird. Auf Basis einer mit den internen Projektleitern festgelegten Rahmenfrage spezifiziert der Teilnehmer oder die Teilnehmerin eine persönliche Fragestellung für sich. Im Gespräch werden die Antreiber, Haltungen und Werte der Führungskraft analysiert und eine Antwort auf die persönliche Frage erarbeitet. Die Struktur des Gesprächs wird einerseits bestimmt durch die Bedürfnisse der Führungskraft, andererseits durch Themen, die für ihre Führungsrolle generell relevant sind. In das Gespräch integriert, erhält die Führungskraft, über einen Dialog der Berater, ein persönliches Feedback zu ihrer Wirkung. Die Berater haben dabei die Möglichkeit, konkrete Empfehlungen zu geben und die Führungskraft auf versteckte Ressourcen und Lernfelder hinzuweisen.

7. Impulse von außen:
   Ein «Blick über den eigenen Tellerrand» ist für Führungskräfte sehr wertvoll. Besichtigungen von Teilbetrieben des Unternehmens, Exkursionen in andere Unternehmen, kurzfristige Austauschprogramme mit anderen Abteilungen oder Betrieben geben oft wichtige Impulse für Entwicklungsschritte im eigenen Bereich. Auch Veranstaltungen mit interessanten Gastreferenten für Führungskräfte – mit anschließendem Apéro – fördern interne Netzwerke, Erfahrungsaustausch und Entwicklung.

8. Projektarbeiten:
   Häufig werden Führungskräfte in einem Entwicklungsprozess auch angehalten, ein konkretes Veränderungsprojekt in ihrer Organisationseinheit anzugehen und im Laufe des Entwicklungsprogrammes durchzuführen. Das ist dann sehr sinnvoll, wenn aus solchen Projekten auch ein konkreter Nutzen für die Organisation entsteht. Manchmal hat es allerdings den Anschein, diese Projekte würden nur gestartet, weil es eben im Konzept der Führungsentwicklung so vorgesehen war. Führungskräfte klagen dann, dass sie im Moment so viele Projekte zu bearbeiten hätten, und gehen ein «Pro-forma-Projekt» an. Man sollte also genau prüfen, ob derartige Aufträge in der Organisation passen und Sinn machen. Ideen dazu findet man unter dem Titel «Action Learning» bei Otmar Donnenberg:[115] Bei einem von ihm beschriebenen

115 Donnenberg 1999.

Führungskräfte-Entwicklungsprogramm haben Projekte der Teilnehmer zentrale Bedeutung, weil sie als gemeinsamer Fokus für das Lernen der Teilnehmer, ihrer Projektkunden und persönlicher Sponsoren dienen. Die Programmteilnehmer wählen das Thema ihrer Projekte aus einer vom Management erstellten Liste mit strategischen Problemen oder bringen es aus eigener Initiative ein und sind persönlich für die vereinbarten Resultate verantwortlich. Nur wenn ein bestimmter Kunde die Projektergebnisse wirklich braucht, wird das Projekt akzeptiert.[116]

9. Evaluierungsgespräch:
   Zum Abschluss eines Führungsentwicklungsprogramms erfolgt ein Evaluierungsgespräch der Führungskraft mit ihrem Vorgesetzten und eventuell mit dem externen Berater. Dabei werden nochmals der ursprüngliche Lernvertrag und die vereinbarten Entwicklungsziele besprochen und Lernerfolge, Stärken sowie Entwicklungsmöglichkeiten der Führungskraft thematisiert.

10. Abschluss:
   Der Führungskräfteentwicklungsprozess erhält nochmals eine andere Bedeutung, wenn die gesamte Gruppe einen gemeinsamen Abschluss erleben kann. Das kann ein feierlicher Abschluss am letzten Seminarabend sein oder eine Zusammenkunft mit Überreichung von Abschlussurkunden durch die Unternehmensleitung und Dokumentation der Veranstaltung für die Firmenzeitung. Es gibt viele kreative Möglichkeiten, den passenden Rahmen für eine kleine Feier zu gestalten – Mitarbeiter des Unternehmens haben dabei meist die besten Ideen. Man muss es nur rechtzeitig anregen und planen.

7.4 Coaching

Geht man davon aus, dass sich in sozialen Systemen Entwicklungen bzw. Veränderungen ergeben, sobald sich eines ihrer Mitglieder verändert, ist Einzelcoaching ein wesentlicher Teil im OE-Prozess. Coaching ergänzt OE-Prozesse auf der Ebene des Individuums und erhöht die Wirksamkeit des Gesamtprozesses. Damit Veränderungen in der Linie nicht stecken bleiben und die Vorbildwirkung der Geschäftsleitung gezielt wirken kann, unterstützt Coaching die persönliche Weiterentwicklung und hilft die Rolle im OE-Prozess gut auszufüllen. Zwar werden sowohl Sach- als auch Beziehungsthemen im Coaching reflektiert, der Arbeitsschwerpunkt liegt jedoch auf der emotionalen Ebene oder im Bereich der

116 ebd. S. 165.

Werte, Einstellungen und Glaubenssätze. Individuelle Widerstände, Blockaden und intrapersonelle Saboteure können gezielt bearbeitet werden. Einzelcoaching wirkt also wie ein Beschleuniger.

Gleiches gilt für Team- oder Gruppencoaching. Sympathien, Antipathien oder Konflikte behindern häufig die Zusammenarbeit und damit auch weitere Entwicklungsschritte im System. In einem Coaching kann sich das Führungsteam, eine Projekt- oder Arbeitsgruppe mit ebendiesen Themen in einem geschützten Rahmen, den der Coach schafft, auseinandersetzen. Mit Team- oder Gruppencoaching kann man, abseits des Tagesgeschäfts eine Plattform für Führungskräfte oder andere Schlüsselpersonen des OE-Prozesses schaffen, die ihnen einen Austausch über aktuelle Themen ihres Zusammenwirkens erlaubt. Verstimmungen, Sorgen, Konkurrenzsituationen und andere Störungen können dabei schnell bearbeitet werden, bevor sie Veränderungen zum Stagnieren bringen.

Coaching passt sich dann gut in den OE-Prozess ein, wenn die Grundregeln identisch sind:

- Der Coachee ist Spezialist für seine Fragestellung, während der Coach ihn durch den zeitlich begrenzten Prozess führt.
- Die Verantwortung für das Ergebnis bleibt im Klientensystem.
- Die Eigenverantwortung der Führungskräfte und Schlüsselpersonen wird gestärkt.
- Die Beratung wird individuell auf den Kunden und seine Situation zugeschnitten.
- Das Ziel der Beratung ist eine tatsächliche Lösung.
- Den Wandel gestalten durch veränderungswirksame Kommunikation.
- Der Coachee arbeitet lösungs- und ressourcenorientiert.

OE-Projekt	Zielgruppe für Coaching	Zielsetzung eines Coachings
Fusion zwischen zwei Organisationen	• Vorstand • Führungskräfte • Projektleiter • Teilprojektleiter	• Verbesserung der Zusammenarbeit und Kommunikation • Klärung der eigenen Rolle in der neuen Organisation • Verbesserung des Führungsverhaltens
Reorganisation der Bearbeitungsprozesse in einer Organisation	• Verantwortliche Führungskräfte • Projektleiter	• Nachhaltige Umsetzung der Reorganisation • Verbesserung des Führungsverhaltens

Kurz bevorstehender Wechsel in eine neue Führungsposition	• Neue Führungskraft • Vorgesetzter der neuen Führungskraft • ggf. alte Führungskraft (Vorgänger)	• Steigerung der Flexibilität • Abbau und Prävention von Stress • Klarheit über eigene und fremde Rollenerwartungen
Einführung neuer Führungsgrundsätze	• Vorstand • Führungskräfte • Personalentwickler	• Reflexion des eigenen Führungsverständnisses • Verinnerlichen der neuen Führungsgrundsätze
Qualitätsmanagement einführen	• Führungskräfte • Qualitätsverantwortlicher	• Unterstützung der Umsetzung • Verbesserung der Kundenorientierung • Neues Rollenverhalten einüben/ stabilisieren
Unmittelbarer Start eines Projektes	• Projektleiter • Teilprojektleiter	• Klarheit über eigene und fremde Rollenerwartungen • Persönliche Handlungsspielräume verbessern
Konkrete Entwicklung und Umsetzung einer neuen Vision oder Strategie	• Vorstand • alle Führungskräfte	• Klärung der persönlichen Vision • Verbesserung der Zusammenarbeit und Kommunikation • Unterstützung der Umsetzung
Beginn der Reorganisation eines Unternehmens, verbunden mit einem starken Personalabbau	• alle Führungskräfte • Projektleiter • Projektteammitglieder	• Unterstützung bei akuten Krisen • Abbau und Prävention von Stress • Nachhaltige Umsetzung der Reorganisation • Verbesserung des Führungsverhaltens
Einführung einer projekt- oder prozessorientierten Organisationsstruktur	• Projekt- bzw. Prozessverantwortliche • Führungskräfte • ggf. Spezialisten	• Klarheit über eigene und fremde Rollenerwartungen • Neues Rollenverhalten einüben/ stabilisieren • Klärung von Grenzen und Handlungsspielräumen
Kundenorientierung verbessern	• Vertriebsleiter • Vertriebsmitarbeiter	• Unterstützung der Umsetzung • Verbesserung der Kundenorientierung • Neues Rollenverhalten einüben/ stabilisieren

Coaching als Instrument der Organisationsentwicklung[117]

117 ergänzte Aufstellung nach Jäger 2002, www.Coaching-magazin.de.

Coaching sollte in einem OE-Prozess einerseits fest eingeplant werden, in Situationen, wie sie die Tabelle oben beschreibt. Andererseits bietet Coaching auch die Flexibilität, bei Bedarf ad hoc als Intervention eingesetzt zu werden. Sobald Einzelne oder das Führungsteam Gesprächsbedarf bei bestimmten Themen sehen, Unsicherheiten spürbar oder Schwierigkeit offensichtlich werden, sollte über den Einsatz von Coaching nachgedacht werden.

Eingebettet in einen OE-Prozess, ist Coaching keine rein bilaterale Beziehung zwischen Coachee und Coach wie im Einzelcoaching sonst meist üblich. Zusätzlich kommen die Organisation und der Auftraggeber ins Spiel. Deshalb muss im Vorfeld eines Coachings als Unterstützung eines OE-Prozesses unbedingt geklärt und offengelegt werden, wer wie involviert ist. Die folgenden Fragen sollten geklärt werden:

- Welche Themen werden im Coaching bearbeitet (persönliche Fragestellungen, vorgegebene Themen)?
- Was wäre für die Organisation/den Auftraggeber ein Erfolg des Coachings?
- Welchen Erfolg erwartet der Coachee oder das Team?
- Wie wird mit Zielkonflikten zwischen den Erfolgserwartungen umgegangen?
- Wie wird über Status und Erfolge des Coachings informiert?
- Welche Informationen werden/werden nicht weitergegeben?
- An wen wird über den Status berichtet (Projektleiter, Steuerungsgruppe, Geschäftsführung usw.)?

Jedem Beteiligten muss klar sein, dass Coaching kein Instrument ist, um Widerstände «wegzureparieren» oder den Mitarbeiter zu kreieren, den das Unternehmen wünscht. Coaching kann vielmehr unerwartete Ergebnisse liefern, bis zur Kündigung eines Mitarbeiters, den die Organisation nur ungern verliert. Ist dieses Bewusstsein nicht erzielbar, meidet man Coaching lieber. Ist die Organisation aber bereit, sich allen möglichen Konsequenzen von Coaching zu stellen, ergeben sich viele Chancen für die Entwicklung der Organisation über die Entwicklung einzelner Personen.

Fragen zur Selbstdiagnose

Welche Fragen beschäftigen mich zurzeit besonders, ohne dass ich dafür eine Lösung finde?

Wie wirken sich aktuelle oder anstehende Veränderungen in meiner Umgebung auf mich aus? Wie gut komme ich damit zurecht?

Was möchte ich ändern in meinem beruflichen Verhalten oder Leben?

Was könnte mir helfen bei meinen Fragen und Themen?

Welche Unterstützung und Ergebnisse erwarte ich mir von einem Coach?

Teil 4
Ein praktischer Fall eines OE-Prozesses in einer Anwaltssozietät[118]

118 vgl. Schwarz 1998, S. 187 ff.

Orientierungsphase

Der Seniorpartner einer Anwaltssozietät nimmt Kontakt für ein Erstgespräch auf. Hilfreich für eine Vertrauensbeziehung war, dass wir ihm von einem seiner Klienten empfohlen worden waren, einem Unternehmer, den er selbst hoch schätzt.

Er vermittelt einen sehr belasteten Eindruck und schildert zunächst die Gründungsjahre seiner «Kanzlei». Damals sei alles einfacher gewesen – in Bezug auf die Klienten, auf die Administration und auch die Leitung der Kanzlei.

Es wird deutlich, dass die starke Vergrößerung – zur Sozietät gehören mittlerweile neben ihm sein jüngerer Bruder und noch zwei zusätzliche Partner, vier Rechtsanwaltsanwärter, sieben Mitarbeiterinnen – einen anderen Organisationsgrad und andere Steuerungsfunktionen erfordert. Er spricht von der Notwendigkeit, das Bürohaus zu erweitern bzw. ein neues Gebäude zu erwerben. Auf meine Frage, welche Veränderung ihn am meisten entlasten könnte, spricht er von einem großen Investmentprojekt, dessen Leiter er ist und das in einer kritischen Phase steht.

In diesem Projekt stecken enorme finanzielle Mittel von ihm selbst, aber auch von den drei weiteren Partnern der Kanzlei. Als Projektleiter trägt er die ganze Verantwortung, und das hohe Risiko belastet die Beziehungen zwischen den Partnern.

Die Beziehungslandkarte *aus seiner Sicht sah folgendermaßen aus:*

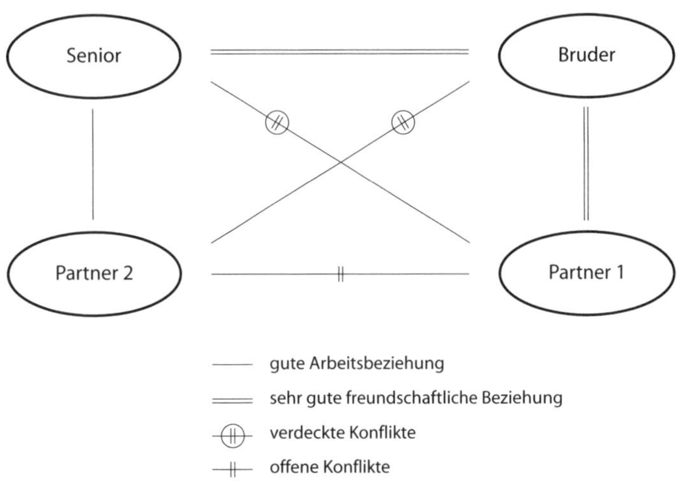

Ich erläutere dem Klienten in kompakter Form die «Gesetzmäßigkeiten» typischer Entwicklungskulturen und damit verbundener Krisenerscheinungen in Organisationen (hier insbesondere die Krisenerscheinungen der Pionierkultur). Dies ermöglicht ihm, die erlebte Problematik eher als Begleiterscheinung der Unternehmensentwicklung zu sehen und sie nicht ausschließlich seiner eigenen «Unzulänglichkeit» zuzuschreiben. Neben dem entlastenden Effekt in Bezug auf die Ist-Situation wird durch dieses Modell auch die zukunftsorientierte Sichtweise gestärkt, und es werden Gestaltungskräfte mobilisiert.

Wir vereinbaren, dass er seine Partner über unser Erstgespräch informiert und dass ein zweites Gespräch mit mir und allen vier Partnern stattfindet.

2. Gespräch: Vier Partner der Anwaltssozietät und Berater

Um alle ins Boot zu holen und einen möglichst gleichen Informationsstand herzustellen, fasse ich einleitend zusammen, was bisher geschah. Hauptthema des Gespräches ist die Ist-Situation, wie sie von den Anwesenden erlebt wird.

Diese wird in Bezug auf verschiedene erlebte Problembereiche von den vier Partnern sehr ähnlich gesehen. Es gibt allerdings deutliche Signale, dass je nach Thema verschiedene Personen für das «Nichtfunktionieren» verantwortlich gemacht werden.

Meine Fragen nach Zukunftsbildern bzw. Visionen für ihr gemeinsames Unternehmen lassen eine hohe Übereinstimmung in den Zielen erkennen.

Insgesamt besteht sowohl in den Ist- als auch in den Soll-Bildern eine hohe Übereinstimmung im WAS, aber eine große Unsicherheit, Unzufriedenheit im WIE.

Wir vereinbaren, dass ich eine Vorgehensweise für eine ganzheitliche Entwicklung der Kanzlei entwerfe und sie in der Partnerrunde bei einem 3. Termin vorstelle und mit ihnen diskutiere.

3. Gespräch: Vier Partner der Anwaltssozietät und Berater

Ziel dieses dritten Gesprächs ist es, einen Kontrakt in Bezug auf Zielsetzung, Vorgehensweise, Systemabgrenzung bzw. Einbeziehen der weiteren Mitarbeiter im Zusammenhang mit einzelnen Schritten und über Prinzipien der Arbeitsweise herzustellen.

Die Genauigkeit in der Kontraktdefinition erzeugt in dieser Phase eine wichtige Basis, da sie für eine besondere Klarheit im WIE sorgt. Das Gespräch über die einzelnen Schritte führt zu einer hohen Verpflichtungsbereitschaft, gemeinsam an der Entwicklung zu arbeiten.

Deutlich wird dabei vor allem, wofür ich als Berater und wofür sie im gedachten Rahmen des Entwicklungsprozesses als Leitungsteam verantwortlich sind. Dies ist für die vier Partner ein erstes erlebtes Modell, eine Art Analogie, wie sie bei sich für mehr Klarheit in Bezug auf Funktionen und Rollen sorgen könnten.

Orientierungsveranstaltung

Zur Orientierungsveranstaltung werden alle Mitarbeitenden eingeladen. Der «Seniorpartner» eröffnet die Veranstaltung und berichtet über die Hintergründe, die zu diesem Projekt geführt haben, und bringt den gemeinsamen Willen der vier Partner zum Ausdruck, diesen Entwicklungsprozess zu starten. Dabei ist zu beobachten, dass er einerseits in seiner Funktion als Gesamtverantwortlicher für die Sozietät kraftvoll agiert und andererseits die bestehenden Schwierigkeiten nicht mehr als Folge persönlicher Unzulänglichkeiten bzw. seines Versagens betrachtet.

Die von mir präsentierte Vorgehensweise beinhaltet die angestrebten Ziele, die geplanten Schritte sowie die Grundsätze unserer Arbeitsweise.

In Gruppen sprechen die Mitarbeitenden über die präsentierten Inhalte und formulieren ihre Erwartungen, Befürchtungen und konkrete Fragen zum gemeinsamen Projekt. Nach dem Besprechen dieser Erwartungen, Befürchtungen und Fragen schlage ich vor, dass sich alle auf einer Linie im Raum selbst positionieren.

Das eine Ende der Linie steht für viel Energie für den geplanten Prozess, das andere für wenig Energie.

Die Positionierung der verschiedenen Personen ergibt folgendes Bild:

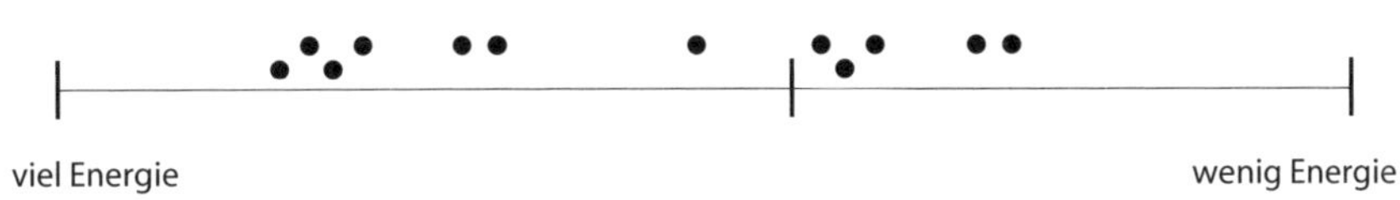

Zunächst sprechen die Personen mit ähnlicher Positionierung zu zweit/zu dritt darüber, weshalb sie diesen Platz auf der Linie gewählt haben. Im gemeinsamen Austausch wird die jeweilige affektive Grundstimmung der Betroffenen deutlich und besprechbar. Die Personen im Abschnitt mit viel Energie drücken als Grundstimmungen Neugierde, Interesse am Mitgestalten, Mut und Zuversicht für die gemeinsame Arbeit und das Mitgestalten der Zukunft aus. Die Menschen, die ihre Position im Sektor mit wenig Energie eingenommen haben, sprechen von ihrer Skepsis, Unsicherheit und Angst im Zusammenhang mit dem geplanten Prozess. Es entwickelt sich ein Gespräch darüber, was die einzelnen Personen von wem brauchen, um Energie für den geplanten Prozess zu mobilisieren bzw. zu behalten. Ganz wesentlich ist für einige Personen mit «wenig Energie» die Aussage der vier Partner, dass sie die nächsten zwei Jahre in jedem Fall mit den Personen des bestehenden Teams gestalten werden, weil damit ein stabilisierender Rahmen um alle möglichen Veränderungen geschaffen wird.

Phase 2: Situationsklärung

Wie in der Orientierungsveranstaltung vereinbart, beginne ich die Situationsklärungsphase mit Einzelinterviews mit den vier Partnern. Einzelgespräche habe ich vorgeschlagen, um eine möglichst starke Differenzierung zu fördern und eine Gleichwertigkeit auch im Kontakt zu mir herzustellen. Die Interviews sind halboffen strukturiert. Meine Fragen fokussieren auf ein ganzheitliches Bild der Organisation und auf die Beziehungsebene zwischen den vier Partnern. Dieser Teil des Interviews dient vor allem dem «Abholen» und Ernstnehmen der subjektiven Wirklichkeit. Zugleich strebe ich durch systemische Fragen an, Verfestigtes aufzuweichen und zu erweitern. Einerseits achte ich darauf, nicht zum Geheimnisträger einzelner Partner zu werden, andererseits überprüfe ich meine zusammenfassende «Aufzeichnung» laufend mit dem Interviewpartner. Dadurch entsteht beim jeweiligen Gesprächspartner ein sicheres Gefühl des «Verstandenseins» und eine «approbierte» Fassung seiner Aussagen über die erlebte Ist-Situation. Die schriftliche Auswertung fasst die Aussagen der vier Partner unter folgenden Überschriften zusammen:

- Welche fünf Eigenschaftswörter würden Ihrer Meinung nach am ehesten die derzeitige Situation, wie Sie sie erleben, beschreiben?
- Was passiert, wenn «nichts passiert»? (Wie entwickelt sich die derzeitige Situation in Ihrer Einschätzung weiter, wenn nichts unternommen wird?)
- Wie hoch schätzen Sie die Wahrscheinlichkeit für eine positive Entwicklung ein?
- Wie viel Prozent Energie sind Sie bereit einzusetzen?
- Was ist der eigentliche Existenzgrund und das Selbstverständnis der Kanzlei?
- Wie wird die Art der Leistung den Anforderungen der Klienten gerecht?
- Gibt es klare und von allen Betroffenen getragene operative bzw. mehrjährige Ziele?
- Welche gemeinsamen Normen bestehen?

- Welche Strukturen sind für die Leistungserbringung eher förderlich/hinderlich?
- Wie erleben Sie oder die anderen Ihre Arbeit?
- Im Umgang miteinander sollten wir aufhören bzw. anfangen …
- Ich selbst wäre bereit …
- Sind Aufgaben klar definiert?
- Wie beurteilen Sie die Abläufe?
- Wo sehen Sie die markantesten Engpässe?
- Welche Sitzungen, Besprechungen und andere Informationswege/-plätze gibt es?
- Wie schätzen Sie die vorhandenen materiellen Mittel für die Leistungserbringung ein, und was sollte für Sie in jedem Fall erreicht werden?
- Was ist für Sie jetzt noch offengeblieben?
- Was wäre für Sie eine Realutopie für die Zukunft?

Im Einvernehmen mit den Interview-Partnern übersende ich die schriftliche Auswertung der Einzelinterviews bereits drei Wochen vor der geplanten Klausurtagung an die vier Partner. Ich bekomme die Rückmeldung, dass die bisherigen Schritte und im Besonderen die Interviews und deren Auswertung zu einer deutlichen Verbesserung des Klimas beigetragen haben. Die erlebten Schwierigkeiten sind zwar noch nicht gelöst, aber es besteht Zuversicht, ja Neugierde in Bezug auf die weiteren Schritte. Die vier Partner können feststellen, dass sie hohe Übereinstimmung in Bezug auf die formulierten Soll-Zustände haben. Sie freuen sich über die in den Interviews ausgedrückte Bereitschaft der Einzelnen, Lösungen gemeinsam zu erarbeiten und die persönlichen Wirklichkeiten zu erweitern.

Situationsklärungsklausur (Dauer: 1 Nachmittag + 1 Tag)
Zum Einstieg in die Klausur berichtet jeder der vier Partner, was sich in der letzten Zeit aus seiner Sicht verändert hat und mit welcher Stimmung er hergekommen ist. Dann beginne ich die Tagung damit, dass zunächst jeder für sich und für jeden einzelnen der anderen drei Partner die Verdienste um die Rechtsanwaltssozietät in einer Einzelarbeit sammelt. In weiterer Folge nennen jeweils drei Partner für einen die Verdienste aus ihrer Sicht. Der vierte vergleicht die Aussagen mit den Verdiensten, die er für sich selbst notiert hat.

Bei allen vier Partnern wird deutlich, dass die jeweils anderen drei seiner Person mehr Verdienste zuschreiben und diese konkreter benennen können als er selbst. Diese Runde erzeugt eindrücklich eine Atmosphäre der gegenseitigen Wertschätzung und sorgt für die Stabilisierung des Selbstwertgefühls bei allen vier Partnern.

Im nächsten Schritt fordere ich die vier Partner auf, mit verschiedenen Figuren (für jede Person aus dem Gesamtteam) auf einem mit Papier bespannten Brett sein Bild von der erlebten Ist-Situation zu stellen. Ich ermuntere sie, die Unterschiede durch verschiedene Figuren (Holzkegel in mehreren Größen und Formen, Tiere) möglichst sichtbar zu machen, sich von ihrer Intuition leiten zu lassen und durch mehrmaliges Ausprobieren die für sie stimmigen Positionen für die Figuren zu finden. In einem zweiten Schritt gestalten die Partner ihre «Aufstellungen» mit Wachsfarben und zeichnen die wesentlichen Beziehungen zwischen einzelnen Figuren symbolisch ein.

Nach ca. 30 Minuten Einzelarbeit ist einerseits eine große Freude über die eigene Darstellung und andererseits eine ausgesprochene Neugierde für die «Bilder» der anderen Partner feststellbar. In der Folge schildert jeweils eine Person seine Darstellung der Situation, die drei anderen stellen Verständnisfragen. Ich frage jeweils den darstellenden der vier Partner in Bezug auf die Position der Figur, die für ihn steht:

Wie geht es ihm an diesem Platz? Welche Bewegungsräume, Verschiebungen der Position sind für ihn möglich? Was wäre ein guter Platz? Welche Figuren müssten sich «bewegen» und wohin?

Diese Methode gibt jeder Person einen für den Organisationskontext außergewöhnlichen (Zeit)Raum für die Darstellung seines Bildes. Sie ermöglicht dem Einzelnen, seine Wirklichkeit zwar verfremdet, aber in einer Vernetztheit und Komplexität auszudrücken, wie das rein verbal nicht möglich wäre. Auch das Verständnis der Zuhörer ist wesentlich umfassender. Das Probehandeln durch Verstellen der Figuren zeigt Wünsche aneinander auf und macht von den anderen akzeptierte Bewegungsräume und Positionen für den Einzelnen deutlich.

Vor dem Hintergrund dieser Sequenz besprechen wir anschließend gemeinsam die Interviewauswertung. Auf meine Frage nach Übereinstimmung, Fragen bzw. Irritationen bezüglich der Interviewdokumentation stellt sich heraus, dass die vier Partner schon im Vorfeld in unterschiedlichen bilateralen Kontakten über die Interviewauswertung gesprochen haben. Es gibt kaum Unklarheiten, und einige Aussagen haben bereits zu konkreten Veränderungen im Vorfeld geführt.

Der Abend des ersten Arbeitstages ist für Zukunftsbilder der Partner reserviert. Jeder gestaltet aus Bildern und Schlagzeilen von mehreren Magazinen eine Collage zum Thema: Ich und unsere Anwaltssozietät in 3 bis 5 Jahren. Nach der Gestaltung der Collagen legt jeweils ein Partner seine Collage in die Mitte und die anderen drei sprechen darüber, was sie in seinem Bild sehen und welche Annahmen, Assoziationen sie zu dem Bild und einzelnen Symbolen haben. Der «Künstler» schildert im Anschluss, was ihm besonders wichtig ist und was er darstellen wollte.

Die Bilder aktivieren bisher nicht kognitiv verarbeitete Inhalte bzw. erleichtern den Ausdruck persönlicher Grundstimmungen. Das Besprechen der Collagen durch andere unterstützt eine intensive Kontaktnahme und Auseinandersetzung mit der Person, die die Collage angefertigt hat.

Zum Einstieg in den zweiten Tag schlage ich eine Körperübung vor, die auf Selbstwahrnehmung, Eigenbewegung, Kontakt, Bezogenheit und Gemeinsamkeit fokussiert. Jeder der vier Partner ist mit den anderen in einem Kreis mit zwei ca. 80 cm langen Bambusstäben in Kontakt, die die Teilnehmer ausschließlich mit der Zeigefingerkuppe durch leichten gegenseitigen Druck auf die Stabstirn-Seiten halten. Zunächst bewegen die Teilnehmer nur die Arme und konzentrieren sich auf die eigenen Bewegungen und die ihrer unmittelbaren Partner. In weiterer Folge bewegt sich die Gruppe als Ganzes durch den Raum, immer in Kontakt durch leichten Druck auf die Stirnseiten der Stäbe.

Das Experiment gelingt erstaunlich gut, und in der Reflexion sprechen wir über eigene Gestaltungskraft, Handlungsräume, den Kontakt zueinander, was hilfreich war, was die Aufgabe eher erschwert hat. Dabei wird deutlich, dass Druck und Gegendruck sehr hilfreich sind und eine Analogie für klare Wünsche bzw. Forderungen aneinander darstellen. Besprechbar wird auch, dass vieles leichter ist, wenn alle füreinander sichtbar sind. Im vergangenen Jahr waren die gemeinsamen Zeiten zugunsten des operativen Geschäfts immer seltener geworden.

Nach einem Theorieimpuls von mir über das Organisationsmodell der systemischen OE (Existenzgrund, Kultur, Ordnung, und technisch-wirtschaftliche Ressourcen) als ein ganzheitliches und vernetztes Modell von Organisationen und die Entwicklungsphasen von Organisationen erarbeiten die Partner jeweils zu zweit Entwicklungs- bzw. Veränderungsziele für die Anwaltssozietät. Basis für diesen Schritt bilden die schriftlichen Interviewergebnisse, die Darstellungen der erlebten Ist-Situation mit Figuren, die zusammengefassten Leitgedanken aus der Visionsarbeit mit Collagen sowie die präsentierten Modelle aus der OE-Theorie.

Nach dieser Zweierarbeit erstellen wir gemeinsam einen Katalog von Entwicklungszielen. Dabei zeigen sich hohe Übereinstimmungen dadurch, dass verschiedene Entwicklungsziele synonym von beiden Paaren formuliert wurden.

Nach einer gemeinsamen Definition von Kriterien zur Priorisierung von Entwicklungszielen werden die folgenden für die nächste Bearbeitung ausgewählt:

- Kennen der wichtigen Steuerungsfunktionen, Klarheit über gemeinsame und individuelle Verantwortlichkeiten sowie Optimierung der Abläufe im Bereich Administration.
- Absicherung und Weiterentwicklung der Qualität und Professionalität der Anwaltstätigkeit.
- Erarbeiten einer Strategie für die Anwaltssozietät.

Arbeit in Teilprojekten und Überleiten von Ergebnissen in die formale Organisation

Im Rahmen einer Informationsveranstaltung über die Ergebnisse der Situationsklärung für alle Mitarbeiterinnen definieren wir gemeinsam die Steuerungsstruktur (Steuerungsteam) und die Mitwirkung der einzelnen Personen in den definierten Teilprojekten.

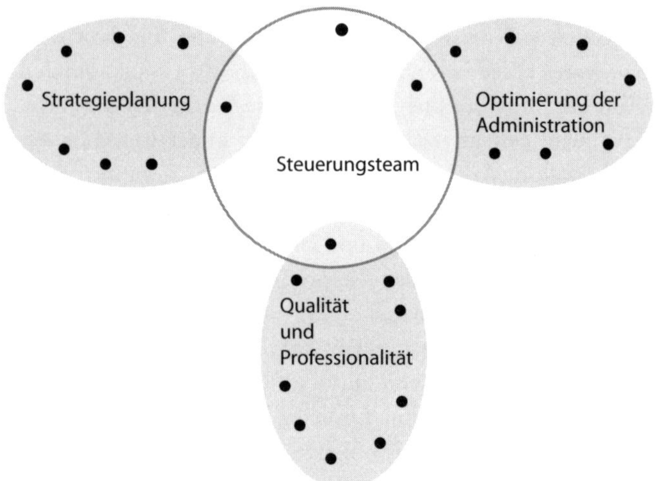

Steuerungsteam

Das Steuerungsteam wird von der Leitung der Teilprojekte und dem Seniorpartner als Gesamtprojektleiter gebildet.

Ich erarbeite mit dem Steuerungsteam die Vorgehensweise für die einzelnen Teilprojekte.

Teilprojekt: Optimierung der Administration

Im Teilprojekt *Optimierung der Administration* gehen wir in folgenden Schritten vor:

- Erarbeiten von Anforderungen an die Administration vonseiten der Rechtsanwälte.
- Klausurtagung mit den Mitarbeiterinnen im Bereich Administration.

Ausgehend der erlebten Ist-Situation und der Zielvorstellungen der Mitarbeiterinnen definieren wir in Abstimmung mit dem Anforderungskatalog der Rechtsanwälte die Entwicklungsziele im Bereich Administration. Den betroffenen und mitgestaltenden Mitarbeiterinnen wird deutlich, dass dieses Teilprojekt – ähnlich einer russischen Puppe – alle Elemente des Gesamtentwicklungsprozesses in sich birgt. Zudem wird sichtbar, dass innerhalb der Eckpunkte aus dem Anforderungskatalog der Rechtsanwälte ein hoher Gestaltungsspielraum für die betroffenen Mitarbeiterinnen besteht. Eine Rahmung des Prozesses der Neugestaltung in diesem Team erfolgt durch das gemeinsame Formulieren von Regeln und Prinzipien der Zusammenarbeit im Projektteam, aber auch in der täglichen Arbeit.

Neben einer Fülle von «Sofortmaßnahmen», die im eigenen Kompetenzbereich liegen, werden Vorschläge bzw. Lösungen zu Schlüsselthemen der Administration erarbeitet.

Diese Vorschläge werden in der Folge im Steuerungsteam präsentiert, diskutiert und von der formalen Leitung (den vier Partnern) definitiv angenommen.

Teilprojekt: Strategieplanung

Im Teilprojekt *Strategieplanung* gestalte ich einen Informationsnachmittag mit den Mitgliedern dieses Teilprojektes zum Thema «Strategische Planung». Dabei werden die wichtigsten und für dieses System relevanten Modelle und Methoden der strategischen Planung vorgestellt, diskutiert und ausgearbeitet. Diese Modelle schaffen einen «didaktischen» Rahmen für die Projektmitglieder, mit welchen es gelingt, dieses komplexe Thema überschaubar und bearbeitbar zu machen. Dabei wird deutlich, dass viele Spannungen zwischen den Partnern eher aus der Überforderung bzw. der erlebten Unfähigkeit im Umgang mit komplexen Zukunftsfragen und weniger aus unterschiedlichen Auffassungen resultierten.

In zwei von mir moderierten Halbtagesklausuren gelingt es festzulegen, welches die zukünftigen Geschäftsfelder der Anwaltssozietät sind, welche langfristigen Ziele angestrebt werden und wer von den Partnern die Steuerungsverantwortung für einzelne Geschäftsfelder übernimmt. An einem inzwischen eingeführten Jour fixe werden die Ergebnisse der Strategieplanung präsentiert und mit allen Mitarbeitenden diskutiert.

Das gemeinsame Wissen, wohin in Zukunft die Reise geht, erzeugt bei allen ein hohes Zutrauen und Vertrauen in das Gesamtsystem und bewirkt eine affektive Grundstimmung von Sicherheit und Neugierde auf das Kommende.

Teilprojekt: Qualität und Professionalität

Im dritten Teilprojekt, *Qualität und Professionalität,* übernimmt es der jüngste der vier Partner, in einem ersten Schritt in Einzelgesprächen Grundsätze zur

Qualität und Professionalität zu sammeln. Dieses erste Material wird in einer gemeinsamen Tagung diskutiert, verdichtet und in einem professionellen «Ehrenkodex» festgehalten. Diese gemeinsamen normativen Leitlinien werden mit meiner Unterstützung auf konkrete Alltagssituationen bezogen, um zu klären, ob sie auch tatsächlich und in welcher erlebbaren Form anwendbar sind. Dabei wird das Prinzip, von Eigenschaften zu beobachtbarem Verhalten zu kommen, besonders nützlich und klärend erlebt.

Wir vereinbaren, dass in Bezug auf diese Normen das Prinzip der Selbstkontrolle gelten soll und jeder bei einer «passierten» oder notwendigen Abweichung von sich aus dies beim neu geschaffenen «Wissenschaftlichen Jour fixe» einbringt. Diese Struktur – ähnlich einer Intervision im Beratungsbereich – erweist sich in der Folge als besonderer Glücksfall für die Rechtsanwälte. Die gemeinsame Arbeit an Fällen lässt die Partner nicht nur sachlich bessere Lösungen finden, sondern erzeugt laufend ein Gefühl von Gemeinsamkeit, gegenseitiger Unterstützung und Stärke.

Absicherung des in die Organisation integrierten Prozesses

Im Rahmen einer gemeinsamen Reflexion des Gesamtprozesses mit allen Mitgliedern des Systems wird deutlich, dass neben den sachlichen Neugestaltungen, die im Laufe eines Jahres entstanden sind, vor allem die Identifikation mit der Anwaltssozietät, das persönliche Zutrauen und die Fähigkeit und Freude zur Zusammenarbeit eine deutliche Entwicklung erfahren haben.

Zur Absicherung des permanenten Entwicklungsprozesses vereinbaren wir, jährlich eine zweitägige Klausurtagung zur Standortbestimmung und Neuorientierung durchzuführen.

Der gemeinsame Entwicklungsprozess, an dem alle Systemmitglieder als Mitbeteiligte in einer kreativen Auseinandersetzung unter einander und mit den relevanten Umwelten mitgewirkt haben, hat das Klima in der Rechtsanwaltskanzlei markant verändert.

Diese Erfahrungen haben den Beteiligten verdeutlicht, dass neben dem kognitiven Wissen die Ebene der Gefühle und Beziehungen eine wichtige Basis und wertvolle Ressource für die Fähigkeit zur Selbststeuerung und Selbstgestaltung darstellt.

Teil 5

Erlebnisse in OE-Prozessen: Führungskräfte schildern Erfahrungen in OE-Prozessen

Hans-Joachim Gögl führte mit Topmanagern aus drei Unternehmen, in denen das MCV umfassende OE- Projekte durchgeführt hat, Gespräche über ihre Erfahrungen mit OE, die sie damit anderen Führungskräften zur Verfügung stellen. Die Gesprächspartner von Hans-Joachim Gögl sind Dr. Günther Dapunt, Vorstandsmitglied in der Raiffeisenbank Kleinwalsertal AG, Herr Hermann Metzler, Geschäftsführer der Holding ZM3 Immobiliengesellschaft .m. b. H., eines internen Unternehmensnetzwerks im Bereich der Immobilienentwicklung und des Immobilienmanagements, und der Vorstandsvorsitzende Dr. Ludwig Summer und sein Vorstandskollege Dr. Christof Germann von der Gruppe Illwerke VKW, einer Unternehmensgruppe in der Energiewirtschaft.

Erfahrungsbericht 1:

Ein souveränes Spiel zwischen Nähe und Distanz

Organisationsentwicklung als Change-Management, Unterscheidungsmerkmal im Markt und im Wettbewerb um die besten Köpfe.

Günter Dapunt ist einer von drei Vorständen der Raiffeisenbank Kleinwalsertal, die als selbständige Aktiengesellschaft mit rund 150 Mitarbeitern heute die größte Primärbank der Raiffeisen-Gruppe in Österreich ist. Neben der österreichischen Zentrale verfügt sie über Tochterunternehmen in Liechtenstein und eine Repräsentanz in Spanien.

Das Kleinwalsertal hat einem Finanzdienstleister in der Vergangenheit eine einzigartige geostrategische Lage geboten: Nur über Deutschland erreichbar, war die D-Mark offizielles Zahlungsmittel, es gab de facto auch vor dem EU-Beitritt keine Grenzkontrollen, und die meisten Feriengäste des Tals stammen bis heute ebenfalls aus Deutschland. Damit bot es viele Qualitäten deutschen Staatsgebietes, aber zu den lukrativeren Bedingungen des österreichischen Finanzplatzes wie zum Beispiel dem strengeren Bankgeheimnis oder der niedrigeren Kapitalbesteuerung. Die Enklave Kleinwalsertal war über Jahrzehnte eine gewinnträchtige Möglichkeit, Geldgeschäfte und Urlaub optimal zu kombinieren.

Die Raiba verstand es, diese Chancen damals hervorragend zu nutzen. Sie ist heute ein ausgewiesener Spezialist für «Private Banking», die Anlageberatung für vermögende Privatkunden. Mitten in den Bergen, weit weg von jeder Metropole entstand ein Bankinstitut, dessen Mitbewerber in Frankfurt, Luxemburg oder Zürich sitzen. Aufgrund dieser außergewöhnlichen Situation entwickelte sich eine Unternehmenskultur, die seit vielen Jahren von einer intensiven Beschäftigung mit den Prinzipien der Organisationsentwicklung geprägt ist. Begleitet vom MCV – Management Center Vorarlberg.

Denn wie bekommt man nun etwa hervorragende Wertpapierspezialisten aus Deutschlands Großstädten ins Kleinwalsertal, und wie hält man seine selbst ausgebildeten Topanlageberater in Riezlern, einem kleinen Tourismusdorf? Wie entwickelt man in der Provinz ein Know-how, das täglich im internationalen Wettbewerb steht – zumal mit dem österreichischen EU-Beitritt und der Abschaffung der Anleger-Anonymität die finanzpolitischen Vorteile des Kleinwalsertals weg sind?

Günther Dapunt ist seit rund fünfzehn Jahren im Unternehmen tätig und verantwortet als Vorstandsmitglied die Ressorts Private Banking, Marketing und Personal. Das folgende Gespräch führte Hans-Joachim Gögl.

Herr Dr. Dapunt, was macht für Sie die Substanz des Begriffes «Organisationsentwicklung» (OE) aus?

Günther Dapunt: Die zentrale Perspektive ist für mich der bewusst gemanagte oder sagen wir «geführte» Ausgleich zwischen den Bedürfnissen meiner Kunden, Mitarbeiter und Eigentümer. Es kann also in meinem Verständnis nicht um eine, sagen wir mal, autistische Fokussierung auf gute Zahlen gehen, denn damit zerstöre ich eventuell die Freude derer, die diese erarbeitet haben. Das wäre nicht nachhaltig. Natürlich gibt es auch andere Wege zum Ziel. Aber mein Verständnis der Entwicklung einer Organisation besteht in der Herausforderung, mehrere Dimensionen im Auge zu behalten und nicht nur eine einzige isoliert zu gestalten.

Glauben Sie, dass diese Auffassung von Führung die objektiv richtige ist, oder verbergen sich dahinter Wertefragen und persönliche Affinitäten der Entscheidungsträger? Es gibt ja eine Reihe von Unternehmen, deren Kultur eher militärische Assoziationen auslöst und die trotzdem großen Erfolg haben.

Ja, da fällt mir immer das Beispiel von Schlecker und dm ein (Anm.: zwei deutsche Drogeriemarktketten). Das eine Unternehmen hierarchisch, direktiv organisiert, das andere mit einer ausgeprägt partizipativen Unternehmenskultur, beide sehr erfolgreich. Im Prinzip muss ich entscheiden, mit welcher Grundhaltung möchte ich die Organisation und mich selbst entwickeln. Natürlich hat das mit meinem Menschenbild zu tun, und für mich heißt das eben, die oben genannten Dimensionen in Balance zu halten.

Der erste unserer sieben Führungsgrundsätze, die jeder Mitarbeiter kennt, lautet: «Die Wirksamkeit unserer Beiträge und Leistungen wird an Lösungen und Resultaten gemessen». Das heißt, wir sind keine Veranstaltung, bei der es möglichst gemütlich sein soll, sondern wir wollen ökonomisch zu den Besten der Branche gehören. In diesen Grundsätzen steht aber auch: «Wir sind mitverantwortlich für die Entwicklung unserer Mitarbeiter». Mit diesem Bemühen um Ausgleich kann ich mich sehr gut identifizieren.

Ein starkes Element der Unternehmenskultur Ihrer Organisation ist das individuelle Vereinbaren von Zielen mit allen Mitarbeitern bei gleichzeitigem Spielraum für den Weg dorthin. Gibt es Mitbewerber in Ihrer Branche mit Führungsgrundsätzen, die sich sehr von den Ihren unterscheiden?

Aber ja, man kann Ziele vorgeben, Strategien zuordnen und auch noch die Schublade angeben, in der die Instrumente liegen, mit denen sie umzusetzen sind.

Und wer es dann nicht schafft, wird zur Wartung des Fuhrparks versetzt.

Im besten Fall, aber es gibt auch so etwas wie Reparaturintelligenz. Solche Systeme sind ja auch dazu da, um unterlaufen zu werden. Denn wenn das wirklich klappen würde, hätte ich mit meinem Ansatz der nachhaltigen Balance eher unrecht. Aber bei Großunternehmen stelle ich immer wieder fest, dass sie gegen Fehlentwicklungen relativ resistent sind.

Das liegt aus meiner Sicht daran, dass sich im Mikrokosmos viele einzelne Unternehmen bilden und die Mitarbeiter ihre Funktionslust dort dann trotzdem finden.

Ich war einmal bei einem Seminar, in dem abgefragt wurde, wie sehr sich die Leute mit ihrem Unternehmen identifizieren und wie sehr mit ihrer jeweiligen Funktion. Die Zufriedenheit mit der Organisation als Ganzes war niedrig, aber die Zustimmung zu ihrer Aufgabe und das Engagement waren sehr hoch. Wir haben uns alle gefragt, wie gibt's denn das? Die Antwort war, dass die sich in ihrer Abteilung ein Unternehmen im Unternehmen gebastelt hatten. Und diese Einheiten waren so groß wie unsere ganze Bank zusammen. Da wurden Werte verwirklicht, integrative Strukturen geschaffen, und die Mitarbeiter waren dann doch wieder mit Freude an der Arbeit.

Das heißt, in der organisatorischen Botanik eines großen Unternehmens ist der englische Rasen langfristig nicht durchzuhalten?

Ich glaube nicht. Übrigens auch, weil sie meistens eine hohe Attraktivität für gute Leute haben, die sich gewisse Freiheitsgrade einfach nehmen und weiterproduzieren. Es gibt Führungskräfte von Hundertfünfzigmann-Abteilungen, die vielleicht haargenau so reden wie ich, und wenn die dann gute Zahlen schreiben, drückt der Vorstand ein Auge zu, auch wenn es ganz anders gemacht wurde als vorgesehen. Trotzdem kommen natürlich eine Reihe von Mitarbeitern aus Großbanken aufgrund unserer Unternehmenskultur zu uns.

Um noch einmal auf Ihre Frage nach der «richtigeren» Auffassung, wie Organisationen langfristig erfolgreich geführt werden sollten, zurückzukommen: Diese Erfahrungen sind schon ein Hinweis darauf, dass Systeme, die mit Mitarbeitern wertschätzend zusammenarbeiten und diese Wertschätzung in ihrer Organisation leben, zum Beispiel durch Einbezug in Entscheidungsfindungsprozesse, intensive Information, Zielvorgaben aber auch Freiraum letztlich doch erfolgreicher sind.

Ihr Unternehmen bezieht Mitarbeiter in Strategieentwicklungsprozesse mit ein, es gibt eine strukturierte Karriereplanung, ein hohes Investment in ständige Weiterbildung und vieles mehr. Wie sind Sie persönlich zu diesem partizipativen, integrativen Führungsverständnis gelangt, das heute in der Raiba Kleinwalsertal gelebt wird?

Meine Eltern führten ein kleines Handelsunternehmen, und beide waren im Betrieb tätig, wobei mein Vater meistens viel zu autoritär agierte und meine Mutter zu gütig. Nachdem sie einen Mitarbeiter dreimal auf eine Aufgabe hingewiesen hatte, wurde diese dann am Ende von ihr selbst erledigt. Ich glaube, ich hab dort schon diese Prägung erhalten, dass es um ein Gleichgewicht geht zwischen Vorgabe und Beteiligung.

Und welche Unternehmenskultur haben Sie am Beginn Ihrer Tätigkeit in der Bank vorgefunden? War dies die klassische Beamtenkultur, welche noch vor rund zwanzig Jahren in den Banken vielfach vorgeherrscht hat – Senioritätsprinzip, hierarchisch, streng strukturierte Abläufe – die es nun galt, mit den integrativen Prinzipien der Organisationsentwicklung flexibler zu gestalten?

Im Gegenteil, als ich vor rund fünfzehn Jahren kam, herrschte im Haus die Atmosphäre eines Familienbetriebs. Die meisten Mitarbeiter stammten aus dem Kleinwalsertal, alle kannten sich untereinander, und wenn eine Einstellung anstand, wurde am liebsten ein bekanntes Gesicht eingestellt, weil man wusste, dass der oder die aus einer anständigen Familie stammt.

Damals hatten wir vierzig Leute, heute sind es rund hundertfünfzig. Unsere OE-Prozesse hatten eigentlich den Zweck, dieses sehr freundschaftliche Betriebsklima in einer beschleunigten Wachstumsphase und später dann in einem enorm verschärften Wettbewerbsumfeld erfolgreich zu transformieren. Immer in dem Bewusstsein, dass diese gewachsene Unternehmenskultur einen Wert hat, uns auch anders und für gute Leute und Kunden attraktiv macht.

Noch vor dem EU-Beitritt Österreichs und der Währungsunion verfügte Ihr Haus mit dem Kleinwalsertal über einen außergewöhnlichen Standort. Die D-Mark war offizielles Zahlungsmittel, trotzdem galten die strengeren österreichischen Anonymitätsbestimmungen. In dieser privilegierten Situation verwandelte sich eine kleine Raiffeisenbank auf dem Land in ein international agierendes Institut für vermögende Privatkunden. Provokant gefragt: Ist in Ihrem Fall die Beschäftigung mit OE auch Ergebnis dieser prosperierenden Entwicklung? Eine Luxuskultur, die man sich leistet, um es in guten Zeiten fein miteinander zu haben?

Nein, denn wir haben sehr von der OE profitiert, als sich die Rahmenbedingungen drastisch veränderten, nämlich mit der Aufhebung der Anonymität und der Einführung des Euros. Ursprünglich wurden die uns anvertrauten Vermögen zu uns gebracht. Unsere Aufgabe bestand in der erfolgreichen Veranlagung und Verwaltung. Die neue Situation machte eine nachhaltige Veränderung notwendig. Wir mussten lernen, auf unsere Kunden zuzugehen, unser Know-how aktiv zu kommunizieren. Das war ein intensiver, tief greifender Prozess, den wir früh genug anpackten und der durch unsere offenen Kommunikationsstrukturen ideal unterstützt wurde. Damals starteten wir einen Informations- und Strategieprozess, in den die Mitarbeiter intensiv einbezogen waren, und nur so war es möglich, ein Bewusstsein für den notwendigen Wandel zu schaffen. Ich bin überzeugt, dass ohne unsere Instrumentarien, Haltungen und Gepflogenheiten diese Transformation nicht in dieser Geschwindigkeit möglich gewesen wäre. Wir erreichten 2005 das zweitbeste Ergebnis unserer Geschichte!

Was sich in meinem Führungsverständnis aber schon verändert hat, ist meine Geduld, wenn es um Commitment geht. Mir sind sorgfältig geführte Entscheidungsfindungen etwa in meinem Team sehr wichtig. Wenn dann aber die Entscheidung gefallen ist, erwarte ich Umsetzungsergebnisse. Ich interveniere heute schneller bei einem Mitarbeiter, der diese dann nicht mitträgt. Kommt selten vor, weil wir die Leute in Klausuren eben stark einbeziehen. Es gibt bei uns einen Konsens, dass «dagegen tun» nicht akzeptiert wird. Natürlich kann man jederzeit die Hand heben und fragen: «Ist das so richtig, können wir uns das noch mal anschaun?» Das wollen wir ja auch. Aber es ist Teil unserer Kultur, dass getroffene Entscheidungen nicht einseitig sabotiert werden. Das gibt Kraft. Bei uns weiß jeder: Wenn ich eine wichtige Entscheidung überhaupt nicht mittragen will, dann muss ich konsequent sein und das Spielfeld wechseln.

Gibt es in Ihrem Organisationsverständnis aufgrund des heute aggressiveren Wettbewerbsumfeldes noch andere Veränderungen?

Ich setze den Schwerpunkt weniger auf Programme als auf das tägliche Führen, Führen, Führen. Ich glaube, wenn Organisationsentwicklung bedeutet, einzubeziehen, zu informieren, Orientierung zu geben, dann geht es in erster Linie um den direkten Kontakt der Führungskraft mit den Mitarbeitern und nicht um Programme. Wir müssen maßgeschneidert auf den Mitarbeiter bezogen agieren. Denn eines ist definitiv so: Sowohl wir als Vorstände als auch meine Mitarbeiter haben viel weniger Zeit als früher. Das Geschäft hat sich enorm beschleunigt, und es geht immer wieder darum, sich zu fragen, bin ich bereit, den Preis für meine Position und Aufgabe zu bezahlen? Diese Klarheit fordere ich von mir und meinen Mitarbeitern.

Wurden in den letzten Jahren Unterstützungsmaßnahmen im Sinne der Organisationsentwicklung aufgebaut, um in diesem veränderten Wettbewerbsumfeld zu bestehen?

Viele unserer Führungskräfte arbeiten mit individuellen, externen Coachs. Wir führen regelmäßig Entwicklungsgespräche mit allen Mitarbeitern, und da wird gemeinsam festgelegt, welche Hilfestellungen notwendig sind, um die vereinbarten Ziele zu erreichen. Da kann sich zum Beispiel auch jemand für ein Biografieseminar entscheiden, um zu schauen, wohin er ganz persönlich will und eben welchen Preis er selbst dafür zu bezahlen bereit ist. Das kann auch damit enden, dass jemand nach so einem Prozess geht. Aber das ist wiederum mein Preis als Vorstand, den ich zu bezahlen bereit bin. Es gibt bei uns ein ganz klares Bekenntnis dazu, die Mitarbeiter auch in ihrer persönlichen Entwicklung zu fördern.

Zum Thema Unterstützung von außen: Sie arbeiten auch immer wieder mit klassischen Expertenberatern, wie zum Beispiel dem global agierenden Strategiespezialisten Bain & Company zusammen. Bei welchen Entwicklungsprozessen – abgesehen von reinen Fachthemen wie EDV-, Steuer- oder etwa Rechtsfragen – ziehen Sie jeweils den Expertenansatz vor oder arbeiten mit dem eher moderierenden OE-Begleiter?

Der große Wert der Expertenberater ist, dass sie aus meiner Sicht sehr kritisch, durchaus auch ein wenig technokratisch, von außen einen Blick auf Organisation oder Strategie werfen. Ich denke mir dann manchmal auch, «Mensch, sind die überkritisch», aber das ist auch ihr Wert. Da kann man sich manchmal fast ein wenig abgewertet fühlen. Aber mir gelingt es heute besser als früher, den Wert des Experten zu nützen. Entscheidend ist, dass ich als Führungskraft dann entscheide, was davon umgesetzt wird und was nicht. Die Beurteilung, ob ein kritisierter organisatorischer Ablauf oder ein Produkt wirklich eine Schwäche ist oder ob uns das sogar vom Mitbewerb positiv unterscheidet, das ist meine Verantwortung. Toll, dass man von ihnen sehr analytisch, sehr strukturiert, präzise Feedbacks zu Geschäftsprozessen erhält. Die Gefahr bei Experten ist aber, dass sie Pseudosicherheit produzieren!

Wenn eine Führungskraft einfach blind ein Szenario umsetzt, das dann in einem Misserfolg endet, und auch noch sagt, so wurde es mir vom Berater empfohlen, ich kann nix dafür, dann ist das der Höhepunkt von Verantwortungsdelegation. Das ist armselig.

Aber grundsätzlich könnte man etwa bei der Optimierung von Geschäftsprozessen sowohl mit einem entwicklungsorientierten Ansatz arbeiten, nämlich mit einem intern moderierten Workshop zum Ziel kommen und den Prozess mit dem bestehenden Team neu gestalten als auch den Empfehlungen des externen Experten folgen. Welchen Ansatz ziehen Sie wann vor?

Bei der Optimierung eines Geschäftsprozesses starte ich mit einem Expertenberater, weil ich glaube, dass wir intern zu wenig selbstkritisch sind und über zu wenig Vergleichsbilder verfügen, um die eigene Arbeit auf den Prüfstand zu stellen. Da nehme ich mich selbst überhaupt nicht aus. Ich mach etwas zehn Jahre lang, weil ich glaube, dass es so richtig ist, und jetzt soll ich beurteilen, ob es wirklich richtig ist. Das funktioniert nicht.

Aber wenn es um neue Strategien geht, Zukunftsbilder, dann arbeite ich lieber mit dem OE-Berater, weil ich mit dem Experten bereits zu stark vorselektiere und echte Innovation eventuell ausschließe.

Bei der Umsetzung neuer Abläufe im Unternehmen kooperiere ich ebenfalls mit Beratern, deren Handwerkszeug die Integration, die gemeinsame Entwicklung ist. OE-Leute können in der Regel Diskussionen besser führen und laufen lassen. Experten sind sehr strukturiert. Wir hatten Consultants, die präsentieren gar nicht unter zweihundert Folien. Und unser langjähriger OE-Begleiter hat oft keine einzige dabei!

Welche Eigenschaften, Fähigkeiten schätzen Sie an einem OE-Berater?

Mir ist wichtig, dass er sehr individuell und nicht nach Standardrezepten arbeitet. Ich schätze hohes Interesse, Leidenschaft und Erfahrung. Mir ist auch wichtig, dass meine Berater keine Sozialromantiker sind, die findet man immer wieder in der OE-Szene, sondern die oben angesprochene Balance, also auch den ökonomischen Erfolg, im Auge behalten. Ein Berater, der uns vermittelt, dass alles so kalt und so konkurrenzorientiert geworden ist, hilft uns nicht. Der signalisiert eventuell damit «leiden ist leichter als handeln».

Bei einem Berater, mit dem wir häufig arbeiten, sind entscheidende Qualitäten auf der einen Seite Empathie und auf der anderen Distanz. Ich möchte bei einer Führungsklausur nicht den langjährigen Berater als elften Abteilungsleiter am Tisch haben, dann hilft er mir ja nicht mehr. Ein guter Berater beherrscht souverän das Spiel zwischen Nähe und Distanz.

Wo liegen aus Ihrer Sicht in einem Unternehmen mit einer partizipativen Kultur die entscheidenden Herausforderungen für eine Führungskraft?

Erstens wiederum darin, ein Gleichgewicht zwischen Nähe und Distanz zu den Mitarbeitern zu finden, und zweitens die ständige Gratwanderung zwischen Vorgabe und Einbezug, was oft mühsam ist. Wenn bei uns Leute aus Großbanken einsteigen, meinen manche, die Beteiligung hier ist super, und andere sagen, «bei euch wird alles ewig diskutiert und jeder will über gar alles mitreden».

Ich erwidere dann immer, ja das stimmt, aber im Zweifel ist mir das lieber als eine Organisation wo alle Leute sagen, «dafür bin ich nicht zuständig». Das ist jetzt ein wenig schwarz-weiß gemalt. Aber Führungskräfte in unserem Unternehmen müssen es drauf haben, ihre Mitarbeiter einzubeziehen und dann klar zu entscheiden und die Umsetzung zu führen.

Eine Gefahr bei OE ist das Pseudointegrieren, das dann auf die eigene Glaubwürdigkeit zurückfällt, denn das wird sofort durchschaut. Ein leitender Mitarbeiter muss den Willen haben zu führen, und das funktioniert nicht über demokratische Abstimmung. Es erzeugt viel mehr Respekt, wenn jemand auch einmal sagt: In dieser Frage möchte ich niemanden einbeziehen, ich habe mich nach bestem Wissen und Gewissen so entschieden!

Inwiefern empfinden Sie Führung nach den Prinzipien der OE als Vorteil für das Management?

In partizipativen Unternehmenskulturen finden Sie mehr Freude an der Arbeit, mehr Zuständigkeitsgefühl, die Leute engagieren sich stark, weil sie wissen, was hinter einer Idee steckt. Das ergibt viele, viele Vorteile.

Was würden Sie denn heute, nach all den Jahren intensiver Erfahrung mit Organisationsentwicklung einer Führungskraft raten, die einen solchen Prozess erstmals startet?

Ich würde ihr vor allem raten, nicht in Entweder-oder-Kategorien zu denken, sondern einen Schritt zurückzutreten, die bestehende Organisation anzuschauen und zu fragen, was bietet diese für Vorteile und Qualitäten. Dann würde ich mit einem OE-Berater im Team neue Modelle erarbeiten, und jetzt geht es darum, beide Ansätze zu verbinden.

Das heißt, versuch dir schon beim Einstieg, aber auch in all den kommenden Phasen, immer wieder Plattformen der Reflexion zu schaffen. Zweimal im Jahr führe ich zum Beispiel Mitarbeitergespräche mit allen mir direkt zugeordneten Leuten, bei denen ich mir sehr strukturiert, mit sorgfältigem Nachfragen ein Feedback zu meiner Führungsarbeit hole. Zum Beispiel: Welche Gründe würdest du jemandem erzählen auf die Frage, warum du von mir geführt werden willst? Und wo siehst du Defizite?

Wichtig ist auch regelmäßiges Reflektieren mit Coachs, oder sich z. B. wöchentlich fix eine halbe Stunde Zeit für Rückblick einzuplanen.

Das alles sollte institutionalisiert sein. Es reicht nicht, einfach zu sagen, «ich muss schauen, reflektiert und selbstkritisch zu bleiben», sondern es sollte definierte Zeiträume und Plätze für die Vogelperspektive auf das eigene Tun geben. Der Managernarziss macht das nicht.

Herr Dr. Dapunt, herzlichen Dank für das Gespräch.

Erfahrungsbericht 2:

Kein Betrieb – ein Unternehmernetzwerk!

Organisationsentwicklung als Wachstumsstrategie

1985 ein kleiner Bauträger mit fünf Angestellten, fünfzehn Jahre später ein kleiner Konzern mit rund 250 Mitarbeitern. Ermöglicht wurde dieses rasante Wachstum, welches bis heute anhält, durch ein Organisationsmodell, das in der Baubranche einzigartig sein dürfte. Die Führungskräfte erfolgreicher Abteilungen werden gezielt und rasch als geschäftsführende Gesellschafter beteiligt und ihre Einheit als selbständiges Unternehmen geführt. In zwei Jahrzehnten entstanden so unter dem Dach der Zima und Prisma Holding rund vierzig erfolgreiche Kleinstunternehmen, die Innovationen rund um das Thema Bau anbieten. Von der Gewerbeparkentwicklung über den Bau und die Konzeption sogenannter Inkubatoren bzw. Unternehmensgründungzentren bis zum spezialisierten Bauträger für Familien.

Diese außergewöhnliche Struktur wurde in einem langjährigen OE-Prozess mit den Führungskräften des Unternehmens gemeinsam entwickelt, begleitet von den Beratern des MCV – Management Center Vorarlberg – bis vor wenigen Jahren geführt von Hermann Metzler, der sich vor Jahren aus dem operativen Geschäft zurückzog und heute die Vermögensverwaltung der ehemaligen Holding betreut. Das folgende Gespräch mit dem seinerzeitigen Kapitän der Unternehmerflotte führte Hans-Joachim Gögl.

Herr Metzler, Sie beschäftigen sich seit vielen Jahren mit Organisationsentwicklung. Wie sind Sie damals auf diese spezifische Form, ein Unternehmen zu gestalten, gestoßen?

Mitte der Achtzigerjahre wurde mir vom damaligen Miteigentümer Horst Zimmermann die Geschäftsführung der «Zima Wohnbau», heute «ZM 3», übergeben. Wir waren zu fünft, ich hatte eine Reihe von Plänen im Kopf, die rasches Wachstum zur Folge hatten, und uns war klar, dass wir für die laufende Anpassung der Organisation eine professionelle Unterstützung brauchten.

Von außen betrachtet, ist bemerkenswert, dass sich jemand aus der als tough und hemdsärmelig geltenden Baubranche nicht einfach einen Experten holt, der aus seiner Erfahrung heraus ein Organigramm vorschlägt. Warum haben Sie sich für diesen entwicklungsorientierten Berateransatz entschieden?

Uns war klar, dass wir jemanden brauchen, der uns bei der Suche nach einer maßgeschneiderten Struktur begleitet. Denn wir verfolgten damals schon den Ansatz, dass unsere Strategie nicht mit Angestellten zu bestreiten ist. Die zentrale organisatorische Idee stand von Beginn an fest: die ständige substanzielle Beteiligung unserer Mitarbeiter, was auch eine permanente Entwicklung der Organisation mit sich brachte. Jede Führungskraft war bei uns immer ein potenzieller Miteigentümer und Unternehmer.

Was zur Folge hat, dass es in einer solchen Unternehmerkultur auch nicht möglich ist, von oben Rezepte einfach vorzugeben.

So ist es, denn Beteiligung heißt bei uns: Beteiligung an der Verantwortung, am Erfolg und an der Gestaltung der Organisation. Durch dieses Prinzip schafften wir ein Wachstum, wie es in dieser Branche selten gelingt, nämlich rund fünfundzwanzig Prozent jährlich. Bis heute gibt es in der von uns initiierten Gruppe rund dreißig geschäftsführende Gesellschafter.

Aus der theoretischen Perspektive der Unternehmensentwicklung betrachtet, waren wir ein interessanter Fall: Denn nach der allerersten Pionierphase meines Vorgängers und unseres damaligen Miteigentümers übersprangen wir die sogenannte Administrationsphase (Dissoziationskultur) und starteten bereits in die Integrationsphase (Organismuskultur) eines Unternehmens. Bei uns wurden Prinzipien der Verantwortlichkeit und Partizipation gelebt, die in Pionier- oder verworrenen Administrationskulturen nicht möglich sind. Allerdings war uns das damals nicht bewusst, wir hielten uns einfach für besonders schlau.

Wie kam es zu dieser organisatorischen Präferenz? Der naheliegendste Schritt bei raschem Wachstum von Kleinbetrieben wäre ja tatsächlich der Aufbau einer Abteilungsstruktur.

Der Gründer unseres Unternehmens ist jemand, dem eine hohe Lebensqualität immer sehr wichtig war. Er hatte seinen eigenen Lebensplan, in dem er die Abgabe seiner Geschäftsführung mit fünfzig Jahren vorgesehen hat. Ich kenne bis heute kaum einen erfolgreichen Unternehmer, dem dies so selbstverständlich und souverän geglückt ist wie ihm.

Sehr früh schon hat er mir als mein Chef Bauprojekte selbstverantwortlich übertragen und mir in diesen Projekten dann auch zugearbeitet! Ihm war klar, dass die Konzentration von Verantwortung bei einem einzigen Boss eine enorme Belastung bedeutet. Normalerweise gründet der Pionier dann eben interne Bereiche – Administrationsphase – mit Angestellten, die stark an ihm orientiert sind. Das hat er erstaunlicherweise nicht gemacht.

Bei uns galt zum Beispiel von Beginn an das Prinzip, dass es pro Wohnbauprojekt, sagen wir mal einen Siedlungsbau, eine Ansprechperson gibt, und zwar vom Start des Projekts weg und für immer! Wenn also heute jemand von dieser Siedlung, die ich zum Beispiel damals vor dreißig Jahren betreut habe, anruft und auf einen Mangel hinweist, kommt das Gespräch zu mir, und ich bin sein Ansprechpartner. Obwohl ich heute großteils nur noch mit der Vermögensverwaltung der Holding beschäftigt bin. Mit dem Vorteil, dass ich natürlich alles weiß und auf kurzem Wege eine Hilfestellung bieten kann.

Trotzdem, die Bündelung von Verantwortung bedeutet ja auch Macht, Ruhm und Ehre für die Führungskraft, das wird selten gerne geteilt.

Ja, aber mir ist lieber zehn haben schlaflose Nächte und nicht nur ich allein. Diese Erkenntnis kam im Zuge unserer Wachstumsdynamik rasch.

Damals ist mir auch immer wieder aufgefallen, dass sich leitende Mitarbeiter unserer Mitbewerber regelmäßig selbständig machten. Wir hatten aber während unserer gesamten Organisationsentwicklungsphase kaum Fluktuation. Denn bei uns konnte man intern zum Unternehmer aufsteigen, mit vielen Vorteilen gegenüber dem Alleingang.

Wenn also eine Abteilung als Einheit wirtschaftlich überlebensfähig war und ein neues Geschäftsfeld abdeckte, dann wurde eine eigene Gesellschaft gegründet. Wir behielten als ursprüngliche Eigentümer zwar die Mehrheit, aber der führende Mitarbeiter wurde zum Miteigentümer und geschäftsführenden Gesellschafter.

Für ein Unternehmen mit tausend Mitarbeitern ist ein hundertprozentiges Wachstum fast unmöglich, aber von fünf auf zehn aufzustocken ist eigentlich kein Problem. Auch deswegen war unser Prinzip der Zellteilung ideal.

Nach rund zwölf Jahren – bei einem Start zu fünft – hatten wir bereits über fünfundzwanzig operativ selbständige Einheiten gegründet und mit den Investorengesellschaften zusammen über vierzig Unternehmungen mit insgesamt rund 250 Mitarbeitern geführt!

Welchen Einfluss hatte bei der Entscheidung, diese Organisationsform zu wählen, Ihr Menschenbild? Wie gewichten Sie Ihre persönliche Haltung gegenüber der pragmatischen Erkenntnis, dass Partizipation einfach die zielführendere Strategie ist?

Mein Menschenbild spielte eine große Rolle bei diesen Entscheidungen. Denn ich war der Erste, dem man die Chance gab, sich am Unternehmen zu beteiligen, und ich wollte das dann auch meinen Mitarbeitern ermöglichen. Mir war das ein echtes Herzensanliegen. Und da reichte eben die Abgabe von ein paar überschaubaren Anteilen nicht, sondern es ging um Unternehmerschaft und Miteigentümerschaft. Das bedeutete Einfluss, Verantwortung und auch den Auftritt der Führungskräfte nach außen.

Unternehmerisches Talent ist ein oft beklagter Engpass in unserer Gesellschaft. Wie haben Sie immer wieder Menschen gefunden, die in einer so integrativen und entwicklungsorientierten Kultur wie der Ihres Unternehmens auch bereit waren, Verantwortung und Risiko zu übernehmen?

Ich glaube, dass man eine Kultur mit begleitenden Prozessen aufbauen kann, die Unternehmertum fördern. Unsere Führungsgrundsätze wurden beispielsweise mit den Mitarbeitern gemeinsam entwickelt. Wir institutionalisierten einen laufenden Diskussionsprozess, bei dem alle an der Entwicklung des Unternehmens beteiligt waren. Dort wurden Vorgehensweisen besprochen, Strategien entwickelt, Spielregeln vereinbart, Konflikte ausgetragen und Abstimmungen getroffen.

Organisationsentwicklung als eine Art interne Unternehmerschule?

Ja, unsere Geschäftsführer waren eben mit dem Aufbau ihrer Unternehmen nicht allein. Und noch etwas war bei uns ausgeprägt: Wir haben uns immer sehr viel Zeit genommen, um für einen Mitarbeiter den jeweils richtigen Platz in der Gruppe zu finden. Das konnte, selten, aber doch, auch jahrelang dauern. Bei uns gab es den Mut auszuprobieren, und nicht selten sind dadurch Innovationen, neue, erfolgreiche Strategien entstanden, von denen wir heute noch zehren. Denn jeder Mitarbeiter hat spezielle Fähigkeiten, jeder verfügt über ein eigenes, neues Beziehungsnetzwerk, nimmt andere Wege. In manchem Unternehmen könnte das Scheitern an einem Platz die Kündigung zur Folge haben. Wir hatten einen Kollegen, bei dem es an zwei Stellen nicht funktioniert hat. Heute führt er eine unserer erfolgreichsten Gesellschaften.

Und wenn ein Tochterunternehmen nachhaltig nicht läuft…

…gibt's Coaching, und wenn's dann immer noch nicht funktioniert, lassen wir's. Das muss man auch können: beenden und den Geschäftsführer im Unternehmen wieder neu integrieren.

Unsere Organisationsstruktur birgt ja ein tolles Frühwarnsystem in sich. Durch die Kleinheit der Einheiten ist jedes Unternehmen leicht zu durchschauen. Ich wurde immer wieder gefragt, «wie behältst du den Überblick in diesem rasanten Wachstum von fünf auf zweihundert Mitarbeiter?» Ganz einfach, wir haben die Dimension der fünf eigentlich kaum verlassen! Diese Struktur war für mich viel einfacher zu führen als ein einzelner Betrieb mit zweihundert Leuten. Ich glaube heute, dass wir das Management einer herkömmlichen Organisation gar nicht geschafft hätten. Es ging einfach darum, jede einzelne Kleingesellschaft für sich ertragreich zu managen, keine Quersubventionen zuzulassen, und dann wussten wir, dass unsere Gruppe gute Gewinne schreibt. Diese Erkenntnisse haben wir maßgeblich unseren Beratern beziehungsweise dem individuell auf uns abgestimmten Organisationsentwicklungsprozess zu verdanken.

Wie wurde dieser laufende OE-Prozess konkret strukturiert?

Ganz einfach, wir trafen uns etwa sechsmal pro Jahr, es gab eine Themensammlung, und dann fand eine gemeinsame Analyse, Diskussion und Maßnahmenplanung statt. Unsere Berater gaben kein Ablaufmodell vor, sondern begleiteten uns bei diesen Fragen, die aus der Praxis unseres Geschäftes entstanden sind. Wiewohl sie natürlich ihre Erfahrungen mit anderen Organisationen an uns weitergaben, Methoden einbrachten und uns aus einer neutralen Position heraus moderierten.

Ursprünglich gingen wir davon aus, dieses Projekt ein Jahr lang durchzuziehen, und dann wollten wir die Struktur haben. In Wirklichkeit hat der Prozess nie aufgehört und wurde zu einer laufenden Institution, ohne die wir, im Rückblick gesehen, niemals so erfolgreich gewesen wären. Der Blick von außen war von enormer Bedeutung, was uns damals gar nicht so klar war.

In der Baubranche geht es immer auch um umfangreiche finanzielle Investitionen, für die Sie als Haupteigentümer letztverantwortlich sind. Wie wurden die Risiko-Spielräume der Tochtergesellschaften geregelt, ohne dass Entscheidungen dann doch wieder in die finale Verantwortlichkeit des Gruppenchefs münden?

Es gab klare Vereinbarungen, bis zu welcher Grenze unsere Geschäftsführer, gemeinsam mit einem zweiten im Vieraugen-Prinzip, selbst entscheiden konnten. Wenn ein Geschäft diese Obergrenzen überschritt, musste es einem Beirat, das sind die Eigentümer, vorgetragen werden. Zum Beispiel: Es gibt die günstige Gelegenheit, ein Grundstück zu erwerben, und der Kauf muss sofort entschieden werden. Die vereinbarte Obergrenze wird dabei überschritten, trotzdem scheint das Projekt vielversprechend.

Oder: Wir haben etwa festgelegt, dass bei einer Wohnanlage fünfzig Prozent der Einheiten verkauft sein müssen, damit der Geschäftsführer, ohne nachzufragen, mit dem Bau beginnen kann. Wenn er aber unter diesem Limit, etwa aus strategischen Überlegungen, starten möchte, muss er dies im Beirat begründen. Dort wird dann mit Ja oder Nein entschieden.

Allerdings war uns immer klar, ohne Risiko kein Erfolg. Die Grenze ist bei uns damit definiert, dass kein Geschäft so riskant sein darf, dass im Falle des Scheiterns die betroffene Einheit existenziell gefährdet ist. Da sind wir eisern.

Solche Prinzipien sind etwa in unseren OE-Workshops entstanden und wurden gemeinsam entwickelt.

Gibt es noch andere strukturelle Besonderheiten, wie die zweimonatlichen Entwicklungsworkshops oder das Beiratssystem?

Zweimal jährlich machen wir ein Geschäftsführertreffen mit dem ursprünglich formulierten Ziel, von Fehlern zu berichten, Fragen zu stellen, sich gegenseitig zu coachen. Entwickelt haben sich dann diese Sitzungen zu einem Motivationsinstrument, das wir gar nicht vorgesehen hatten. Denn die Leute berichteten von Umsätzen, neuen Geschäftsfeldern, geglückten Projekten, und die Treffen wurden zu einer Messlatte für den Erfolg der Einheiten. Es entstand ein konstruktiver Wettbewerb auf diese Veranstaltungen hin.

Welche Kompetenzen und Eigenschaften Ihrer Berater waren Ihnen in dieser Entwicklungsphase wichtig?

Ich habe den ganzen Prozess niemals als mühsam oder kompliziert empfunden, sondern als eine organische Auseinandersetzung, logisch, einfach, naheliegend, brauchbar. Im Rückblick verblüffend. Mit zunehmender Dynamik ist mir dann klar geworden, welch gewaltige Wissensvermehrung hier stattgefunden hat.

Eine herausragende Fähigkeit des Beraters ist für mich die Abwesenheit von Angst, Konflikte in der Gruppe anzusprechen. Wenn nach einer Feedbackrunde im Workshop alle das Ergebnis lobend abnicken und der Berater dann trotzdem aus Intuition und der eigenen Wahrnehmungsfähigkeit heraus ein Unbehagen anspricht, ist das ein bewundernswertes Talent. Denn beliebt macht man sich, auch bei seinen Auftraggebern, damit erst einmal nicht.

Noch etwas ist bei unseren Begleitern ausgeprägt: Sie schaffen es, mit Geschichten, Spielen, Übungen uns gleich zu Beginn einer Klausur aus dem Arbeitsalltag herauszuholen und ins Jetzt zu bringen. Das war mir wichtig, denn die eigenen Gedanken ziehen immer wieder ins Büro, und das Dringende dominiert dann das Wichtige.

Gab es eigentlich auch Empfehlungen, denen Sie nicht gefolgt sind?

Kaum. Doch, eine! Von Beraterseite kam der Vorschlag, die Frauen der Gesellschafter in die wichtigsten langfristigen strategischen Entscheidungen miteinzubeziehen, weil sie ja mit der Familie direkt davon betroffen sind. Das war uns etwas zu steil, wobei mir dieser ganzheitliche Ansatz durchaus sympathisch ist.

Wenn man als Führungskraft einen solchen Prozess startet, geht der nicht spurlos an der eigenen Persönlichkeit vorbei. Wie sehen Sie Ihre persönliche Entwicklung parallel zu der Ihres Unternehmens?

Für mich war der Organisationsprozess auch eine Art Weiterbildungsmaßnahme für mich selbst. Wenn man dies so kontinuierlich und intensiv betreibt wie wir, verinnerlichen sich Kompetenzen im Bereich Mitarbeiterführung, Konfliktmanagement, Team- oder Strategieentwicklung, Moderation, von denen ich persönlich stark profitiert habe.

Grundsätzlich war aber von Anfang an die Anlage sowohl beim Gründer Horst Zimmermann als auch bei mir da, dass wir gerne mit Menschen zusammenarbeiten und uns beide leicht tun zu teilen. Ich glaube, Einsamkeit wäre für mich das Allerschlimmste.

Ich bin als ältester Sohn in bescheidenen Verhältnissen aufgewachsen, und es gab damals nicht die Möglichkeit, weiterführende Schulen zu besuchen oder gar zu studieren. Meine Grundausbildung bestand in einer technischen und kaufmännischen Lehre, und mir war als Unternehmer von vornherein klar, dass ich immer bessere Leute brauche, als ich es selbst bin. Niemals hatte ich das Problem, dass jemand neben mir besser ist. Das habe ich geradezu gesucht!

Sie sind auch nicht gerade bekannt als jemand, der gerne vorne steht.

Ich bin froh, wenn ich bei Presseauftritten im Hintergrund bleiben kann, wenn alles Repräsentative von anderen wahrgenommen wird. Meine Stärke entfaltet sich, wenn es um die Übernahme von Risiken geht, Entscheidungen anstehen und Druck und Stress zu schultern sind. Und ich fördere gern, bin, glaube ich, ein guter Mentor. Das fällt mir wiederum leicht.

Wo sehen Sie den gravierendsten, spürbarsten Unterschied zu üblich organisierten Betrieben?

Wir sind kein Betrieb, sondern ein bewusst gemanagtes Unternehmernetzwerk.

Herr Metzler, herzlichen Dank für das Gespräch.

Erfahrungsbericht 3:

In die Kooperation führen

Organisationsentwicklung im Rahmen des Zusammenschlusses zweier Unternehmen. Ein Prozess, dessen Herausforderung darin besteht, die ausgeprägten Kulturen selbstbewusster Organisationen mit langjähriger Tradition rasch in kraftvolle Zusammenarbeit zu bringen.

Um im Zuge der Liberalisierung des europäischen Strommarktes die Eigenständigkeit der beiden Landesgesellschaften Vorarlberger Illwerke AG (Illwerke) und Vorarlberger

Kraftwerke AG (VKW) langfristig zu sichern, entstand im Jahr 2000 die Illwerke/VKW-Gruppe. Bis dahin waren beide voneinander unabhängige, getrennt geführte Gesellschaften, mit unterschiedlichem Kerngeschäft in Vorarlberg, dem westlichsten österreichischen Bundesland. Die VKW war seit Anfang des letzten Jahrhunderts zuständig für die allgemeine Stromversorgung des Landes, während die Illwerke seit ihrer Gründung im Jahr 1924 auf die Erzeugung von Spitzen- und Regelenergie für regionale und internationale Partner ausgerichtet sind. Der Zusammenschluss dieser beiden Unternehmen mit heute rund 1500 Mitarbeiterinnen und Mitarbeitern wurde durch einen Organisationsentwicklungsprozess begleitet. Moderiert und gestaltet vom MCV Management Center Vorarlberg. Das folgende Gespräch führte Hans-Joachim Gögl mit den beiden Vorständen Dr. Ludwig Summer und Dr. Christof Germann.

Die jüngere Vergangenheit hat gezeigt, dass der Zusammenschluss zweier Unternehmen in jedem Fall ein heikles Unterfangen ist. Denn es treffen sich im betrieblichen Alltag ja nicht technische oder administrative Synergieeffekte, sondern Sozietäten, man könnte auch sagen Stämme, mit gewachsenem Selbstverständnis und Zugehörigkeitsgefühl. Wie würden Sie denn die damaligen Bilder beschreiben, die die Mitarbeiterinnen und Mitarbeiter der beiden Betriebe von sich selbst beziehungsweise von «den anderen» hatten?

Ludwig Summer: Die Illwerke waren im Montafon, im südlichsten Teil Vorarlbergs, mit der Errichtung und dem Betrieb von Spitzenkraftwerken tätig. Wir ... inzwischen spreche ich, wenn ich «wir» sage bewusst von beiden Unternehmen, ich war ja vor dem Zusammenschluss bereits rund zwei Jahrzehnte lang Mitarbeiter der Illwerke, davon 8 Jahre Vorstand, wir von den Illwerken galten im Land als die sogenannten Technokraten, waren bekannt dafür, dass wir Auseinandersetzungen nicht meiden, weil sich diese im Vergleich kleine regionale Gesellschaft immer wieder mit Großkonzernen auch im Konflikt auseinandersetzen musste. Die Illwerke sind eher eine pragmatisch geprägte Ingenieurskultur. Die Illwerke-Leute galten beispielsweise auch als besser bezahlt als die VKW-Mitarbeiter. Das führte vor Jahren noch zu manchen historischen Rivalitäten zwischen den beiden.

Die VKW wiederum, eher mit einem familiären Betriebsklima ausgestattet, in ganz Vorarlberg tätig, praktisch in jedem Haushalt vertreten, verfügte in den letzten Jahren durch eine kluge Öffentlichkeitsarbeit über ein ganz hervorragendes Image und wirkte nach außen hin viel präsenter und mächtiger. Das heißt, in der Bevölkerung wäre die logischere Variante gewesen, dass die VKW die Illwerke übernimmt und nicht umgekehrt. Letztlich wurden die Anteile des Landes an der VKW in die Illwerke eingebracht, was aufgrund der tatsächlichen Ertragsverhältnisse und vertraglicher Rahmenbedingungen Sinn machte.

Christof Germann: Der Unterschied der beiden Kulturen ergab sich logisch aus dem jeweiligen Geschäft: Die Illwerke als Spitzen- und Regelenergieerzeuger beliefern ganz wenige Großkunden, mit denen sie sich in diversen Schiedsgerichtsverfahren immer wieder messen mussten. Die VKW verfügt dagegen über rund 150 000 Kleinabnehmer, bei denen sie bei der Festlegung der Strompreise auch auf volkswirtschaftliche Gegebenheiten Rücksicht zu nehmen hat. Dort stand man ständig mit den Sozialpartnern im Land im Dialog, das hat es im Illwerke-Geschäft nicht gegeben.

Dazu kam ein weiterer irritierender Faktor, der Zusammenschluss wurde damals praktisch von einem Tag auf den anderen bekannt gegeben.

Ludwig Summer: Die Entscheidung wurde zwar im kleinen Kreis mit Vorständen, Gutachtern und dem Eigentümervertreter, dem Vorarlberger Landeshauptmann (Anm.: ähnlich dem deutschen Ministerpräsidenten bzw. Schweizer Regierungspräsidenten) intern intensiv diskutiert und vorbereitet, ist dann aber letztlich an einem einzigen Tag getroffen worden. Am Morgen war in den Medien bereits darüber berichtet worden, und weil kaum jemand die Hintergründe kannte, kam es zu negativen Stellungnahmen und zu einer erheblichen Verunsicherung der Mitarbeiter, die davon über die Zeitung erfahren mussten. Diese Irritation traf vor allem die Mitarbeiter der VKW, die zur Konzerntochter der Konzernmutter Illwerke wurde. Es war uns allen klar, dass es nun sofort darum gehen musste, vor allem die VKW-Mitarbeiter ins gemeinsame Boot zu holen.

Bevor wir in die Details dieses Prozesses einsteigen: Würden Sie heute die Vorbereitung des Zusammenschlusses anders machen?

Ludwig Summer: Ich würde es ganz genau so wieder machen! Hätten wir einen öffentlichen Diskussionsprozess gestartet, wäre so viel Wenn und Aber entstanden, dass das Projekt, glaube ich, zerredet worden wäre. Denn als Landesgesellschaft wirken ganz unterschiedliche politische Interessen auf dich ein, so dass etwa betriebswirtschaftliche und organisatorische Notwendigkeiten leicht in den Hintergrund geraten. Es müssen in kurzer Zeit Tatsachen geschaffen werden, fundiert, schlüssig, und dann kann mit der Umsetzung begonnen werden.

Christof Germann: Ich habe aus diesem Prozess vor allem zwei Dinge gelernt: Erstens, die Entscheidung für oder gegen einen Zusammenschluss muss rasch fallen, lange Diskussionsprozesse über das «ob» erzeugen Verunsicherung. Zweitens, es funktioniert nach meiner Einschätzung nur dann, wenn auf der Eigentumsseite klare Verhältnisse geschaffen werden. Das Faktum, wer Eigentümer ist, schafft letztlich Sicherheit und Orientierung, die in allen Unternehmensebenen spürbar wird. Beides war bei uns gegeben und wirkte sich günstig auf den Prozess aus.

Wie kamen Sie zu der Entscheidung, einen begleiteten Organisationsentwicklungsprozess zu starten?

Ludwig Summer: Die damalige Situation im Vorstand war nicht einfach. Der Vorstand wurde partnerschaftlich paritätisch von Illwerke und VKW besetzt. Dazu kamen eine Reihe von Schwierigkeiten in der Belegschaft: Den Illwerke-Leuten ging der Zusammenführungsprozess zu langsam, den Mitarbeitern der VKW viel zu schnell. Zudem waren die Widersprüche zwischen juristischer Über- und Unterordnung einerseits und partnerschaftlicher Umsetzung andererseits auszugleichen. Und dann waren noch die eingangs geschilderten unterschiedlichen Unternehmenskulturen zu berücksichtigen, wobei bei der VKW wegen der Unterordnung eine gedrückte Stimmung herrschte. Ich hatte also zwei eher unzufriedene Belegschaften und auch für uns im Vorstand war Kooperation anfänglich schwierig, da mein von der VKW stammender Kollege als Schutzherr seiner Leute empfunden und ich als Schutzherr der Illwerke-Mitarbeiter betrachtet wurde. Externe, neutrale Moderation war damals wichtig.

Als Führungskraft kann man in dieser Situation leicht in eine Instrumentalisierung geraten, die einem selbst gar nicht so bewusst ist, oder?

Ludwig Summer: Dies ist richtig; anfänglich kamen die jeweiligen Mitarbeitergruppen zu uns beiden im Vorstand und verlangten, dass wir uns – bildlich gesprochen – in ihrem Sinne auf der Bühne duellieren. Die Belegschaften saßen unten im Publikum und verteilten Punkte. Da hat es manchmal schon auch richtig gefunkt im Vorstand. Wir wurden in dieser Situation aber von unseren OE-Beratern persönlich gecoacht. Dies hat Konflikte entschärft und Lösungen erleichtert. Ohne diese Unterstützung wären wir manchmal schwerlich zu einem Ergebnis gekommen. Diese Instrumentalisierung hatte ein Ende, als mein damaliger Vorstandskollege Ende 2004 in Pension ging und mit Dr. Germann eine jüngere Führungskraft aus den Illwerken in den Vorstand kam, der zuvor mehrere Jahre bei der VKW tätig gewesen war. Damit wurden die Zuständigkeiten im Vorstand neu verteilt. Während zu Beginn die Zuständigkeiten nach Unternehmen aufgeteilt waren, mein Kollege führte operativ die VKW, ich die Illwerke, wählten wir nun eine gesellschaftenübergreifende Geschäftsfeldsorganisation.

Was waren für Sie entscheidende Faktoren für die erfolgreiche Führung dieses schwierigen Prozesses der Integration?

Christof Germann: Unsere Organisationsentwicklungsmaßnahmen boten Zeit und Raum – in Workshops außerhalb des Unternehmens –, wo die Ausgangssituation, die oben beschriebenen Kulturunterschiede und Kräfte, die auf uns wirkten, überhaupt erst einmal wahrgenommen und besprochen werden konnten. Sich dafür gemeinsam Zeit zu nehmen war von enormer Bedeutung. Ich glaube, der Schlüssel zum Erfolg bestand in unserer intensiven Auseinandersetzung mit dem Thema Führungskräfteentwicklung. Denn das Management strahlt maßgeblich in das Unternehmen hinein. Wir arbeiteten konkret auf drei Ebenen: einmal ein gemeinsamer Prozess für die Abteilungs- und Bereichsleiterebene beider Unternehmen, dann für unsere Teamleiter, und dazu haben wir noch ein Konzernentwicklungsteam zusammengestellt mit den erfolgversprechendsten Nachwuchskräften beider Unternehmen. Diese Gruppen erarbeiteten konzernübergreifend Themen der Integration, Strategien und gemeinsame Werkzeuge. Genauso wichtig aber wie die Inhalte, die dort entwickelt wurden, war das Kennenlernen der neuen Kollegen und die Erfahrung, dass diese vielfach die gleichen Bedürfnisse, Erfahrungen und Lösungsvorschläge einbrachten. Das schuf Vertrauen und Beziehung. Wenn man heute in eine erweiterte Geschäftsleitungssitzung hineingeht, merkt ein Außenstehender nicht mehr, von welchem Unternehmen der Mitarbeiter ursprünglich kam.

Bildet sich diese Kooperation auch in der Organisation der Gruppe konkret ab?

Christof Germann: Ja, es gibt heute sogenannte Konzernfunktionen, die Dienstleistungen für beide Unternehmen erbringen. Das hat sehr zum Zusammenrücken der Gesellschaften beigetrgen. Es war uns auch von Anfang an wichtig, bei der Besetzung von Führungspositionen auf Ausgewogenheit zu achten und immer wieder auch gute Nachwuchskräfte in Toppositionen zu bringen, was positiv überrascht hat.

Sind diese Plattformen der Zusammenarbeit, die ja um die Jahrtausendwende aufgrund des Zusammenschlusses neu geschaffen wurden, heute noch tätig? Welche Spuren hat der damalige Organisationsentwicklungsprozess strukturell hinterlassen?

Christof Germann: Im angesprochenen Konzernentwicklungsteam wurden unsere Führungsgrundsätze, mithilfe externer Begleitung durch unsere OE-Berater entwickelt beziehungsweise formuliert. Zweimal jährlich gibt es nun eine moderierte Führungskräfteklausur mit allen leitenden Mitarbeitern, das sind rund hundertfünfzig Leute, und dort haben wir zum Beispiel bei den letzten beiden Klausuren diese Grundsätze gemeinsam diskutiert und verabschiedet. Wir fragen seither regelmäßig nach, wie steht es mit diesen Spielregeln und wie werden sie gelebt? Mit dieser Struktur halten wir die Entwicklung einer gemeinsamen Kultur und die weitere Vertiefung der Integration lebendig.

Ludwig Summer: Dazu kommt, dass wir zweimal jährlich die gesamte Belegschaft einladen, bei der wir als Vorstände über aktuelle Themen informieren. Es gibt heute einen institutionalisierten kontinuierlichen Austausch zwischen Vorstand, Führungskräften und Belegschaft.

Wo erkennen Sie im Rückblick wichtige Beiträge ihrer Berater? In technisch orientierten Unternehmen wird immer wieder mit externen Fachexperten zusammengearbeitet. Wie erging es Ihnen bei der Kooperation mit Prozessbegleitern, die nach den Prinzipien der Organisationsentwicklung, also mit der Aktivierung des bereits vorhandenen internen Wissens arbeiten?

Christof Germann: Der Schwerpunkt lag in der Moderation, sie haben sich davor gehütet, Meinungen abzugeben und Partei zu ergreifen. Denn den Beratern war klar, wenn sie sich auf eine Seite schlagen, verlieren sie ihre wichtigste Qualität: die einzigen Neutralen in diesem Prozess zu sein. Ich hätte mir ab und zu eine klare inhaltliche Positionierung gewünscht.

Ludwig Summer: Mir ist das während des gesamten Prozesses genau so gegangen wie dir, aber wenn ich es mir jetzt im Rückblick überlege, war das richtig so. Ich hab mir ein paar Mal gedacht: «Jetzt muss doch der Berater einmal zum Ausdruck bringen, dass es so nicht geht!» Das haben sie nicht gemacht, und das Ergebnis spricht für sich. Die Berater wirkten eigentlich steuernd im Hintergrund und coachten und bestärkten uns vor allem in unserem Kommunikationsverhalten. Sie haben eigentlich vor allem Haltungen eingebracht. Ich bin mir sicher, dass der gesamte Prozess ohne OE-Berater in der kurzen Zeit nicht so erfolgreich gelaufen wäre, wie es der Fall ist.

Welche weichen Faktoren, abgesehen von organisatorischen Strukturen, halten Sie im Rückblick für maßgeblich, damit ein Zusammenschluss gelingt?

Christof Germann: Zeit! Zeit für Austausch, Verarbeitung, Fragen. Und die muss man als Vorstand auch zur Verfügung stellen. Für uns war es wichtig, auch auszuhalten, dass manches langsamer ging, als wir uns das manchmal gewünscht hätten.

Ludwig Summer: Viele Entscheidungen, die noch vor Monaten undenkbar gewesen wären, fielen dann nach einiger Zeit automatisch. Ehrenrunden führen manchmal schneller zum Ziel, das war für uns beide eine überraschende Erkenntnis. Als Vorstand muss man in dieser Phase bereit sein, ständig zu informieren, informelle

Gespräche zu führen, Rede und Antwort zu stehen und dies nicht als Belästigung zu empfinden. Wenn es sein muss, redet man halt über dasselbe Thema oder Problem dreimal. Noch eine pragmatische Ergänzung zu Ihrer Frage: Junge Leute in die Führung! In der Elektrizitätswirtschaft gab es in den letzten Jahren eine Reihe von Fusionen, bei denen Fehler gemacht wurden, aus denen ich gelernt habe. In dieser Branche galt zum Beispiel traditionell das Senioritätsprinzip, Aufstieg durch Alter. Zugehörigkeit, Erfahrung, reines Fachwissen standen im Vordergrund für einen Karrieresprung und nicht, ob jemand eine begabte Führungskraft ist. Was aber heißt, dass ein Kulturwandel oft sehr mühsam wird. Das ist bei uns anders.

Christof Germann: Ich denke, es ist auch ganz wichtig authentisch zu bleiben, sich nicht zu verstellen, sich zu zeigen, da zu sein. Das ist ein Führungsverhalten, das in einem solchen Veränderungsprozess besonders wertvoll wirkt.

Kamen die heiklen Entscheidungen, etwa zum Abbau von Doppelgleisigkeiten, eigentlich aus den paritätisch besetzten Arbeitsgruppen, oder wurden diese von Ihnen getroffen?

Ludwig Summer: Nein, wir sind eigentlich nie autoritär, dirigistisch eingeschritten, sondern die Teams legten Vorschläge vor, die Hand und Fuß hatten. Wir hatten zwar als Vorstände schon ein Zukunftsbild im Kopf, aber die Gruppe hat sich ohne Druck von uns, aus den Teams heraus, in diese Richtung bewegt.

Von woher kamen die größten Widerstände, wo ist die Verunsicherung am stärksten?

Ludwig Summer: Das ist interessant, in der dritten Ebene! Also nicht im Vorstand, nicht im engeren Führungskreis und auch nicht in der Belegschaft. Interessanterweise ging es der Belegschaft zum Teil zu langsam. Die sahen vieles rationaler als manche Führungskraft und kamen manchmal sogar zu uns und sagten, «entscheidet doch bitte, das ist doch viel besser, als lang drum herum zu reden». Das war verblüffend für mich. In der schwierigsten Situation sind die Abteilungsleiter. Dort kommt es zu den größten Veränderungen, daher werden in diesem Kreis Positionen verteidigt.

Gerade bei Übernahmen und Fusionen werden alle Veränderungen von den Mitarbeitern natürlich besonders sensibel wahrgenommen. Welche Rolle spielten Symbole, äußere Zeichen, im Rahmen der Integration?

Ludwig Summer: Das ist wichtig. Zum Beispiel die Zusammenlegung der Zentrale in ein einziges Gebäude ist ein solches Symbol, was übrigens ursprünglich gar nicht naheliegend war. Zu Beginn sahen mich viele VKW-Leute lieber nicht im eigenen Haus, wohin wir die Führungsebene dann verlagert haben. Wenn ich den Umzug nicht mit Nachdruck betrieben hätte, wäre es eventuell noch längere Zeit bei zwei Hauptquartieren und getrennt logierenden Vorständen geblieben. Heute natürlich undenkbar. Eine zweite entscheidende Symbolik liegt in allen Personalentscheidungen: In welchem Maße werden Führungspositionen mit Leuten aus dem übernommenen Unternehmen besetzt? Das war uns immer klar und darauf haben wir bewusst geachtet. Wie oft habe ich bei Fusionen von Mitbewerbern das Gegenteil erlebt: Die alte Führungsmannschaft raus, zum Teil mit 51 Jahren in Pension und abgefertigt, branchenfremde Führungskräfte rein. Da ist ungeheuer viel Wissen verloren gegangen, und die Frustration in den unteren Ebenen ist gigantisch.

Wie bilanzieren Sie heute nach rund fünf Jahren die Integration Illwerke-VKW? Haben sich die empfundenen «Höhenunterschiede» zwischen den Kulturen angeglichen?

Christof Germann: Da hat sich enorm viel getan! Ich bin aber trotzdem der Meinung, dass unterschiedliche Unternehmenskulturen in einer Gruppe möglich sein müssen und auch ganz natürlich sind. Wir haben selbst innerhalb der Illwerke, beispielsweise zwischen den Mitarbeitern einzelner Kraftwerke, sehr unterschiedliche Mentalitäten, Schwerpunkte bei Werten und Haltungen. Es geht um gemeinsame Ziele und die Herausforderung für uns Führungskräfte, mit dieser Vielfalt arbeiten zu können.

Ludwig Summer: Gewisse Unterschiede werden noch in der nächsten Generation spürbar bleiben, aber ich hätte mir nie träumen lassen, dass wir in fünf Jahren so weit sind! Heuer bekam ich zwei unnachgefragte profunde Rückmeldungen von externen Beratern. Beide staunten über die offene Atmosphäre, das Engagement und die Identifikation unserer Mitarbeiter.

Herr Dr. Summer, Herr Dr. Germann, herzlichen Dank für das Gespräch.

Teil 6
Anhang: Interventionsdesigns

Bei den ersten OE-Projekten fällt es Beratern oft schwer, den Zeitaufwand und die Struktur von gemeinsamen Klausuren im Voraus abzuschätzen.

Gleichzeitig ist man gefordert, der Geschäftsleitung oder anderen Projektmitarbeitern klare Zeitangaben für Veranstaltungen zu machen und einen «roten Faden» für den Ablauf vorzubereiten.

Im folgenden Anhang finden Sie Vorschläge für die wesentlichen Veranstaltungen im Rahmen des Phasenmodells von Organisationsentwicklungsprozessen.

Es sind bewährte, in der Praxis häufig verwendete Abläufe als erste Planungshilfe.

Bitte beachten sie dabei:

- Die Zeitangaben können – je nach Wortmeldungen und Gruppengröße – von unseren Vorschlägen abweichen.
- Oft lässt der Prozess eine Klausur oder Veranstaltung in der gegebenen Länge nicht zu: Wenn die Geschäftsleitung z. B. nur weniger Zeit für eine Informationsveranstaltung zur Verfügung stellt, so muss ich – wenn mir die Zusammenkunft wichtiger erscheint als eine Verschiebung – als Berater die Struktur anpassen und gegebenenfalls kürzen.
- Ist in einem Unternehmen zum Beispiel eine Präsentation der Organisationstypen sinnvoll, so bedeutet das nicht, dass bei jeder Informationsveranstaltung dieser Teil notwendig ist. Benötigen wir in der Situationsklärungsklausur nur eine Stunde für die Auseinandersetzung mit der Ist-Situation, so kann dieser Prozess in einer anderen Organisation einen Tag in Anspruch nehmen.
- *Bewahren Sie also Ihre Flexibilität und den Kontakt mit den Teilnehmern,* denn: Jeder OE-Prozess ist anders!

1. Ablaufvorschlag einer Orientierungsveranstaltung für das Management

Zeitaufwand gesamt: 2,5 bis 3 Stunden

Was?	Wer?	Wie lange?	Worauf achten?
Begrüßung und Information über Vorgeschichte	Projektbringer/ Auftraggeber	10 Min	Persönliche Betroffenheit, Beispiele zu den Entwicklungsmöglichkeiten ansprechen
Kurzinformation über Ziele und Methoden der OE – je nach Bedeutung für die Organisation zum Beispiel auch über: – Organisationstypen – Entwicklungsphasen – Veränderungsstrategien – Modelle zur Strategieentwicklung	Eventuell beigezogener Berater	30 Min	Beispiele bringen, die das Management «entlasten» und das Gefühl geben, dass entstandene Schwierigkeiten in der momentanen Entwicklungsphase, Veränderungssituation oder in diesem Organisationstyp «normal» und lösbar sind Präsentation zu den vorgebrachten Kurzinformationen vorbereiten
Diskussion über «Ansatzpunkte», Chancen und Notwendigkeit von OE in unserer Organisation?	Kleingruppen/ Zweiergespräche	15 Min bis 1 Stunde	Eventuell anhand von vorbereiteten Fragen über die aktuelle Situation im Unternehmen. Auch Fragen zur persönlichen Betroffenheit einbauen: Was erschien mir wichtig? Wozu habe ich Fragen?
Sammlung der Diskussionsergebnisse im Plenum:	Moderation durch Projektbringer/ Berater	15 Min	
Aufzeigen einer Grobstruktur für das Projekt und möglicher nächster Schritte	Projektbringer/ Berater	15 Min	Siehe dazu die Beschreibung der Situationsklärungsphase ab S. 240 ff. und der Grobstruktur auf S. 240 ff.

Vereinbarung für weiteres Vorgehen		30 Min	Entweder: Weitere Schritte zur Abklärung könnten sein: – Information weiterer Personen über den Inhalt dieser Veranstaltung (2. Führungsebene, Partnerfirmen) – Kontaktaufnahme mit einem OE-Berater – Klausur mit der 2. Führungsebene anlässlich eines Führungskräftetages – Einholung eines Experten zum Thema - Einladung von Partnern, mit denen die Organisation zusammenarbeitet, zu einer offenen Diskussion – Klärung von Rahmenbedingungen (Zeit, Geld, Beteiligte) – Gruppeninterviews usw. Oder: Erste Entscheidungen: – Festlegen des Projektstarts – Festlegung jener Einheit der Organisation (Abteilung, Filiale, Führungsebene), in welcher der OE-Prozess starten soll
Klärung offener Fragen	Projektbringer/ Berater	10 bis 30 Min	

2. Grundstruktur einer Informationsveranstaltung

Geschätzter Zeitaufwand: ca. 2,5 Stunden

Was?	**Wer?**	**Wie lange?**	**Worauf achten?**
Begrüßung und Einleitung (Rahmen, Zeit, roter Faden)	Unternehmensleitung	5 Min	
Vorgeschichte (Wie kam es dazu? Warum machen wir das?) und Information über Stellenwert des Projektes (Warum ist uns das so wichtig?)	Unternehmensleitung	30 Min	Sollte durch die Unternehmensleitung erfolgen. Dadurch wird die Bedeutung und Akzeptanz des geplanten Entwicklungsprozesses für alle erkennbar und glaubwürdig! Kann sehr persönlich gestaltet sein (Erlebnisse, Bilder, Geschichten einbauen)
Vorstellung von Projektleitung, Projektgruppe und evtl. externen Begleitern/Beratern	Unternehmensleitung	10 Min	
Information zu Projektzielen, Ablauf, Arbeitsprinzipien, Information der Betroffenen und geplanten nächsten Schritten	Unternehmensleitung oder Projektleiter	15 Min	Auf eine gute Visualisierung der wichtigsten Punkte achten – weniger ist oft mehr: Die Zuhörer nicht erschlagen

Gruppenarbeit: Wünsche, Fragen, Bedenken, kritische Äußerungen, Anregungen zu dem geplanten Entwicklungsprozess	Projektleiter/ externe Begleiter	30 Min	Gedanken in den Gruppen festhalten lassen, «klassisch» auf Moderationskarten und dann auf Pinwänden den Überschriften zuordnen Alternative zu den starren Gruppenarbeiten: Analog zur World-Café-Methode: Wünsche, Bedenken usw. in Gruppen besprechen lassen (Festhalten der Gedanken auf einem gemeinsamen Plakat am Tisch), nach 10 Minuten Wechsel der Teilnehmer zu anderen Tischen, nur ein Platzhalter bleibt und informiert die Neuankömmlinge über die vorher an diesem Tisch besprochenen Punkte. So wird in mehreren Runden in unterschiedlicher Zusammensetzung über die persönlichen Eindrücke gesprochen. Die Meinungen der Gruppe verdichten sich dadurch. Zum Abschluss präsentiert jeder Tisch eine «Essenz» der Gedanken
Sammlung der Gruppenergebnisse und Diskussion	Projektleiter	30 Min	Die Unternehmensleitung/Projektleitung sollte zu den von den Gruppen vorgebrachten Bedenken, Vorschlägen Stellung beziehen
Zusammenfassung der Diskussionsergebnisse	Projektleiter/ externe Begleiter	10 Min	Ergebnisse visualisieren
Abschluss: Stimmungsabfrage: Grundgefühl, Gedanken zu diesem Projekt in diesem Augenblick		10–30 Min	Eventuell eine aktivierende Methode einsetzen: Aufstellen auf einer Skala am Boden (Einschätzung der Erfolgschancen/meine Grundstimmung), durch «2-Minuten-Stimmenfang», Dokumentation der Stimmung durch «Auf den Boden sitzen – Sitzen im Sessel – Aufstehen – Aufstehen mit hochgehobenen Händen» oder Rhythmus klatschen

3. Grundstruktur einer Arbeitsklausur zur Situationsklärung

Zeitaufwand: 1 Abend und 2 Tage

Was?	Wer?	Wie lange?	Worauf achten?
Begrüßung und Einleitung (Rahmen, Zeit, roter Faden)	Führungskraft, interner Projektleiter oder Berater	5 Min	
Übung zum «Ankommen», «Warmlaufen», arbeitsfähig werden	Interner Projektleiter/Berater: Die methodische Gestaltung liegt bei diesem und den folgenden Schritten beim Projektleiter bzw. Berater: Bei einzelnen Abschnitten können Teilnehmer der Klausur die Moderation für Teilschritte (z.B. in Kleingruppen) übernehmen	15 Min	Da die Teilnehmer oft direkt aus dem hektischen Arbeitsalltag in eine Klausur kommen, gilt es häufig, das Tempo zu reduzieren, ein Loslassen vom Tagesgeschehen und eine «Zentrierung» auf eigene Gedanken und Gefühle zu erleichtern. Im Weiteren sollen die Teilnehmer untereinander in Kontakt kommen. Das ist möglich durch: – Bewegungsübungen, Tanz – Arbeit in Kleingruppen, wobei 2 bis 3 «Fragen zum Start» besprochen werden. Beispiele: Was war mein erster Gedanke, als ich die Einladung für diese Klausur bekommen habe? Mit welchen Erwartungen bin ich hierher gekommen? Was wäre ein gutes Ergebnis dieser Klausur? – Ein Spaziergang in Kleingruppen, bei dem diese Fragen besprochen werden, und mit dem Auftrag, ein Symbol zu suchen, das die jetzige Situation in der Organisation – oder das Ziel der Klausur – beschreibt – Ein Bild zu den 3 Fragen zum Start malen lassen

Auseinandersetzung mit der Ist-Situation	Siehe oben	½ bis 1 Tag	Achten Sie bei der Gestaltung auf einen guten Mix von Sach- und Beziehungsebene, deduktiven Impulsen und induktiven Methoden zur Erfassung der Ist-Situation (siehe Teil 3 – Punkt 2.4 und 2.5)
Erarbeitung von Zukunftsbildern	Siehe oben	1 Tag	Dafür kann auch ein (interner) Experte eingeladen werden, der Zukunftsszenarien für das Unternehmen oder für den Markt darstellt.
(Erste) Veränderungsziele			
Erste individuelle und gruppenbezogene Maßnahmen und Ausblick auf weitere Schritte			Festhalten in einem genauen Maßnahmenplan: Wer macht was mit wem bis wann?
Abschluss			

4. Grundstruktur einer Klausur zur Auswahl von Veränderungszielen

Zeitaufwand: ½ bis 1 Tag

Was?	Wer?	Wie lange?	Worauf achten?
Begrüßung und Einleitung:	Projektleiter	10 Min	Den persönlichen Bezug zum Projekt herstellen, z.B.: – Wie ich den Prozess bis jetzt erlebt habe … – Welche förderlichen und hinderlichen Faktoren erlebe ich?
Rahmen, Zeit, roter Faden, Vereinbarungen für das Arbeiten in Gruppentreffen	Projektleiter	10 Min	Visualisierung förderlicher Regeln für das Arbeiten in Gruppen Plakat mit «rotem Faden» vorbereiten (siehe Abbildung)
Die Führungskräfte «ankommen» lassen	Teilnehmer	15 Min	Einzelne Wortmeldungen im Plenum oder zuerst Besprechung zu zweit/zu dritt und dann Sammlung im Plenum zu einer der folgenden Fragen: – Was wäre aus meiner Sicht ein «gutes Ergebnis» der heutigen Sitzung? – Mein 1. Gedanke, wenn ich an dieses Projekt denke … – Mit welchen Vorstellungen/Hoffnungen/Bedenken bin ich hierher gekommen?
Präsentation der Veränderungsziele aus der Situationsklärung	Projektleiter/ OE-Berater	15 Min	Visualisierung der Präsentation vorbereiten Falls notwendig: Zusammenfassung nach Schwerpunkten
Ergänzungen aus der Sicht des Managements	Teilnehmer	30 Min	Im Plenum sammeln
Evtl. Kurzinformation: Kriterien für die Auswahl von Veränderungszielen (Wirkungsweise und Reichweite)	Projektleiter/ OE-Berater	15 Min	Visualisierung vorbereiten Beispiele nennen

Diskussion und Erarbeitung der Kriterien für die Entwicklungsthemen	Projektleiter und Teilnehmer	30 Min	
Gewichtung der Entwicklungsthemen nach den erarbeiteten Kriterien	Teilnehmer	5 Min	Punktabfrage Die priorisierten Veränderungsziele bilden die Themen für den OE-Prozess in der nächsten Zeit
Kurzinformation über die unterschiedlichen Bearbeitungsmöglichkeiten der Themen	OE-Berater	30 Min	Nicht alle Veränderungsziele werden zu Teilprojekten führen: Ist z.B. das Ziel die «Förderung der Kooperations- und Teamfähigkeit», so kann dies auch in jedem Projektschritt durch die Art der Prozessgestaltung geübt werden. In dieser Phase ist festzulegen, welche Themen – im Rahmen der Führungsverantwortung – in Projekten in den Abteilungen selbst – mit interner oder externer Begleitung oder – in einem Teilprojekt im Rahmen des OE-Prozesses bearbeitet werden.
Erarbeitung der Themen und erste Vorschläge zum Erreichen der Entwicklungsziele	Kleingruppen	30 Min	Evtl. Benutzen einer gemeinsamen Vorlage für die Dokumentation (siehe unten)
Abklärung Steuerungsstruktur und Aufgaben des Entwicklungsteams	OE-Berater	30 Min	Präsentation und Klärung offener Fragen
Einholung von Vorschlägen für die Besetzung der Entwicklungsgruppe	Projektleiter/ OE-Berater	15 Min	Abklären, ob alle relevanten Gruppen in der Entwicklungsgruppe vertreten sind: z.B. wird oft vergessen, bei einem Projektteam für Führungskräfteentwicklung darauf zu achten, dass auch Frauen in der Gruppe vertreten sind

Fortsetzung 4. Grundstruktur einer Klausur zur Auswahl von Veränderungszielen

Was?	**Wer?**	**Wie lange?**	**Worauf achten?**
Klärung weiterer Schritte	Projektleiter/ OE-Berater	30 Min	- Wer nimmt mit den Mitgliedern der Entwicklungsgruppe Kontakt auf? - Wann und mit wem fällt die Entscheidung über die Besetzung? - Wann ist eventuell Unterstützung durch externe Partner notwendig? - Wie und wann wird das Gesamtsystem informiert?
Ausblick	Projektleiter/ OE-Berater	10 Min	– Konstituierung der Entwicklungsgruppe – Information des Gesamtsystems – Bearbeitung – je nach Thema – in Kleingruppen oder im Gesamtsystem – Regelmäßige Sitzungen der Entwicklungsgruppe – Information des Managements/der Geschäftsleitung
Abschluss	Teilnehmer	10 Min	Persönliche Eindrücke der Teilnehmer einholen, z.B. «Welche Erwartungen habe ich jetzt an das OE-Projekt?» «Welche Erfolgschancen gebe ich dem OE-Projekt?

Ergebnisformular für die Phase der Zielfindung

Entwicklungsthema:

Konkrete/s Ziel/e: Was soll bis wann erreicht werden?

Teilprojektleiter:

rojektmitarbeiter:

Was soll getan werden?	Bis wann?	Wer ist verantwortlich?

5. Vorschlag für die erste Sitzung der Entwicklungsgruppe

Zeitaufwand: 1 Tag

Was?	Wer?	Wie lange?	Worauf achten?
Begrüßung und Einleitung:	Projektleiter/ Berater	10 Min	Darstellung der Vorgeschichte – den persönlichen Bezug zum Projekt herstellen Ziele und roten Faden für dieses Treffen vorstellen
«Ankommen»	Teilnehmer	10 Min	Falls notwendig: gegenseitige Vorstellung und Kennenlernen eventuell mit «Bewegung» (z.B. Aufstellen nach Abteilungen, Firmenzugehörigkeit, Dienstjahren …) Stimmungsabfrage in Bezug auf das Projekt (Punktabfrage, Aufstellen auf Bodenkarten oder Skala am Boden …)
Erwartungen	Teilnehmer	15–30 Min	Eventuell zuerst in Kleingruppen oder zu zweit und dann erst im Plenum besprechen: – Was erwarte ich von dem OE-Prozess? – Was wäre heute ein «gutes Ergebnis»? – Was möchte ich hier nicht erleben? Eventuell Regeln, Vereinbarungen für die gemeinsame Arbeit vereinbaren
Aufgaben und Funktionen von Organisationsstruktur und Struktur des OE-Prozesses	Berater		Kurzpräsentation des Beraters

Auftrag und Funktionen der Entwicklungsgruppe, der Projektleitung und Teilprojektleitung	Berater	30 Min	Präsentation oder Erarbeitung mit der Gruppe Wichtig: In Organisationen mit diffusen Strukturen kann es hilfreich sein, die erarbeiteten Plakate mit Spielregeln, Auftrag und Funktionen bei jeder weiteren Sitzung wieder aufzuhängen und hin und wieder darauf zu verweisen.
Besprechung aller vom Management ausgewählten Veränderungsziele	Berater	Nach Anzahl der Projekte – ca. 30 Min/ Projekt	Achten Sie auf die Klärung folgender Punkte bei jedem Teilprojekt: – Projekt (eventuell einen motivierenden Titel, ein Motto und ein Symbol für das Teilprojekt suchen) – Projektleitung: Wer kann/möchte/sollte das Projekt leiten? (Welche Fähigkeiten und Anforderungen sind erforderlich? – Beteiligte Personen im Teilprojekt: Wer steht fest? Wer ist einzubeziehen? – Vorgehensweise: In welchen Schritten können die einzelnen Ziele bearbeitet werden? Wo ist Unterstützung durch einen Fach- oder Entwicklungsberater oder andere Personen notwendig? – Informationen: Wie gehen wir mit Informationen um? An wen geben wir Informationen weiter? In welcher Form? (siehe – Information ??..) Wer muss informiert werden? Von wem? – Was brauchen wir als Entwicklungsgruppe und Projektleitung, um unsere Funktion erfüllen zu können?
Vereinbarungen und nächste Schritte			Festhalten in einem Maßnahmenplan: Wer macht was bis wann?
Reflexion und Abschluss			Auswertung der Sitzung, zum Beispiel mit einer Stimmungsabfrage: Wie zufrieden bin ich mit dem heutigen Ergebnis?

6. Vorschlag für Routinesitzungen der Entwicklungsgruppe

Zeitaufwand: ½ Tag

Was?	Wer?	Wie lange?	Worauf achten?
Begrüßung und Einleitung:	Projektleiter/ Berater	10 Min	Eventuell ein kurzer Text oder ein Bild zur Einstimmung Rahmenbedingungen (Organisatorisches, Zeit usw.) klären Ziele und roten Faden für dieses Treffen vorstellen
«Wetterbericht»	Teilnehmer	30–45 Min	Kurze Zentrierung (Besinnung, Einstimmung auf das Thema) alleine, dann im Plenum: – Wie geht es mir derzeit mit dem OE-Prozess? – Anerkennungen, Beschwerden, Wünsche, Vorschläge, die ich mitbringe (von mir selbst oder von anderen Betroffenen) – «Verwirrungen», Gerüchte, Fragen, die gemeinsam geklärt werden sollten – Informationen, die für die Gruppe wichtig sind Alternative: Alleine oder in Kleingruppen: Standortbestimmung zu den Themen: « Ich – der OE-Prozess – Wir als Entwicklungsgruppe» eventuell 3 Plakate vorbereiten, auf denen jeder/jede Gruppe Kommentare dazuschreiben kann oder 3 Symbole bringen lassen oder 3 Sketche/Darstellungen für die anschließende Runde im Plenum vorbereiten lassen

Herstellung eines gemeinsamen Informationsstandes über die Teilprojekte	Teilnehmer	60 Min	Präsentation des aktuellen Standes, Diskussion und Kontrolle der Aktivitäten seit der letzten Sitzung
Sammlung der Themen für diese Sitzung	Projektleiter	10 Min	
Themenbearbeitung	Teilnehmer	30–60Min	Auch das weitere Vorgehen klären: nächste Schritte, Maßnahmen festhalten!
Reflexion der Sitzung	Teilnehmer und Projektleiter	10–30 Min	

7. Vorschlag für eine moderierte Informationsveranstaltung für alle Betroffenen

Zeitaufwand: 2 bis 3 Stunden

Was?	Wer?	Wie lange?	Worauf achten?
Begrüßung und Einleitung:	Geschäftsleitung	10 Min	Ziele und roten Faden für dieses Treffen vorstellen, persönliche Geschichte aus dem Projektverlauf (z.B. ein Erfolgserlebnis oder eine Beobachtung einer Situation «früher und jetzt») Empfehlung: Diesen Teil mit der Geschäftsleitung vorbesprechen!
Information: Was geschah bisher? Welche Kriterien/Prozesse haben zur Auswahl von Veränderungszielen geführt? Zu welchen Themen wird in Teilprojekten gearbeitet (mit wem?)? Wie sieht die Struktur des OE-Prozesses aus? (Funktionen von Projektleitung und Entwicklungsgruppe) Wer wird in welcher Form in den Prozess einbezogen?	Projektleiter	20 Min	Gute Visualisierung von Projektstruktur Persönlichen Bezug zur Entwicklungsgruppe und Teilgruppen (-leitern) z.B. durch Fotos herstellen

Erwartungen, Befürchtungen, Wünsche, Anregungen, Vorschläge für die Mitarbeit in Teilprojekten	Alle Betroffenen	30 Min	Diskussion in Kleingruppen mit anschließender Präsentation und Besprechung im Plenum
Reaktionen auf die besprochenen Themen	Geschäftsleitung/ Projektleiter	10 Min	Klare Stellungnahme zu den präsentierten Meinungen: – Welche Vorschläge nehmen wir sicher auf? – Was werden wir noch überdenken? Würdigung und Dank für die eingebrachten Ideen!
Abschluss	Projektleiter	5 Min	Verabschiedung und Hinweis, wie es im Prozess weitergehen soll.

Literaturtipps und verwendete Literatur

Antos, G. (2002): Mythen, Metaphern, Modelle, Radolfszell

Ashby, W.R. (1974): Einführung in die Kybernetik, Frankfurt a.M.

Beer, S. (1981): Brain of the Firm, 2. Auflage, London

Beer, S. (2002): Unternehmensführung im Lichte des Viable-System-Modells, in: Lernende Organisation, Wien

Boeckhorst, F. (1994): Theoretische Entwicklungen in der Systemtherapie II, Die Narrative Denkrichtung,

Bos, A.H. (1990): Organisationstypologie, in: Glasl, F.: Konfliktmanagement, Diagnose und Behandlung von Konflikten in Organisationen, Bern

Boulding, K. (1956): General System Theory, in: Häfele, W. (1996), Systemische Organisationsentwicklung, 3. Auflage, Frankfurt a.M.

Donnenberg, O. (1999): Action Learning – Ein Handbuch, Stuttgart

Dörner, D. (1989): Die Logik des Misslingens. Strategisches Denken in komplexen Situationen, Hamburg

Drucker, P. (1996): Umbruch im Management, Düsseldorf

Eisen, S. (2001): Der Netpreneur: Handlungs- und Gestaltungsempfehlungen für den Aufbau von Netzwerken, Dissertation der Universität St.Gallen

Erikson, E.H. (1974): Kindheit und Gesellschaft, Stuttgart

Fatzer G. (1987): Ganzheitliches Lernen, Paderborn

Fleisch, E. (2001): Das Netzwerkunternehmen, Berlin/Heidelberg/NewYork

Fritz, S. (2006): Einführung in die Systemtheorie und Konstruktivismus, Heidelberg

Glasl, F. (1982): Thesen zur OE, in: Schäkel, U. u.a.: Neue Wege der Leistungsgesellschaft, Essen

Glasl, F. (1983): Verwaltungsreform durch OE, Bern/Stuttgart

Glasl, F., Kalcher, T., Piber, H. (2005): Professionelle Prozessberatung, Bern

Glasl, F., Lievegoed, B. (1993): Dynamische Unternehmensentwicklung, Bern/Stuttgart

Grochowiak, K., Heiligtag, S. (2002): Die Magie des Fragens, Paderborn

Guardini, R. (1993): Vorlesungen an der Universität München, Bd.1, Mainz

Häfele, W. (1996): Systemische Organisationsentwicklung, 3. Auflage, Frankfurt a.M.

Häfele, W. (2000): Was macht eigentlich die Wellen im Meer? Vom Existenzgrund in Organisationen, in: MC Notiz 3-2000

Häfele, W. (2004): Unternehmerisch führen, in MC Notiz 2-2004

Häfele, W., Lanter, N. (2003): Perspektiven der Fach- und der OE-Beratung, in: Zirkler, M., Müller, W.R.: Die Kunst der Organisationsberatung, Bern/Stuttgart/Wien

Havel V. (2002): in: Mak, G. In Europa – eine Reise durch das 20. Jahrhundert, München

Hedberg B. (1984): Über die Schwierigkeit, Organisationen flexibel zu gestalten, in: Hinterhuber H./Laske St.: Zukunftsorientierte Unternehmenspolitik, Freiburg
Heimbrock, K.J. (1997): Dynamisches Unternehmen. Erfolgreiche Unternehmensarchitektur durch Organisations-Evolution, Frechen-Königsdorf
Herriger, C. (1993): Die Kraft der Rituale, München
Hipp, J. (2003): Die narrative Denkrichtung in der Beratung, in: Profile – Internationale Zeitschrift für Veränderung, Lernen, Dialog
Jäger, R. (2002): Coaching als Instrument der Organisationsentwicklung professionell einsetzen, www. Coaching-magazin.de
Königswieser, R., Exner, A. (2004): Systemische Intervention, Stuttgart
Königswieser, R., Hillebrand, M. (2005): Einführung in die systemische Organisationsberatung, 2. Auflage, Heidelberg
Krämer, K. (1981): Kritische Aspekte der OE, in: Bachmann, C. (Hrsg.): Kritk der Gruppendynamik, Frankfurt a.M.
Langmaack, B., Braune-Krickau, M. (1987): Wie die Gruppe laufen lernt. Anregungen zum Planen und Leiten von Gruppen. München/Weinheim
Lauterburg, Ch. (1980): OE – Strategie der Evolution, in: Koch U./Meuers H./Schuck M.: Organisationsentwicklung in Theorie und Praxis. Frankfurt a.M.
Lasko, W. (2003): Dream Teams, Wiesbaden
Leonard, A. (2002): Einführung in das Viable System Model (VSM), in: Lernende Organisation, Nr. 10, Wien
Lievegoed, B.C.J. (1974): Organisationen im Wandel, Bern
Lievegoed, B.C.J. (1979): Lebenskrisen – Lebenschancen, München
Luhmann, N. (1984): Soziale Systeme, Frankfurt a.M.
Malik, F. (1984): Strategie des Managements komplexer Systeme, Bern/Stuttgart
Maturana, H.R. (2006): Von der Freude, in: brand eins, Wirtschaftsmagazin, 8. Jg., Heft 8
Maturana, H.R., Varela, F.J., (1987): Der Baum der Erkenntnis, Die biologischen Wurzeln des menschlichen Erkennens, München
Minuchin, S. (1983): Familie und Familientherapie, 5. Auflage, Freiburg
Mohl, A. (1998): Metaphern-Lehrbuch, Paderborn
Morgan, G. (2002): Bilder der Organisation, 4. Auflage, Stuttgart
Noll, P., Bachmann, H.R. (1987): Der kleine Macchiavelli. Handbuch der Macht für den alltäglichen Gebrauch, Zürich
Pechtl, W. (1989): Zwischen Organismus und Organisation, Linz
Pechtl, W. (1994): Vortragskonzept: Angewandte Gruppendynamik in der Organisationsentwicklung, Annenheim
Pelzer, K. (2004): Das erinnert mich an eine Geschichte – Narrative Konstruktionen in der Systemischen Therapie, in: Das gepfefferte Ferkel – Online Journal für Systemischen Denken, IBS, Aachen

Pelzer, K. (2005): «Das erinnert mich an eine Geschichte». Narrative Konstruktionen in der systemischen Therapie. Online-Journal für systemisches Denken und Handeln «Das gepfefferte Ferkel». IBS, Aachen

Picot, A. u.a. (1998): Die grenzenlose Unternehmung, 3. Auflage, Wiesbaden

Riekmann, H. (2005): Einführung und Überblick – Das OSTO/SYMA-System-Modell, PP-Präsentation unter www.uni-klu.ac.at (Abrufdatum: 22.10.2006)

Scharmer, C.O. (2005): Excerpt aus: Theorie U: Von der Zukunft her führen, Presencing als soziale Technik der Freiheit, 2. Entwurf, Cambridge, S. 11

Scharmer, C.O., Senge, P., Jaworski, J., Flowers, B.S. (2004): Presence, Human Purpose and the Field of the Future, Cambridge

Schmid, B. (1989): Die wirklichkeitskonstruktive Perspektive – systemisches Denken und Professionalität morgen, in: Organisationsentwicklung 2/89

Schwaninger, M. (2000): Das Modell Lebensfähiger Systeme, ein Strukturmodell für organisationale Intelligenz, Lebensfähigkeit und Entwicklung, Diskussionsbeitrag Nr. 35 des Instituts für Betriebswirtschaft an der Universität St. Gallen

Schwarz, M. (1998): Affekte in Organisationen, in: Hildenbrand, B. Welter-Enderlin, R.: Gefühle und Systeme, Heidelberg

Shah, I. (1984): Das Geheimnis der Derwische – Geschichten der Sufimeister, Freiburg

Sievers, B. (1977): Organisationsentwicklung als Problem, Stuttgart

Simon, F. (2006): Einführung in die Systemtheorie und Konstruktivismus, Heidelberg

Simon, F.B. (2006): Zielorientierung, in: systemische Kehrwoche, Auer Weblog

Snow, C. u.a. (1992): Managing 21st Century of the Network Organization, in: Organizational Dynamics, Jg. 20, Nr. 3

Spranger, E. (1921): Lebensformen, Halle

Ulrich, H. (1978): Unternehmenspolitik, Bern

von Sassen, H. (1999): Der menschliche Lebenslauf, Trigon Seminarunterlagen

von Schlippe, A., Schweitzer, J. (1996): Lehrbuch der systemischen Therapie und Beratung, Göttingen

Watzlawick, P. (1979): Lösungen, 2. Auflage, Bern/Stuttgart/Wien

Wegner, Karl W. (Hrsg.) (2006): PQM – Prozessorientiertes Qualitätsmanagement, Wien

White, M. (2002): Die Zähmung der Monster, Heidelberg

Wilber, K. (1999): Naturwissenschaft und Religion, die Versöhnung von Wissen und Weisheit, 2. Auflage, Frankfurt a.M.

Willke, H. (1993): Systemtheorie, 4. Auflage, Stuttgart

Wimmer, R. (1992): Der Systemische Ansatz, in: Schmitz, C.: Managerie Jahrbuch für systemisches Denken und Handeln, Heidelberg

Sachregister

Topmanager, die ihre Erfahrungen mit Organisationsentwicklung in Unternehmen zur Verfügung stellen

Dr. Günther Dapunt
Vorstandsdirektor der Raiffeisenbank Kleinwalsertal AG
Dr. Christof Germann
Vorstandsdirektor der Illwerke/VKW-Gruppe
Hermann Metzler
Geschäftsführer der ZM3 Immobilienges. m. b. H., Aufsichtsrat der Prisma AG
Dr. Ludwig Summer
Vorsitzender des Vorstands der Illwerke/VKW-Gruppe

Autorinnen und Autoren

Barbara Albrecht

Mag.rer.soc.oec., Jahrgang 1973. Studium der Wirtschaftspädagogik in Innsbruck, Systemische OE-Ausbildung beim MCV Management- und Organisationsentwicklung, Weiterbildung in Personalentwicklung (PE Werkstatt, Trigon), Systemische Beraterqualifzierung bei F. B. Simon, Weiterbildung in Mediation und Konfliktmanagement bei F. Glasl. 2000 bis 2005 Beraterin im MCV, seit 2005 Projektleiterin für PE-Projekte der Migros-Gruppe und Beraterin für das MCV. Arbeitsschwerpunkte: Personalentwicklung, Personalauswahl, Konfliktberatung und Mediation, Konzeption und Durchführung von Führungskräftequalifizierungen, Moderation von Organisations-, Abteilungs-, Teamklausuren (Beitrag: Systemische Organisationsentwicklung).

Hans-Joachim Gögl

Jahrgang 1968, ist Kommunikationsberater in Bregenz und Chefredakteur der Buchreihe «Landschaft des Wissens», die sich mit neuen Wirtschaftsentwicklungsmodellen für den ländlichen Raum in Europa auseinandersetzt. Darüber hinaus kuratiert er u. a. die Symposiumsreihe «Tage der Utopie», die biennal in Arbogast/Vorarlberg Entwürfe zu relevanten Zukunftsthemen vorstellt. Hans-Joachim Gögl führte und gestaltete in diesem Buch die Gespräche mit den vier Topmanagern.

Marianne Grobner

Dr. iur., Jahrgang 1961. Studium Jus und Volkswirtschaft, Aus- und Weiterbildungen in Familien- und Systemtherapie, OE, Großgruppenmethoden. Vortragende an der Universität Innsbruck für Personalmanagement und Kommunikation. Seit 1985 tätig als Managementtrainerin mit den Schwerpunkten: Kommunikation, Führungskräfte- und Teamentwicklung (In- und Outdoor). Gesellschafterin des MCV. Meine Arbeit ist geprägt von Alois Saurugg und seiner wertschätzenden, ressourcenorientierten Grundhaltung als Basis für die Gestaltung von Beziehungen und Entwicklungsprozessen.

Johannes Haferkamp

Dipl. Sozialpädagoge, Jahrgang 1959. Studium der Sozialpädagogik, Aus- und Weiterbildungen in Systemischer Beratung, Organisationsentwicklung, Case-Management, European Assessor nach EFQM, Qualifizierung zum Coach und Mastercoach (DGfC). Führungskraft eines anerkannten Wohlfahrtsverbandes (seit 1990), Selbständige Beratungstätigkeit im Bereich der Personal- und Organisationsentwicklung (seit 1995), Kooperationspartner im MCV, Beratung, Begleitung von einzelnen Personen, Führungskräften, Gruppen und Teams in unterschiedlichen Unternehmens- Organisationskontexten: Begleitung von OE-Prozessen, Coaching, Innovative Teamentwicklung, verschiedene Arbeitsthemen in Workshops und Seminaren, Change-Management, Strategische Personalentwicklung (Beitrag: Metaphern – Geschichten aus einer anderen Welt).

Walter Häfele (Herausgeber)

Dr. rer. soc. oec., Jahrgang 1949. Studium der Sozial- und Wirtschaftswissenschaften in Linz. Umfassende Weiterbildungen in Bioenergetik, systemischer Beratung, Hypnotherapie. 3 Jahre Betriebswirtschaft und Organisationsarbeit in einem Chemie- und Pharmakonzern. Seit 1978 im MCV – seit 1991 Gesellschafter. Tätig als Organisationsberater (OE), Coach und Supervisor (BSO). Die langjährigen Begegnungen mit Waldefried Pechtl und Peter Gruber beeinflussen meine Arbeit wesentlich.

Andrea Kaiser

Dr. rer. pol., Jahrgang 1967. Studium der Sozialwissenschaften in Nürnberg, Promotion in Volkswirtschaft, Aus- und Weiterbildungen in Personal- und Organisationsentwicklung, Coaching, systemischer Strukturaufstellung, Team- und Konfliktcoaching. Seit 1997 tätig als Beraterin sowie Trainerin. 4 Jahre Personal- und Organisationsentwicklerin bei Mobilkom Austria, Beraterin beim MCV seit 2005. Schwerpunkte: Einzel- und Teamcoaching, Begleitung von OE-Prozessen, Teamentwicklung, Personalentwicklung, Konfliktmanagement.

Waldefried Pechtl

Dr. phil., Jahrgang 1944, gestorben 2001. Bioenergetischer Analytiker, Lehrtrainer, Coach und Managementtrainer sowie Begleiter von Menschen und Organisationen auf ihren wundersamen Entwicklungswegen; dabei nützte er außergewöhnliche Plätze, selbst verfasste Geschichten und Gedichte und sein verzauberndes Lächeln. Er war Beirat im MCV und hat die Haltungen der MCV-Berater grundlegend und nachhaltig beeinflusst (Beitrag: Kontakt–Konflikt–Konkurrenz).

Bruno Strolz

Mag. rer. soc. oec., Jahrgang 1964. Studium der Sozial- und Wirtschaftswissenschaften, Zehn Jahre Berater/ Trainer bei der KSÖ in Wien. Aufenthalte in Argentinien und den USA. Weiterbildungen: systemische OE, Systemische Organisationsstrukturaufstellungen. Arbeitsschwerpunkte: OE-Projekte, Führungskräfteentwicklung, Teamentwicklung, firmeninterne Qualifizierungsprogramme, Moderation, Projektleiter im MCV-Weiterbildungsweg «Systemische OE» (Beitrag: Anpassung–Veränderung–Entwicklung).

Manfred Schwarz

Mag. rer. soc. oec., Jahrgang 1949. Studium der Sozial- und Wirtschaftswissenschaften und Managementausbildung an mehreren Instituten. Umfassende Ausbildung in Organisationsentwicklung und systemischer Beratung. Arbeitsschwerpunkte sind OE-Prozesse, Coaching für Führungskräfte und Berater, Beratung von Geschäftsleitungsteams. Geschäftsführer und Gesellschafter des MCV. Konsequente Ressourcenorientierung, Wertschätzung als gelebte Haltung und Respekt vor der Einmaligkeit jedes Menschen und jeder Organisation sind wichtige Leitgedanken meiner Beratungsarbeit.